地図の文化史

世界と日本

海野一隆

八坂書房

I-3　メキシコ原住民の地図　1583 年

＊図版番号は本文掲載の白黒図版に対応している。詳細は本文中の図版説明を参照のこと。

7-1　アル・イドゥリーシーの円形世界図　1154 年

11-2　西洋最初の単独シナ図：オルテリウス『世界の舞台』1584 年版所収図

6-7　カタロニア世界図の一例：イタリア、エステ家図書館所蔵図　1450 年頃

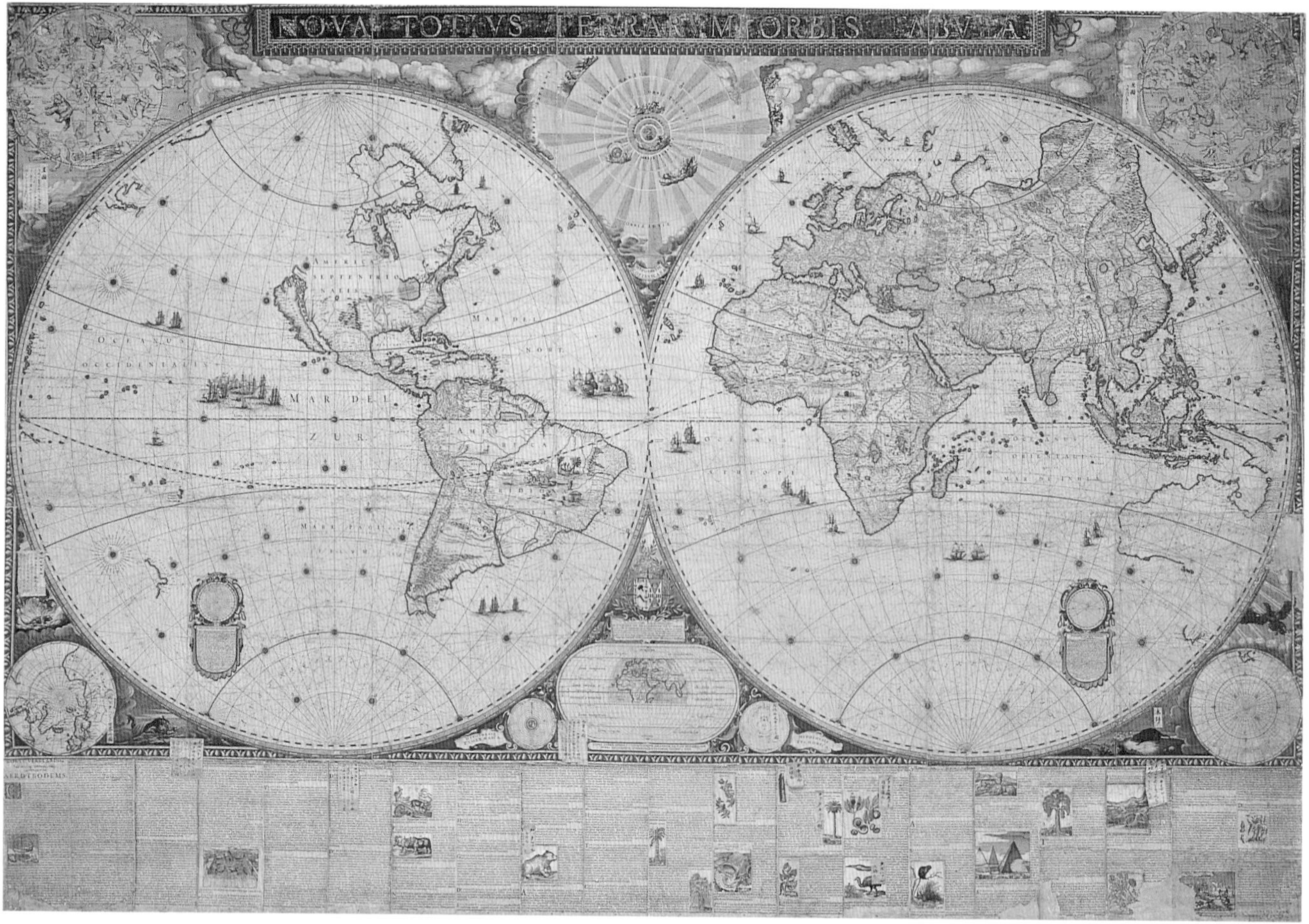

9-5　ヨアン・ブラウの大型世界図　1648年刊　東京国立博物館

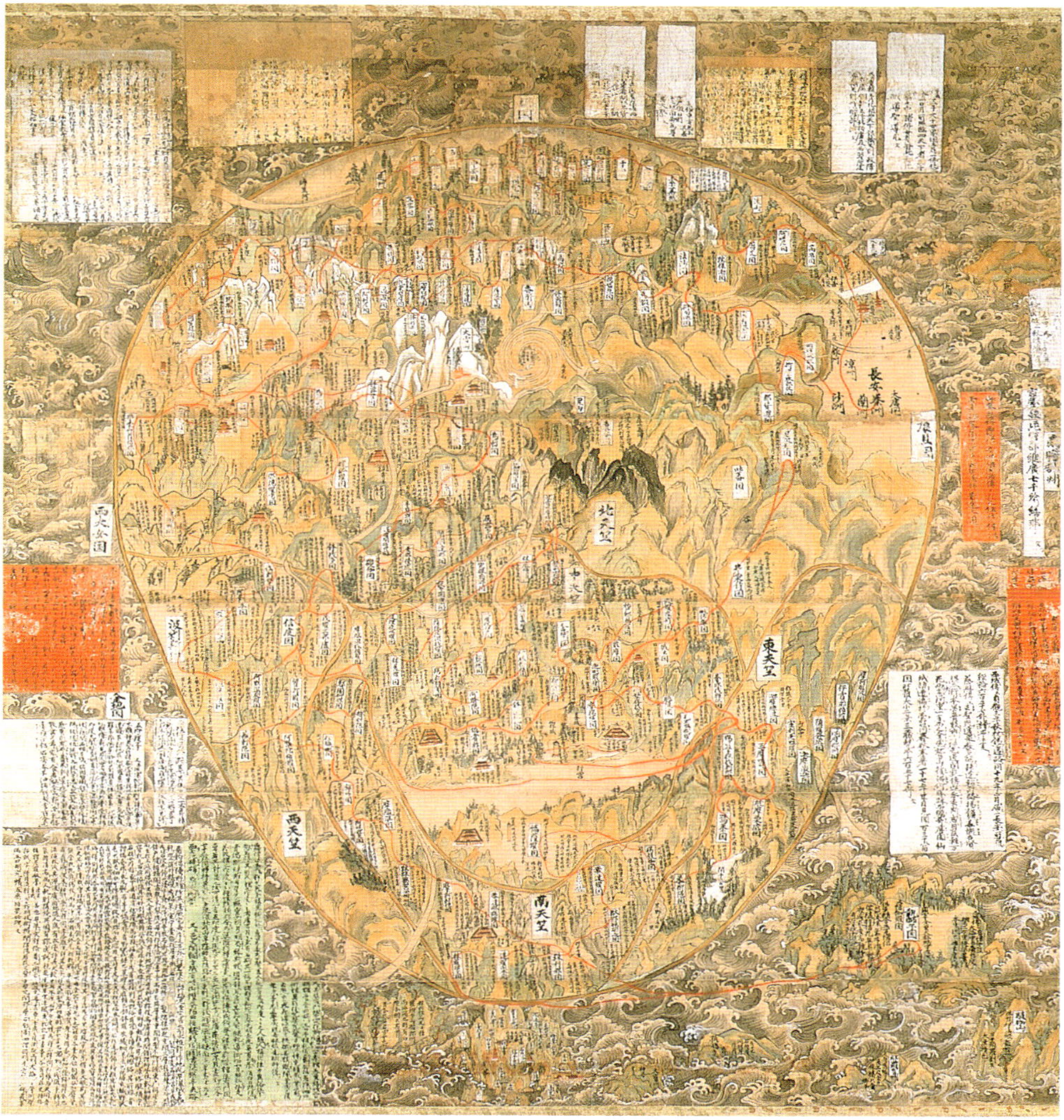

15-3 『五天竺図』 貞治 3 年（1364） 法隆寺

AM

17-3　南蛮系世界図メルカトル図法系の一例：『万国絵図』　17 世紀初期　宮内庁三の丸尚蔵館

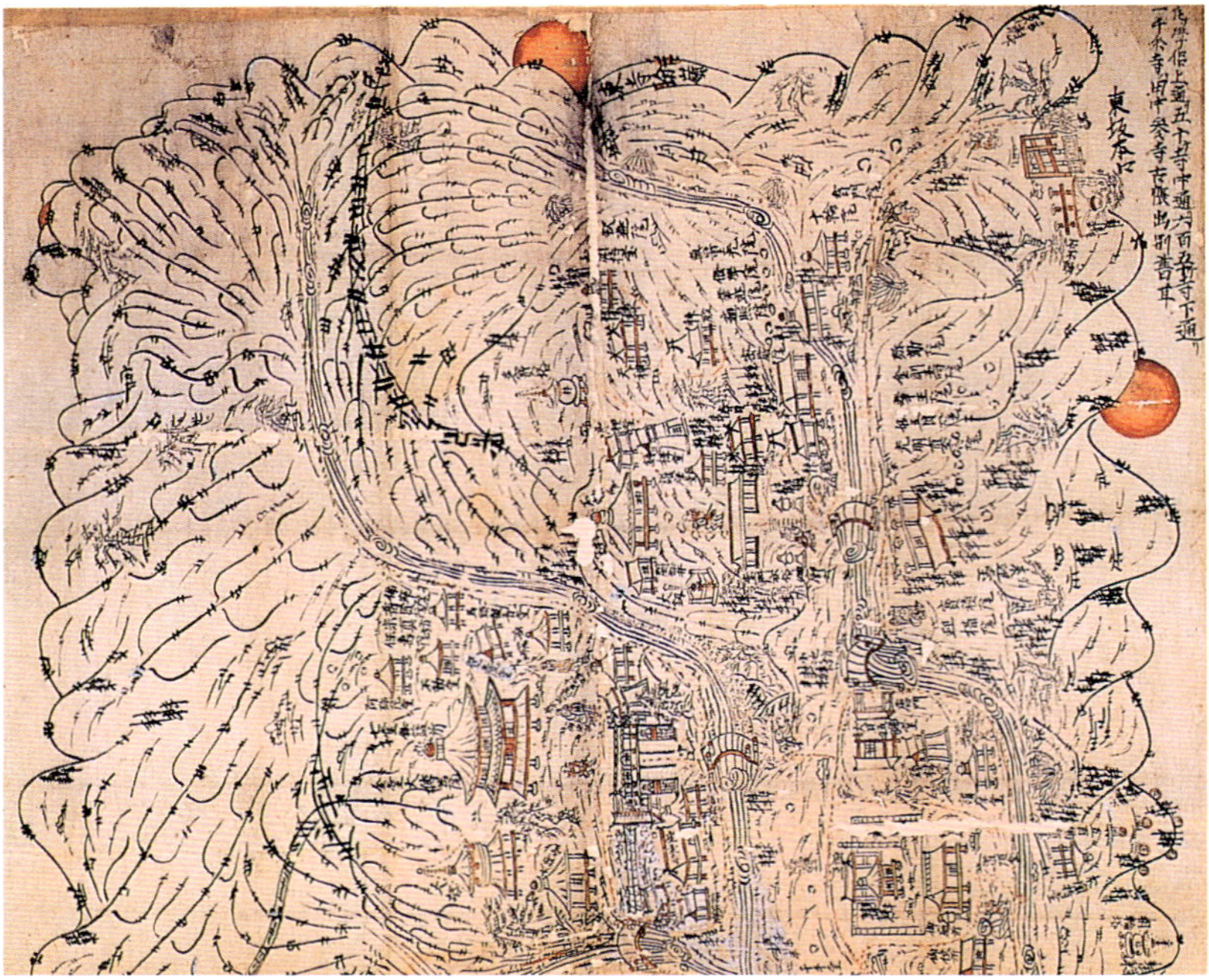

16-5 『豊福寺岎図《ぶふくじみくまりのず》』 天正10年（1582）頃　根来寺

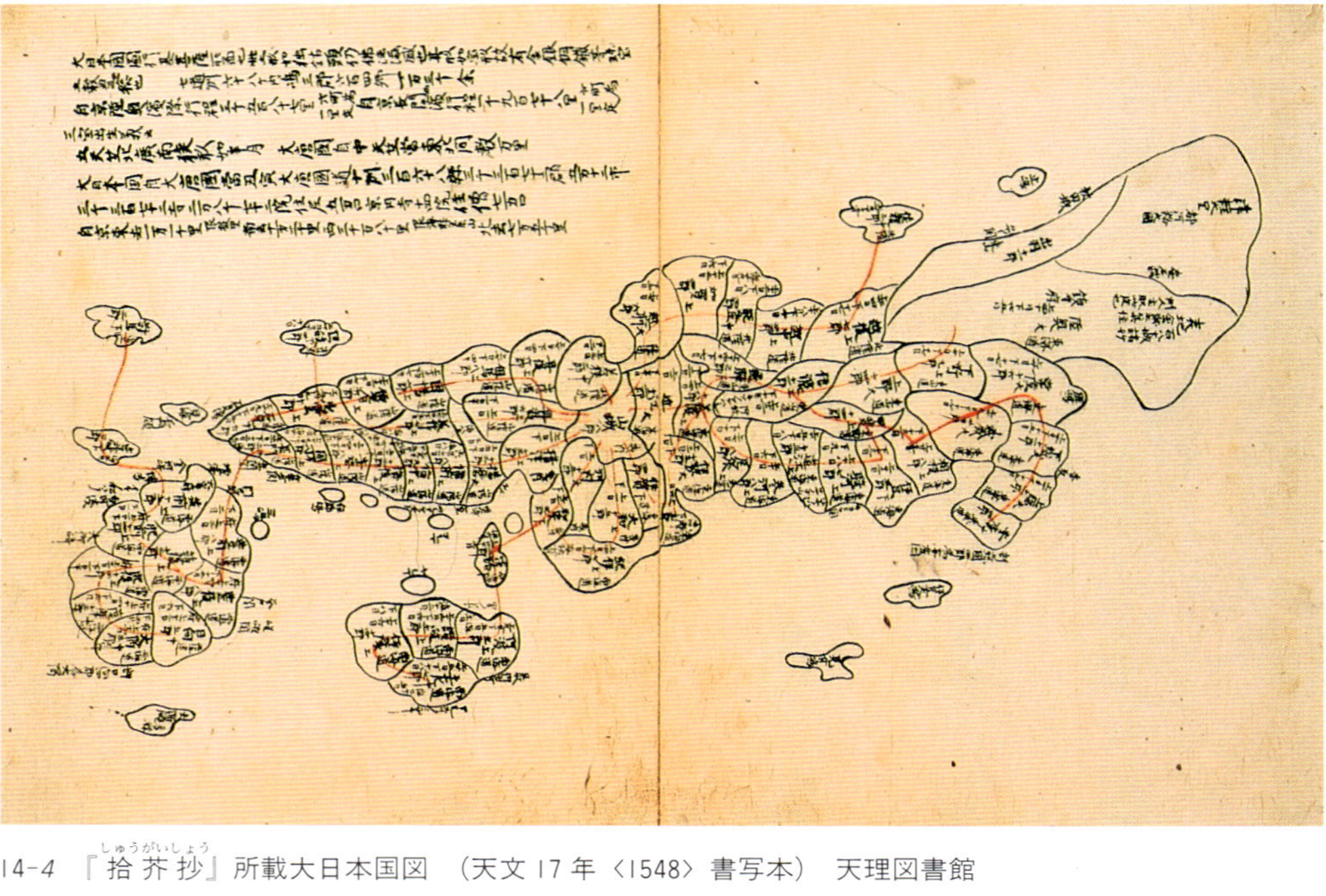

14-4 『拾芥抄《しゅうがいしょう》』所載大日本国図　（天文17年〈1548〉書写本）　天理図書館

地図の文化史－世界と日本－

目次

カラー口絵

地図とは？——まずここから—— …… 6

世界の部

1. 地図の発生 …… 12
2. 世界像の図形化 …… 17
3. 地球説の誕生 …… 22
4. アジアの地図文化——東アジア—— …… 26
5. アジアの地図文化——南、東南アジア—— …… 34

西

6. 中世キリスト教圏の地図文化 …… 40
7. イスラーム地図学の成果と波及 …… 47
8. ルネサンス地図学 …… 54
9. フランドル学派の貢献 …… 60
10. 商業化した地球儀製作 …… 65
11. 東西地図文化の交流 …… 71
12. 大縮尺図の時代 …… 78

日本の部

13. 古代における地図 …… 84
14. 行基図の源流と末流 …… 89

南

15. 仏教と地図 …… 97
16. 中世の荘園図・寺社図 …… 103
17. 南蛮系世界図 …… 108
18. 新型日本図の登場 …… 116
19. 「カルタ」と洋式測量術 …… 121
20. 地球儀の舶来とその波紋 …… 128
21. 江戸幕府の地図調製事業 …… 134
22. マテオ・リッチ世界図の流布 …… 140
23. 地図の大衆化 …… 146
24. 実証的精神の台頭 …… 156
25. 北辺および海岸線への関心 …… 162
26. 大縮尺図の洋式化 …… 171
中扉カット解説 …… 176

目次

詳細を知りたい方へ——研究文献案内—— …………………… xxxv
掲載図版一覧 …………………… xxv
LIST OF ILLUSTRATIONS …………………… xi
事項索引 …………………… vi
人名索引 …………………… i

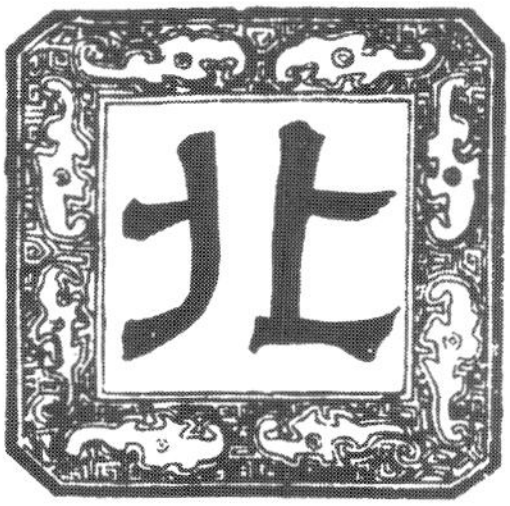

〔目次のカット〕『増修改正摂州大阪地図』（文化三年刊）より、方位盤と方位表示

地図とは？
―まずここから―

空港や駅、それにホテルなど、国籍・言語を異にする人々が利用する施設では、レストラン、トイレをはじめとして場所の案内標識に簡単な絵が用いられている。もし、世界の諸言語を平等に扱って、それぞれの文字・言語で同じ目的の標示をしようとすれば、いくら文字を小さくしても標示板の大きさはかなりのものになるであろう。たとえそのようなことが可能であったとしても、遠方からでは効果がなく、いたずらに雑踏を助長するだけである。つまり文字は、情報伝達における全体性・即時性・国際性という点で絵ないしは図形に太刀打ちできないのである。

ところで、地図は言うまでもなく図形の一種であり、ときとしては絵画そのものでもある。絵画を言語に置き換えることができないように、地図もまた視覚に訴える以外の何物でもなく、その内容は言語による表現の限界を越えている。こうした意味において、本書の主役は図版であり、著者が加える説明などは添え物に過ぎない。まず図版をじっくりと眺めて、各自それぞれの思いにふけって頂くことである。そうすれば、自分なりに新しい発見もあり、楽しみが湧いてくるはずである。場合によっては、学界の定説を覆すような大発見があるかも知れない。要は自分の目を信じることである。

さて、地図はもともと「使い捨て」の代表格のようなものであり、何千年・何百年も前に作られたものが残っているということ自体、不思議なことである。その地図がなぜ残ったのか、これもまた研究に値する課題である。一般に国家機関の手になる大型詳細の地図は、印刷術発明後はともかく、作られる部数も少なく、新しい内容の図ができると、旧図は廃棄処分となるため伝わりにくい。これに反して、小型で簡略な内容の図は、素人でも模写が容易なので、長い歳月にわたって存続する。「精亡粗残」とでも呼ぶべき現象である。このことを正しく認識しておかないと、昔は粗略な地図しかなかったと誤認することになる。

一口に地図と言っても、陸図と海図、世界図と国土図、行政用と旅行用など、それぞれに目的や表現内容が異なる。したがって、これらを一括して議論することは避けなければならない。最新の技術を駆使した官製地形図が容易に手に入る現代においても、図形の怪しげな鉄道路線図が、一向にすたれないことを思うべきである。面的要素を度外視して線的要素を前面に押し出した方が、利用者に便利なこともあるわけである（図0-1）。

漢字で「地図」と書けば、すべての種類の地図を包括してしまうが、英語では陸図をマップ(map)、海図をチャート(chart)、市街図をプラン(plan)と区別していて、これらを総称する言葉がない。カート（米音はカータ）グラフィ(cartography)という語は、一八三九年ポルトガル地図学史家サンタレム子爵が造語したcartographiaに基づくものであって、本来は「地図作り（術）」という意味である。わが国では明治以来「地図学」という訳語が当てられてきているが、欧米でヒストリ・オブ・カートグラフィ(history of cartography)と言う場合、必ずしも「地図学」の歴史ではないので、日本語でこれを「地図の歴史」と訳しても何ら支障はない。ただ気を付けなければならないのは、日本における各種地図の変遷を取り扱ったとき、「日本地図史」と題すると、日本図だけの歴史と受け取られる恐れがある。その点、まだぎこちない表現であるが「日本地図学史」としておけば、混同されることはないであろう。

地図の歴史における一般的現象としては、先に挙げた「精亡粗残」のほかに、転写のたびに誤脱や

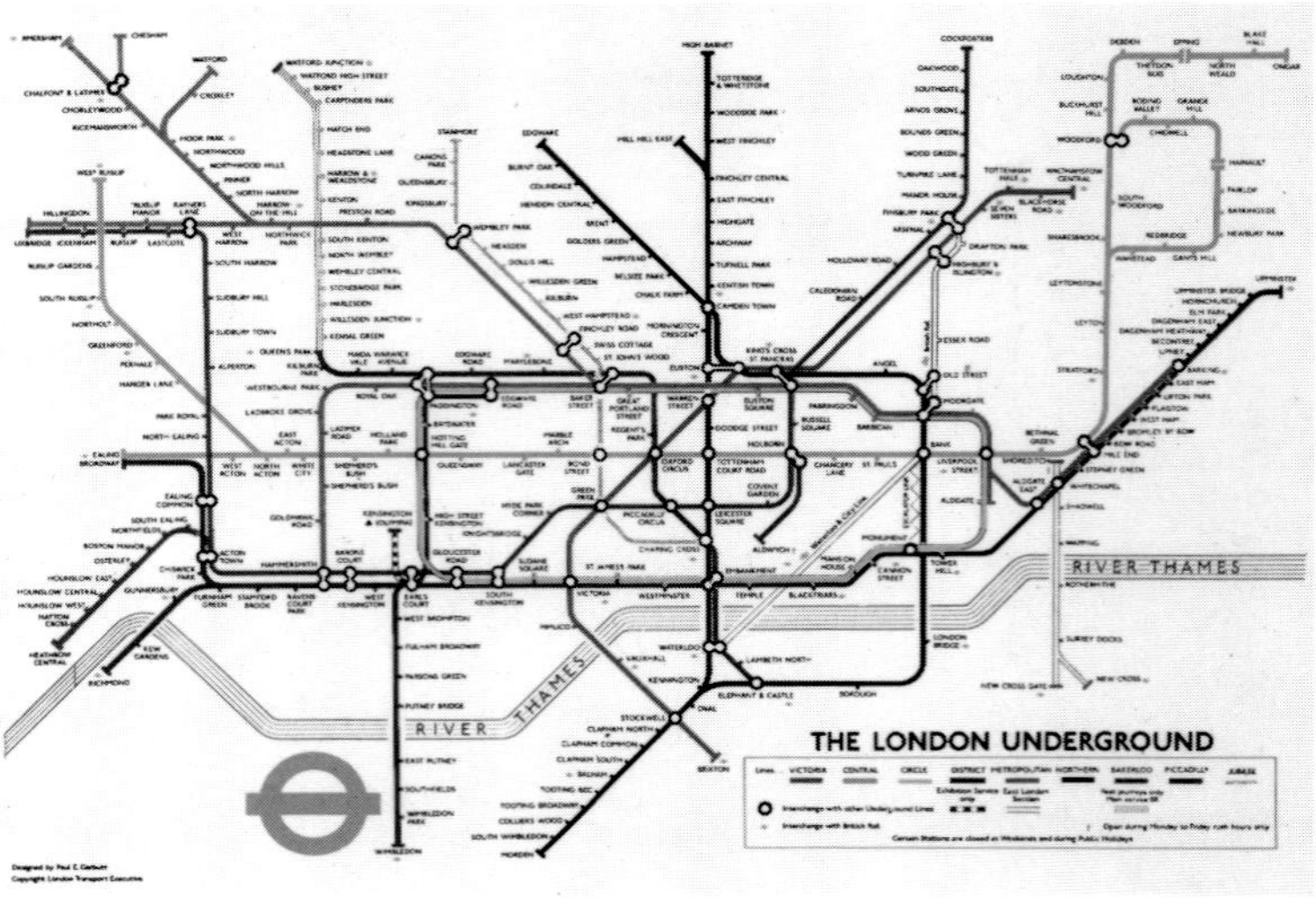

0-1　手持ち絵葉書の中から：ロンドン地下鉄路線図

地下鉄の路線を直線化、かつ色分けして標示することは、今や各国で行われているが、1933年にはじまったロンドンの例にならったものであろう。使用目的以外の要素を排除してこそ、地図のもつ情報伝達の即時性は高まる。これはその典型的な例の１つである。

0-2　手持ち絵葉書の中から：ルードベック『サモランド一名ラポニア新図説』所載バルト海図　1701年刊　スウェーデン、ウプサーラ大学図書館発行絵葉書（部分）

夜空に輝く無数の星からさまざまな星座を思いついたように、古来ヨーロッパ社会には地図上の図形を人物や動物に見立てる風習がある。有名なのはフランドル地方（ベルガ）をライオンに見立てた「ベルガ・ライオン」図であるが、ここでは南を上にしたバルト海が、ギリシア神話の中の冥府の川の渡し守カロンになぞらえられている。カロンは有髯《ゆうぜん》の老人として描かれることになっているが、デンマーク東方の沖合にそのひげがある。ルードベックはウプサーラ大学の解剖学教授であったが、植物学にも造詣が深かったという。

退化がふえて行き、それが著しいものほど系譜的にはあとのものであるという「同系後劣」、地図内容は一系的に進化するとは限らず、同時代の同社会に情報を異にする地図が共存するという「多系併存」、ほとんどの地図が既存の図を参考にして作られるので、丹念に探すと図のどこかにより古い図の痕跡が認められるという「旧態残留」と呼ぶべきものがある。

ここで断わっておかなければならないのは、以下本書の記述では、地図に盛られた地理知識の変遷について、積極的に言及するつもりはないということである。なぜならば、それは地図学史の問題であるよりは、地理知識史ないしは探検史に属する事柄だからである。また、本書で用いるインド、ビルマ、チベット、シナ、朝鮮など地域名称の大部分は、いずれも文化地域としての呼称であり、政治区画を指すものではないことを了承されたい。

0-*3*　手持ち絵葉書の中から：イギリス軍需廠測量部創設 200 年記念　1991 年（部分）

イギリスの郵政省が発行した記念切手を拡大して絵葉書にしたもので、掲げられている地図は、オードナンス・サーヴェイ（軍需廠《ぐんじゅしょう》測量部）の 1816 年発行 1 インチ 1 マイル（6 万 3360 分の 1）図の第 4 図幅の部分（ハムストリート近傍）である（80 頁参照）。

0-*4*　手持ち絵葉書の中から：『天橋立図』　雪舟　文亀２年（1502）頃　京都国立博物館

地名や建造物名が記入されており、明らかに地理的情報の伝達を意図して描かれたものである。画面に含まれる範囲を一望できる視点は、獅子崎の上空にしかなく、地図と局所的写生画をもとに作られた単視点斜景図以外の何物でもない。明国滞在中（1467-69年）の作品『唐土勝景図巻』にすでに地名・建造物名が注記されているので、絵画を地理的情報伝達の一手段として活用することを、雪舟はその際に学び取ったようである。

地図の文化史

世界の部

メルカトルの肖像

1. 地図の発生

目測であれ、歩測であれ、人類が長さ（距離）の計測を行うようになったとき、日常行動する範囲内の地形・地物は、地図として脳裡に刻まれていたはずである。地面や板その他色々な物に描かれる以前に、地図はすでに頭の中にあったと言えるだろう。つまり脳裡《のうり》地図である。人類ばかりでなく、山野を自由に駆け回る野生の動物でさえ、簡単な地図を記憶している可能性があるから、地図の歴史は人類の出現以前に始まると言ってよいかも知れない。何よりも地図は生きるための必需品であったわけで、必ずしも文明社会の特産物ではないのである。

大航海時代に、来航西洋人の求めに応じて描いたエスキモーの地図の海岸線が驚くほどの正確さを示していたり、椰子ひごを組み合せて骨組みとし、貝殻や小石を結びつけて島々の位置をあらわすマーシャル島民の伝統的な海図（図1-1）を見るにつけても、無文字社会の人々の地図化能力の水準が、想像以上に高かったことに驚歎させられる。

こうした無文字社会の人々の脳裡地図の実例は、欧米の研究文献を俟《ま》つまでもなく、江戸時代後期の北辺探検家の一人であった近藤守重の『辺要分界図考《へんようぶんかいずこう》』（文化元年〈一八〇四〉）にすでに紹介されている。すなわち、山丹人《さんたんじん》（アムール川下流域の住民）が砂の上に描いた図形を写し取ったというカラフト・黒竜江（アムール川）河口一帯の地図が三種、また原住民が米粒を紙の上に並べて示した図

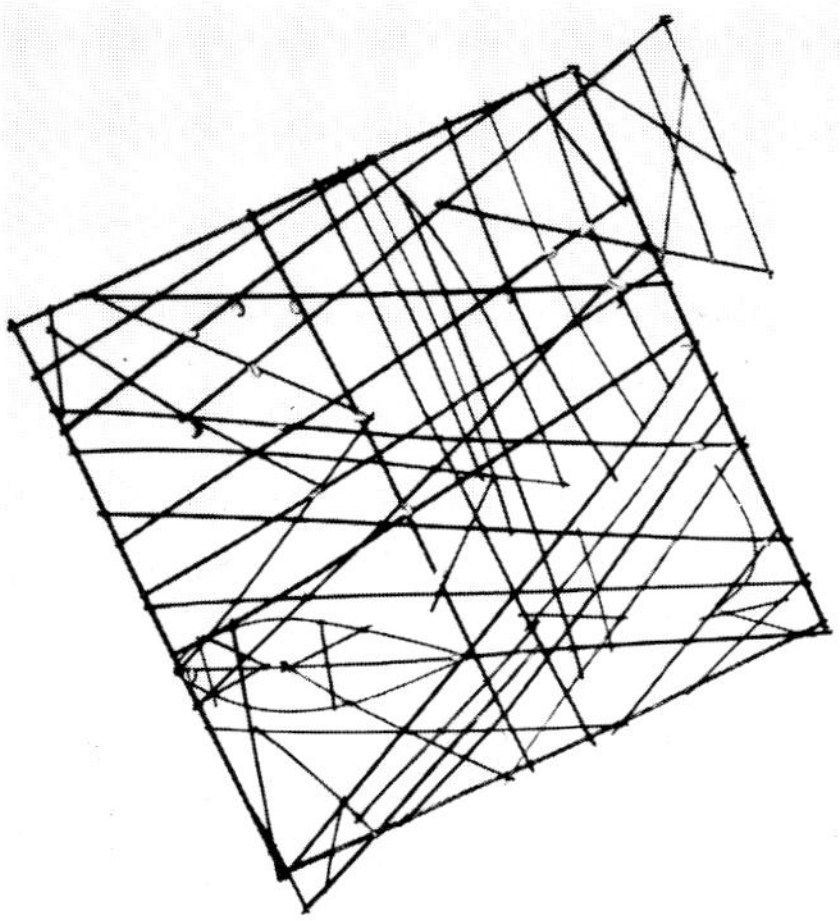

1-1 マーシャル島民の椰子ひご海図 ハンブルク民族学博物館

組み合されたひごの各所に結びつけられている子安貝が島であり、左上隅のそれがビキニ、右上先端のそれがビカル、左下突出部分の先端がエボンである。つまり、この図はマーシャル諸島全域の主要な島計28をあらわしている（この置き方では上方が北）。20世紀初期のドイツ探検隊収集品。

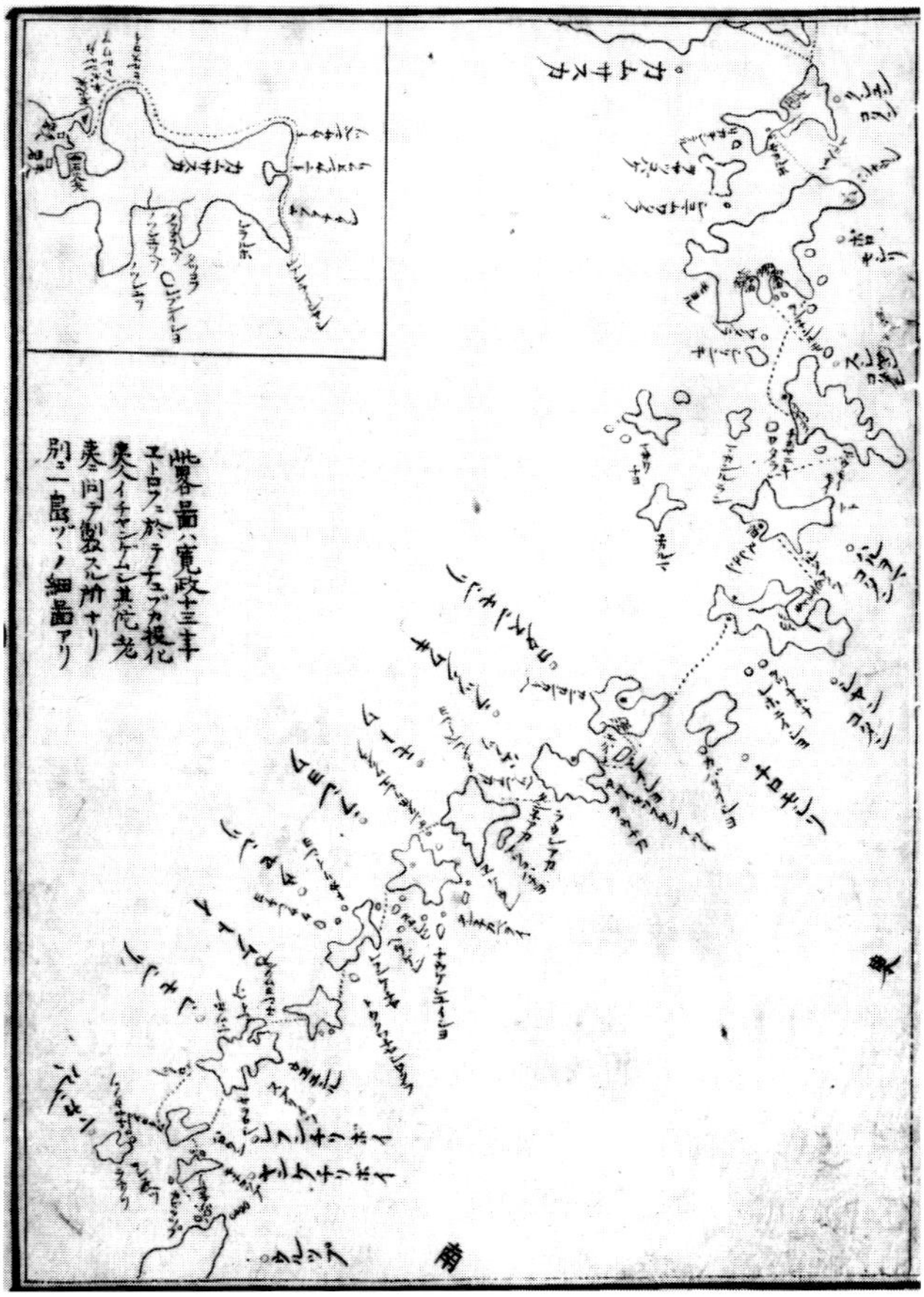

1-2 近藤守重『辺要分界図考』所載チュプカ諸島之図 文化元年（1804）手書

守重が幕府の調査隊員として寛政12年（1800年、図中の年代は誤記）ヱトロフ島に滞在していたとき、原住民のイチャンゲムシが米粒を紙の上に並べて示した千島列島の図を写し取り、さらにヱトロフ島およびアッケシの酋長らの意見をも加えて完成した図であるという。チュプカとは‘日出づる処’という意味で、千島列島に対するアイヌ族の呼称。

1-3　メキシコ原住民の地図（部分）　1583年　大英博物館

山地や樹木は緑色、山麓や森林内の地肌は褐色に塗られ、川（左上、右下）は平行波状線と小円とを組み合せて示し、青く塗られている。丸味を帯びた三角形の記号の中の絵文字は、それぞれの地名をあらわしている。道路を示す足跡の記号ばかりでなく、全体として記号化が進んでいる。入植スペイン人の虐待を訴える文書に添付されていたものであるという。（カラー口絵参照）

形に基づく千島列島の図（図1-2）が収められている。

旧世界の諸文明とは隔絶していたメキシコ原住民の描いた地図（図1-3）が、一見して道路と判断できる足跡の記号やイスラーム地図の山地を思わせる〝もぐら塚〟的表現を用いているのも、土地空間の図形化における人間心理の共通性を物語っていて興味深い。

さて、現存する最古の地図として早くから知られているのは、カフカスのマイコプの古墳から出土した銀製の壺の表面に見られる狩猟地の線刻地図（図1-4）で、紀元前三〇〇〇年頃のものとされている。二本の川の水源をなす山地の形は、北から眺めたカフカス山脈の姿に一致するという。と言っても、極めて概念的な図形であって、本格的な地図の域には程遠い。地図と呼ぶにふさわしい先史時代の作品は、北イタリアのブレッシア県に残る青銅器時代の石刻村落図（図1-5）であろう。そこに描かれる高床式家屋のみは、鉄器時代に入ってからの追加とされているが、耕地・道路が平面的にあらわされており、人物・家畜なども添えられている。

文字使用の段階に入っての初期の地図としては、粘土板に彫り込まれたバビロニアの各種地図（図1-6）やパピルスに描かれたエジプトの金山の図（図1-7）などが残っており、古いものは西暦紀元を一五〇〇年も遡《さかのぼ》る。

1-4　マイコプ出土銀製壺の線刻地図　紀元前3000年頃

これは壺の側面および底面に彫られている図を、わかりやすいように展開したもので、2本の川が流れ込む湖の部分が壺の底に当る。川のみは平面としてとらえられているが、山地・樹木・鳥獣はいずれも側面形である。大きく描かれる動物は、牛・馬・ライオン・猪・豹・カモシカであり、2本の樹木の間の後肢で立つ獣は熊である。写実的な山地の輪郭は、北から見たカフカス山脈のそれに一致するという。上方左右の楕円形は壺の把手。1895年に発掘されたマイコプの古墳から出土。

1-5　北イタリア青銅器時代の石刻村落図　紀元前1500年頃

氷食を受けて滑らかになった岩の表面に彫られている。この石刻図のあるヴァルカモニーカ渓谷は、2万点もの各種石刻絵画が散在することで知られており、地図としてはこの村落図を含んで数点が確認されている。表現の手法は、いずれも同様で、道路・耕地を平面形として描いている。作図の目的については、まだ明確な結論が出されていない。図中の側面形の家屋は、のちの鉄器時代における追加と判定されている。

1-6　バビロニア、ニップール平面図（粘土板）　紀元前13世紀頃

①ユーフラテス川　②門（7箇所それぞれに門の名がくさび形文字で示されている）③庭園　④囲い地　⑤運河　⑥船だまり　⑦ジッグラト（聖塔）

町や耕地の平面形を彫り込んだバビロニア時代の粘土板は数多く出土している。

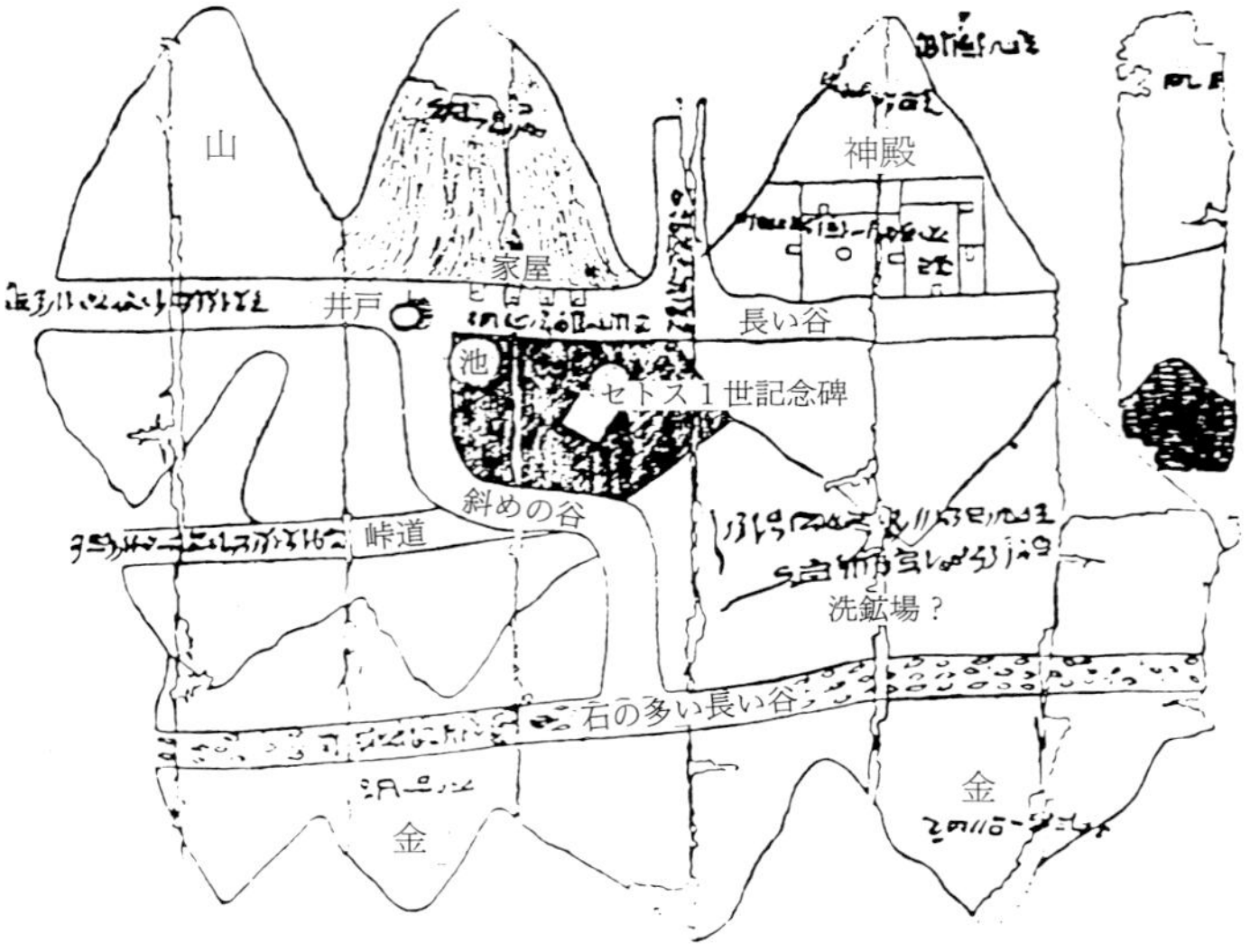

1-7　トリーノ・パピルスのエジプト金山の図　紀元前1320年頃

現状は上下幅約40 cmの破損の著しいパピルス写本であり、上下左右の紙端はここに示した図形の外にある。右上の残片のほかに、その下方のものと思われる破片も残っていて、その図形からすれば、元来は左右に長い図であったと判断される。図中には上記のような意味の草書体エジプト文字による説明があり、ヌビア金山の図であると言われている。

2．世界像の図形化

日常行動するかまたは何度か訪れたことのある範囲内の地図であれば、前項で見たように、それを脳裡《のうり》に描くことは、それほど困難なことではない。しかし、広大な未知空間を含む世界地図の場合には、既知空間の地図化とは次元が異なっていて、何よりも世界像の確立が前提条件となる。言い換えれば、文化がある程度具体的な世界を構想し得る段階に達して、はじめて世界図は生れる。

現存する最古の世界図は、紀元前五〇〇年頃のものと推定されるバビロニアの粘土板世界図（図2-1）であり、幾何学的図形によって当時の世界像が示されている。描かれる範囲は、バビロンを中心とするメソポタミア地方に過ぎないが、それを取り巻く海洋とその外側に陸地があることによって、ドーム状の天に覆われる平たい大地をあらわしていることが知られる。このような大地像は古代ギリシア人にも受け継がれ、イオニア学派のアナクシマンドロス（前六一〇頃-前五四六年）が作った世界図も、環状の大洋《オケアノス》が陸地の外側に描かれていたと想像されている。世界図について記すギリシア最古の文献は、ヘロドトス（前五世紀）の『歴史』であって、ミレトスの僭主アリスタゴラスが、紀元前五〇〇年頃スパルタに赴いてアジア進攻の必要性を説いた際、「全世界の陸地・海洋・河川が彫り込まれた銅板を携えていた」とある。ヘロドトスはまた別の箇所で、従来多くの人によって描かれてきた世界図が、円形の陸地の周囲に大洋《オケアノス》をめぐらせ、アジアとヨーロッパの大きさを同等に表現

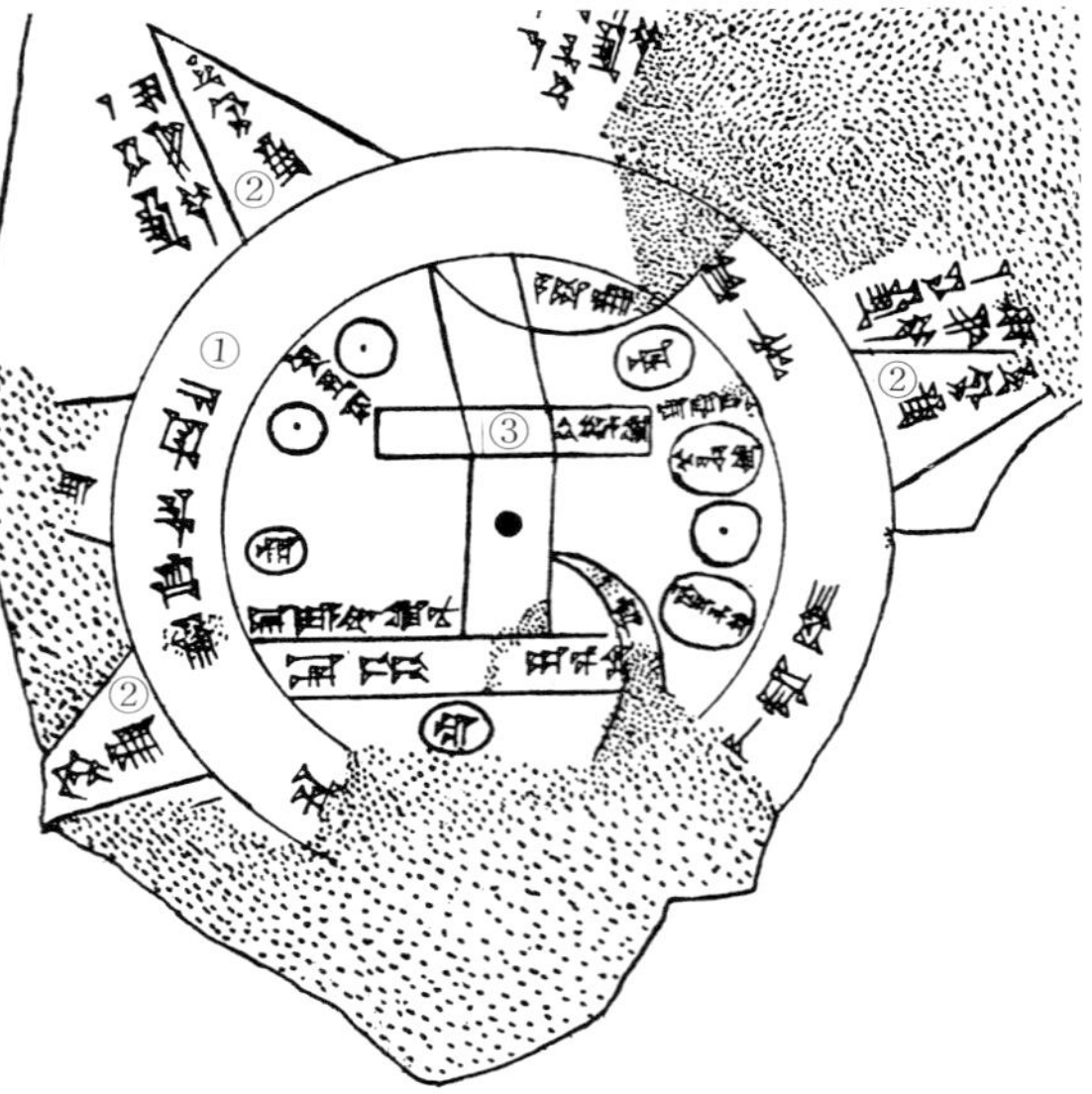

2-1　バビロニアの世界図（粘土板）紀元前500年頃　大英博物館

紀元前24世紀のサルゴン１世の遠征物語の記事（ここでは割愛）に接続して彫られている。図中にはくさび形文字による説明があり、世界を取り巻く大洋は「にがい川」①、その外側の三角形は「島」②と呼ばれている。かなり破損している（散点部分）ので、「島」の数は正確にはわからないが、ドーム状の天を支える巨大な柱の位置を示したものであろう。バビロン③を南北に貫く平行線はユーフラテス川、その東南の象牙状の図形はペルシア湾をあらわすものとされている。

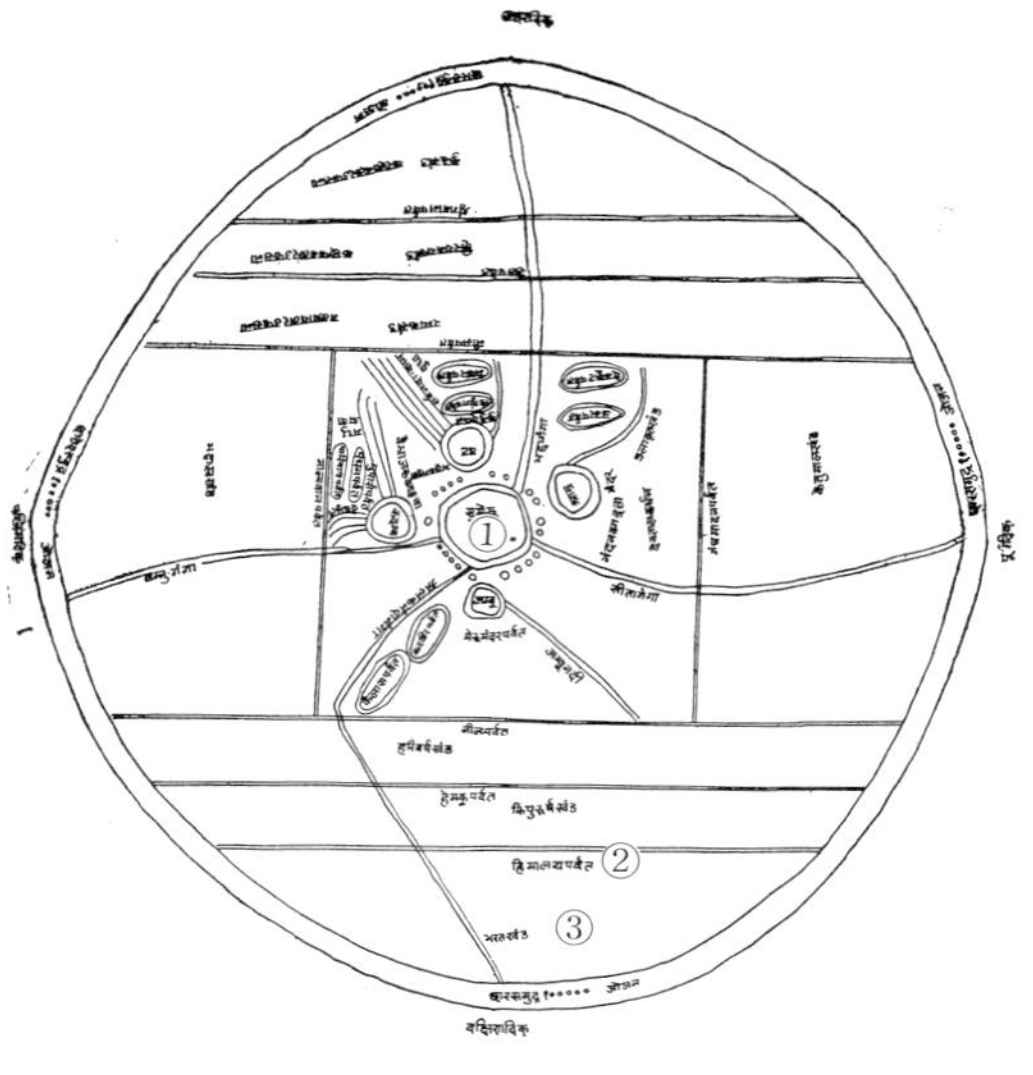

2-2　バラモン瞻《せん》部洲《ぶしゅう》図（模写）16－17世紀頃

円形の大陸（瞻部洲）の中心には、日月が周囲を回るという巨大なメル山①（スメル山ともいう）がそびえ、大陸内部は、東西に走る６条の山脈によって大きく７地区に分けられ、中央地区のみは、メル山の東西にある南北方向の山脈によってさらに３地区に分かれる。東西方向の山脈のうち、最南に位置するのがヒマーラヤ山脈②であり、それ以南の地区がバーラタすなわちインド③である。「インド」は梵語のシンドゥ（インダス）川に由来する外国人の間での呼称であり、インド人自身は今も「バーラタ」と称している。

（次頁・下）2-4　ジャイナ教の瞻部洲図　16世紀

基本的な構想は、ジャイナ教成立以前のバラモンの世界像（図２-*2*）と大差がなく、東西に走る６条の主要山脈によって７地区に分けられ、大陸の中央にはメル山①がそびえる。最南地区のバーラタ（インド）②を区切る山脈は、ヒマヴァト（雪をもつの意、ヒマーラヤの異称）③と呼ばれている。この山脈の中央の湖からシンドゥ（インダス）④・ガンガー（ガンジス）⑤の両河が発している。大陸中央部から北の部分は、中央以南の反転に過ぎない。

2-3　チベットの須弥山世界図（現代の模写）
　チベット仏教すなわちラマ教もまた、インド起源の仏教宇宙観を踏襲しており、須弥山を中心とする大地および須弥山の上空にひろがる層状の天を描いた作品が残されている。手前の扇形の３つの陸地のうちの真中が、インドやチベットのある瞻部洲で、チベットではブッダガヤの菩提樹がその中心にあると考えられている。この図の拠りどころとなった作品の年代は不詳。

したものであったことを述べている。既述（一七頁）のアナクシマンドロス、および彼の世界図を修正したというヘカタイオス（前五五〇頃－前四七五年頃）は、共にミレトスの人であるから、アリスタゴラスが携えて行った銅製の地図は、年代からしてヘカタイオスの作品であった可能性が大きい。

バビロニアやギリシアと並んで、早い時期に具体的な世界像を確立していたのはインドである。叙事詩マハーバーラタや諸種の古伝《プラーナ》の伝えるところによると、円形の大陸（瞻部洲《せんぶしゅう》）の中央にそびえるメル山の南北に、それぞれ東西にのびる三条の山脈があり、最南の山脈（ヒマーラヤ）と海岸とに囲まれる弦月型の部分が、インドであると考えられている（図2-2）。南へ行くほど東西幅が狭くなるデカン半島の輪郭を知っていたのであろう。

仏教が興った紀元前五世紀頃、それとほぼ時を同じくして誕生したジャイナ教は、基本的にこのバラモン世界像を継承した（図2-4）が、仏教ではそれに大幅な修正を加えた。著しい修正は、インドを含む現実の大陸（瞻部洲）を、メル山（須弥山《しゅみせん》）のはるか南方の大洋中に置いたことである。つまり、空想と現実とを区分したと言ってよいであろう。この結果、かつての瞻部洲すなわち円形大陸は四つに分割され、それぞれ大洋中の独立した大陸として須弥山の東西南北に置かれた（図2-3、5）。

仏説の瞻部洲の輪郭は、「北広南狭」であり、デカン半島のそれに由来することは言うまでもない。この大陸の中央北寄りの山中にある一種の理想郷阿耨達池《あのくたっち》（無熱池《むねっち》）から、四大河すなわちインダス、ガンジス、バクス（アム）、シーター（タリム？）の各河川が源を発していると信じられていた。こうした仏教瞻部洲像の図形化は、インドでも試みられたにちがいないが、現存するのは、仏教を受容した国々において描かれたもので、それぞれ自国をその世界の中に位置づけている（図2-6、15-2、3）。

三大文明発祥地の一つである黄河流域では、中央（中華）と周辺（四海・大荒）といった程度の抽象的な世界像の発生に留まったため、地図化は困難であった。ところで、朝鮮李朝時代に流行した「中国」中心の円形世界図（天下総図）は、一見、初期の漢民族社会の世界図を思わせるが、一七世紀後半頃に、マテオ・リッチ（利瑪竇《りまとう》）の単円世界図（図22-3）に触発されて、朝鮮で誕生したものである。

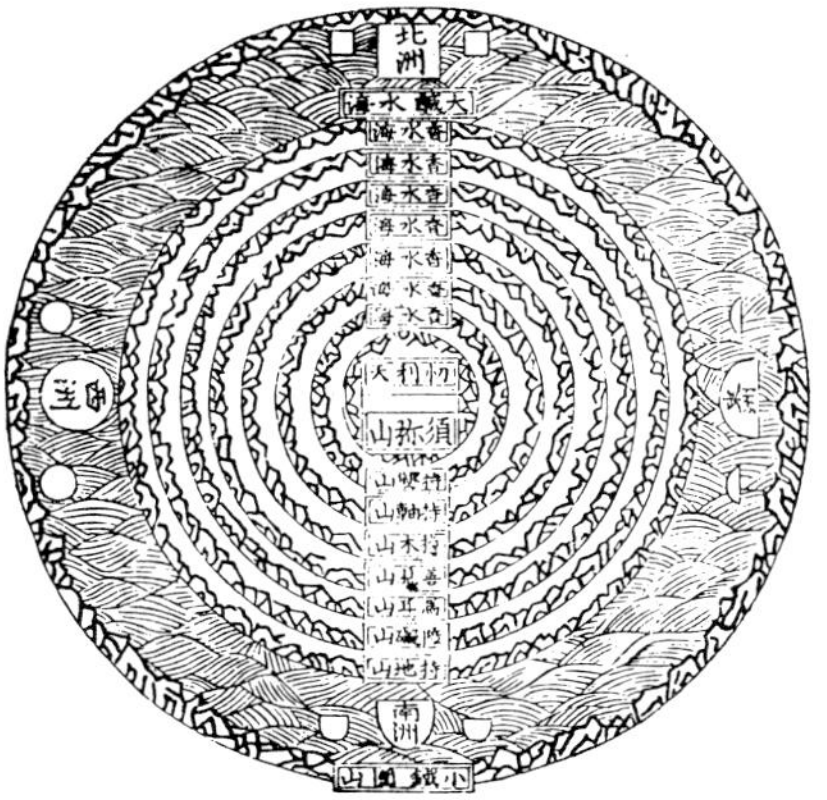

2-5　仏教の須弥山世界図：南宋、志磐『仏祖統紀』所載四洲九《ししゅうく》山八海《せんはっかい》図《ず》

日月が周囲を回る宇宙山とも言うべき須弥山を中心として、その周りに水平にひろがる大地を上空から見たと仮定して描いたもので、東・西・南・北に位置する４大陸、須弥山および最外周の鉄囲山《てっちせん》を含めて合計９つの山地、それらの間に横たわる水域計８が、図の題名となっている。４大陸にはそれぞれ同じ形の小さい陸地が２つずつ付属しており（二中洲）、インドをはじめとする現実の国々は、南の大陸すなわち瞻部洲《せんぶしゅう》（旧訳は閻浮提《えんぶだい》）にある。新旧両訳ともに梵語ジャンブー・ドゥヴィーパ（空想の大樹ジャンブーが生い繁る陸地）の音を写したものである。

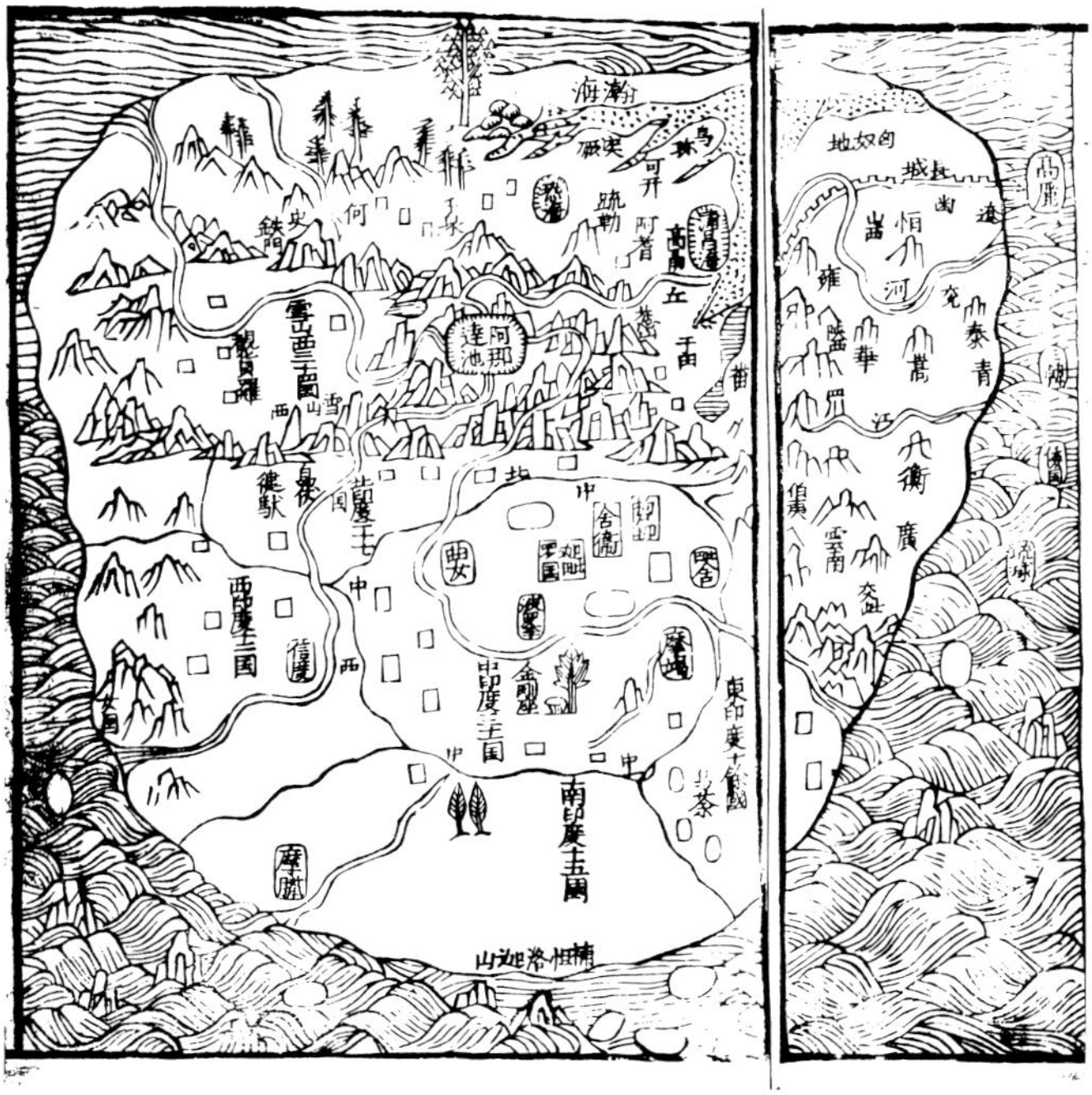

2-6　明代の南瞻部洲図：仁潮『法界安立図《ほっかいあんりゅうず》』所載図　万暦35年（1607）刊

「北広南狭」という仏説の瞻部洲の輪郭の中に、唐の玄奘のインド旅行記『大唐西域記』に基づく地名がちりばめられている。空白の地名枠が多いことからして、原図が大型詳細なものであったことは明白である。中央やや北寄りにある阿耨達池（無熱池）およびそこを水源とする四大河は、図形上の骨組みともなっている。仏教経典の中の「チーナ」は支那・止那、「チーナスターナ」は震旦・振旦などと漢訳された。

3. 地球説の誕生

大地が球体であることを最初に唱えたのは、幾何学者として有名なピタゴラス（前六世紀）であり、彼はその宗教的信念から、大地が神の創造物である以上、幾何学的に完全な形すなわち球でなければならないと考えた。その後アリストテレス（前三八四－前三二二年）が、月食の際の大地の影が常に円形をなすことなどを根拠として、その説が正しいことを裏付けた。大地が球体であるのであれば、地図作りの前段階において、当然のことながら球面座標の決定が必要となる。球面を平面に移し変える作業をするためには、それが拠りどころとなるからである。しかし、幸いなことに、この手順は、以前から天球を平面に描くことが行われていて、経験済みであった。

地図に経緯線を用いた最初の人は、地球の全周を測算したエラトステネス（前二七三頃－前一九二年頃）で、彼の図における経緯線は互いに直交する直線であり、しかも、当時の著名な場所を通る不等間隔のものであった（図3-*1*）。

西洋古代の地図学の水準を一挙に高めたのは、紀元二世紀のアレクサンドリアの天文学者プトレマイオスであった（図3-*3*）。彼は正距円錐図法（経線方向の距離が正しくあらわれる）とプトレマイオス第二図法（経線を円弧とする円錐図法）とを考案し、約八〇〇〇地点に及ぶ世界各地の経緯度数値を使って図形の精密化をはかった。当時の作品は現存しないが、資料集ともいうべき『地理学入

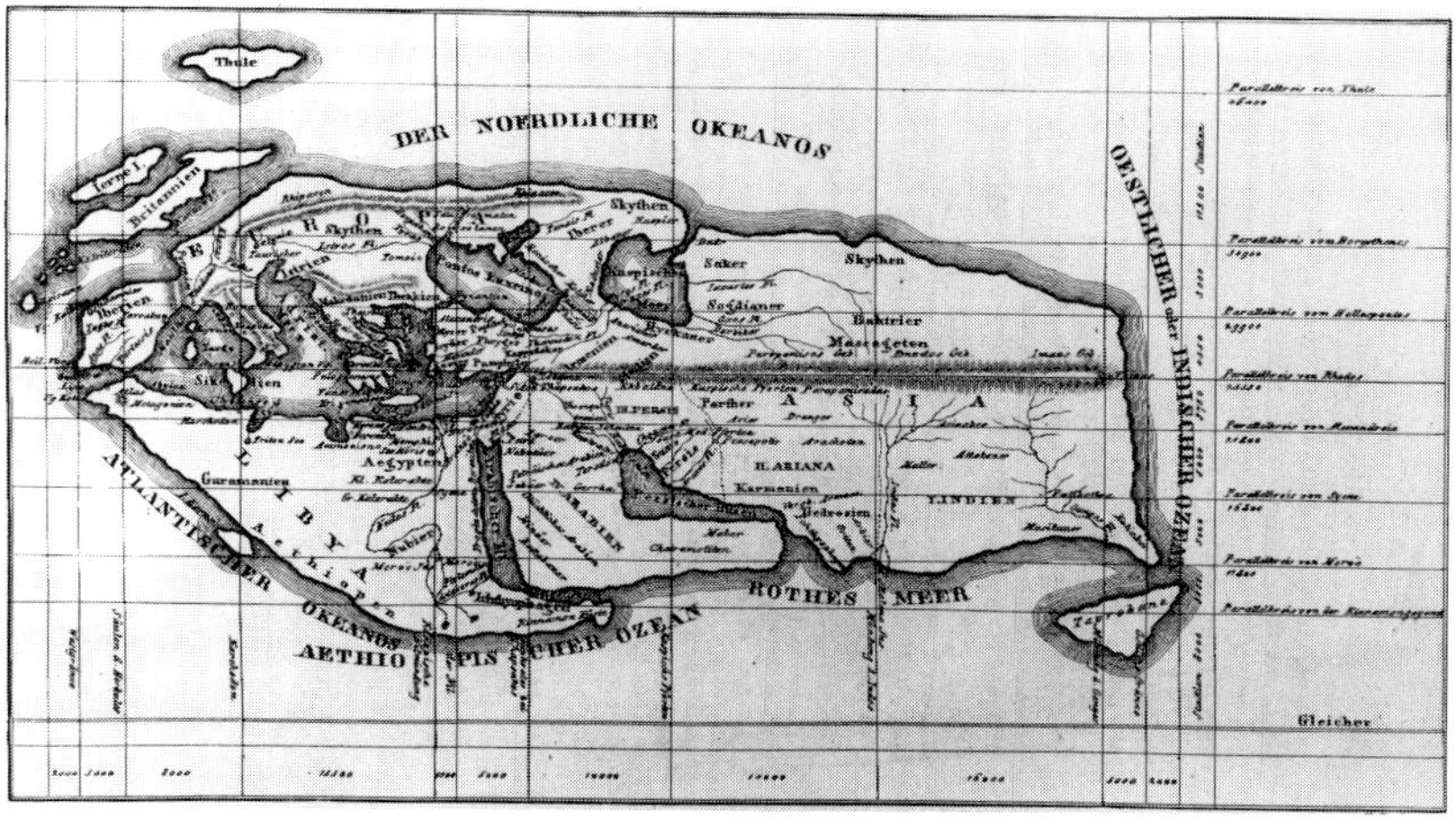

3-*1*　エラトステネスの世界図（フォルビガーによる推定、1842 年）

基本とする経緯線は、ロードス島を通るもので、その緯線上にヘラクレスの柱（ジブラルタル海峡）・シチリア（メッシナ）海峡、経線上にはアレクサンドリア、シエネ（アスワン）が位置すると考えられている。シエネでは夏至の日に深い井戸の底まで日光が届くと聞いて、エラトステネスが子午弧１度の実地距離を計算する基準点としたところである。エラトステネスの地図については、ストラボンの『地理学』に記載があるので、それに基づいてしばしば想像図が描かれており、フォルビガーの試み以前にも、1803 年のゴースレンの作品その他がある。

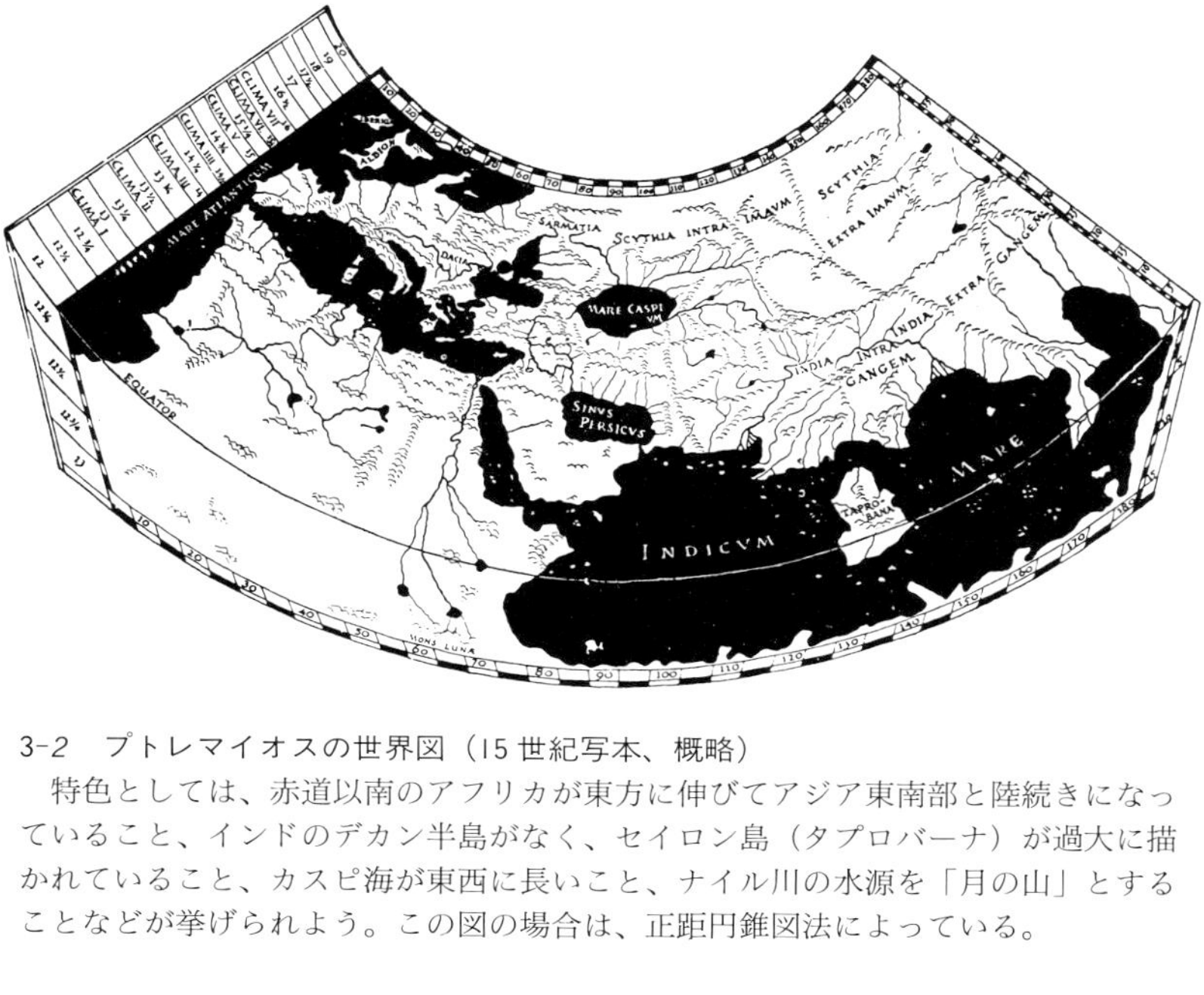

3-*2*　プトレマイオスの世界図（15 世紀写本、概略）

特色としては、赤道以南のアフリカが東方に伸びてアジア東南部と陸続きになっていること、インドのデカン半島がなく、セイロン島（タプロバーナ）が過大に描かれていること、カスピ海が東西に長いこと、ナイル川の水源を「月の山」とすることなどが挙げられよう。この図の場合は、正距円錐図法によっている。

3-3　フィレンツェ大聖堂鐘楼のプトレマイオス像（浮彫）　14世紀前半

象限儀によって天体の位置を観測しながら、膝の上に置いたパピルスに書きとめている。卓上の球儀にも、背景をなす円形の窪みにも獣帯が認められるので、共に天球を象ったものである。ルネサンス・フィレンツェ派の代表的藝術家ジオットとアンドレーア・ピザーノとの共同制作。

3-4　ローマ時代の測量器具グローマ（復原）　ミラノ科学技術博物館

1912年のポンペイの発掘によって、測量家の仕事場から発見されたもので、土地を直角に区画するための照準器である。先端に下げ振りのある十字型の短棒が、回転可能な腕木によって、地面に差し込む垂直の棒の上端にこれと直角をなすように取りつけられている。十字型の中央部分、腕木、石突きが鉄、その他の部分は木である。軍隊でも使用されたので、この像は武具をまとめて横に置いた兵士が、遥か前方の標識棒と対角線的位置にある2本の下げ振り糸とを見通している場面である。

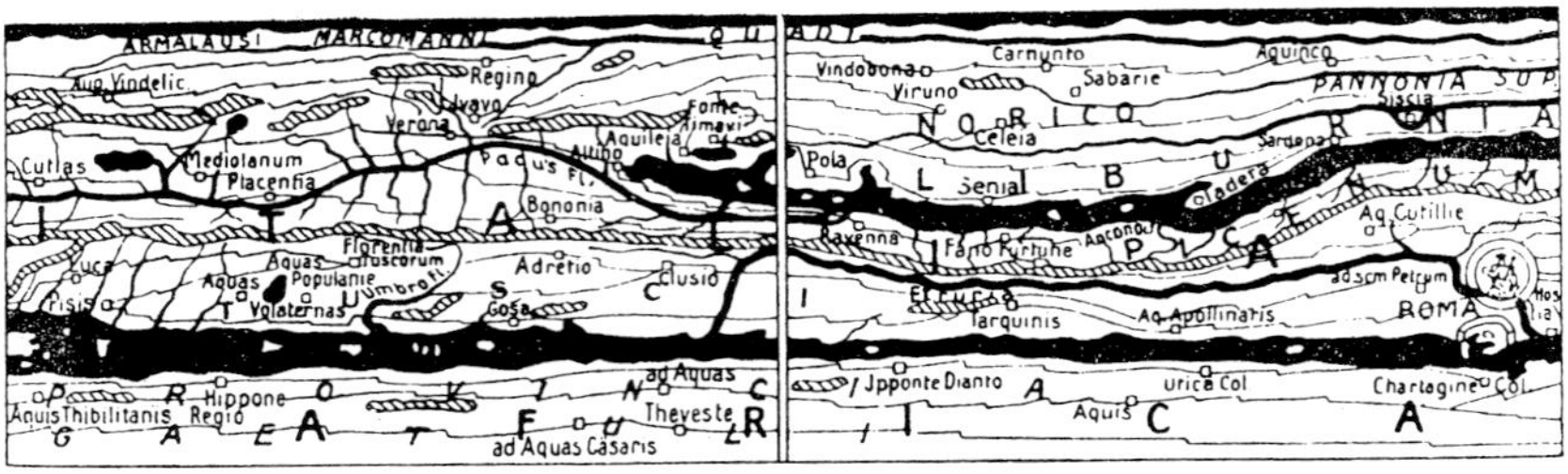

3-5　ポイティンゲル図（部分、概略）　オーストリア国立図書館

元来は一続きの巻物であったらしいが、現在では矩形の羊皮紙11葉の構成になっていて、左端のイベリア半島部分が欠落している。各葉の大きさはほぼ34×60 cmであるから、完全な状態では全長が7 mを越えていたことになる。ここに掲げたのは、現状の左から3番目・4番目の2葉であり、右端の二重丸のしるしがローマである。したがって左右に貫通する黒い帯が地中海、右端から中央部に達している黒帯がアドリア海ということになる。12世紀または13世紀初期の転写とされている。

門』が伝わっていて、復原可能であるほか、一二－一三世紀頃の作品とされるギリシア語表記の図も残っている。彼の地図は、当時の既知世界の極西であった大西洋中の「福島《ふくとう》」（Insulae Fortunatae,カナリア諸島）を経度零度として東へ一八〇度、南北は赤道を挟んで緯度八〇度にわたる範囲を内容とする（図3-2）。緯度の測定は、太陽や恒星（北極星）の高度に基づいて、比較的容易に行うことができたが、精巧な時計のない時代の経度測定は困難な作業であり、プトレマイオスの場合も東西を実際より長く見積っている。

彼が生きた時代は確かにローマ帝国最盛期ではあるが、その学統はアレクサンドリア（エジプト）という場所柄もあって、ギリシア直系のものであった。関心が科学の理論にではなくて、応用面に向けられていたというローマ人社会においては、そのすぐれた地図学の真価は認められることがなく、ルネサンスを迎えるまでのラテン世界とは無縁のものであった。一方、後述するように（四七－五三頁）、ギリシア科学の摂取に積極的であった新興イスラーム社会では、いち早くプトレマイオスの地図学を吸収し、それをさらに発展させている。

ローマ人社会では、早くアウグスツス帝の命によるという将軍アグリッパのローマ帝国全図の作製事業（前二〇年に完成）が見られるが、道路測量に重点を置いたもので、天文学的な位置決定はなされなかったと言われる。そうした軍用図的性格は認められないものの、ローマ時代の道路図の面影を伝えるポイティンゲル図と呼ばれるイベリアからインドまでを描いた図が現存している（図3-5）。図の命名はこの図の一六世紀の所蔵者コンラド・ポイティンゲルに由来するものであるが、道路・宿駅のほか交易所・鉱泉・巡礼地なども記載されており、五〇〇年頃の状況を示すものとされている。

4. アジアの地図文化
—東アジア—

漢字の「圖」（＝図）は、田舎を意味する「鄙《ひ》」からも連想されるように、元来穀物倉や納屋をあらわす「啚」を枠で囲んだ会意文字で、耕地や家屋の点在する農村のひろがりを描いた図面すなわち村の地図の義にほかならない。したがって、漢民族社会では、地図という概念が村落図ないしは地籍図によって確立を見たと言える。早くこの種の地図が重要視されたのは、土地と人民を支配する領主や王侯にとって不可欠の行政資料であったからであり、「版」（戸籍）と「図」とを組み合わせた「版《はん》図《と》」が、転じて領地・領土を意味するようになった経緯を思えば、納得が行くはずである。

一般に支配者相互間における地図の授受は、土地の贈答そのものを意味するが、「風ハ蕭蕭《しょうしょう》トシテ易水《えきすい》寒ク」の詩で知られる燕《えん》の刺客荊軻《けいか》の決死行（前二二七年）こそ、まさにその具体例であり、秦王（のちの始皇帝）暗殺は未遂に終ったものの、荊軻が秦王に謁見できたのは、燕から秦に割譲するという土地の図面を持参していたからであった。また漢代において、王子が諸侯に封《ほう》ぜられる際、地図を管理する役所からまず天子に地図を奉呈し、吉日を卜《ぼく》して儀式を行っている。恐らく、文武百官の居並ぶ前で、封域《ほういき》の地図が授与されたのであろう。

それはともかく、幸いなことに今のわれわれは、戦国時代や秦漢時代の地図の実物に接することができる。紀元前四世紀の中山国王の墓域図（青銅板、河北省平山県中山国王墓より出土）、紀元前三

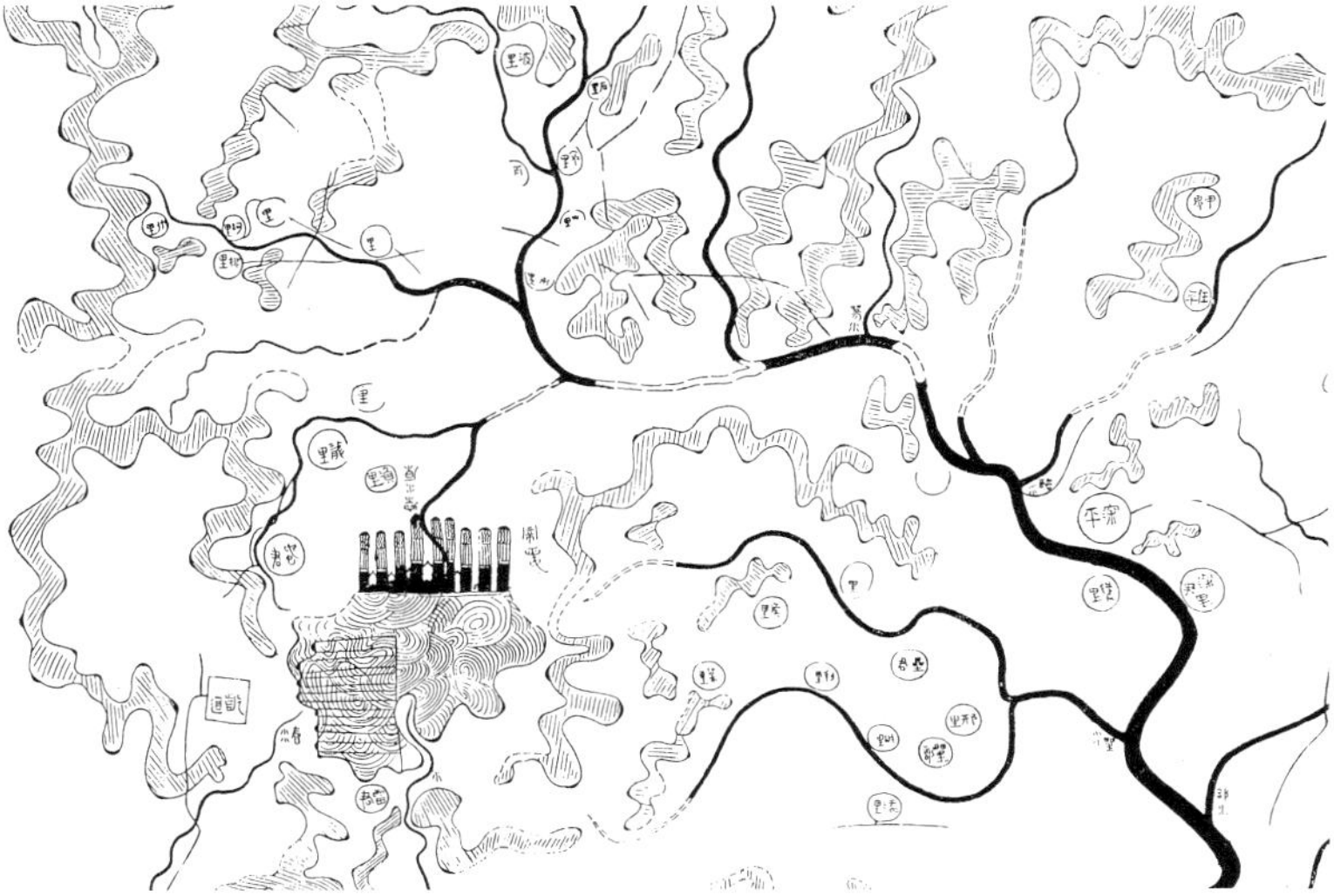

4-1 馬王堆出土長沙侯国南部地図（復原図、部分）

南を上にして今の湖南・広東・広西にまたがる一帯が絹布に描かれている。ここに示したのは原図の中央部左寄りの部分で、右下へ向かう河流は瀟水《しょうすい》（湘江の上流）、左下の渦巻状の図形は九疑山であり、柱状グラフ様のものはその９峰を象徴したものらしい。山地が波状の帯として平面的にとらえられている点に特色があるが、同時に出土した「駐軍図」ではさらに記号化が進んで波状曲線となっている。

4-2 『禹跡図』 阜昌７年（1136）刻石

海岸線や河川流路の正確さが、地図学の水準の高さを物語っているが、諸地点から同一山頂（目標）を望んで方位角を測る「準望」（交会法）が綿密に行われたにちがいない。上部の表題「禹跡図」の下に「毎方折地百里」として縮尺が示されている。その左側には「禹貢山川名／古今州郡名／古今山水地名」と記載されており、現勢地図であると同時に歴史地図であることが意図されているが、これは伝統的流儀である。「禹跡」とは、山河の秩序を整えたという伝説の禹大王の事業の跡、つまり国土を意味する。

世紀の甘粛《かんしゅく》省天水県の地方図（松板七面、甘粛省放馬灘《ほうばたん》秦代墓より出土）、紀元前二世紀（前漢初期）の長沙侯国南部地図（絹布二種、湖南省馬王堆《まおうたい》漢墓より出土）（図4-1）が、近来の発掘によって、ふたたび世に出ることになったからである。墓域図は設計図なのでしばらく措《お》くとして、松板や絹布の図が、河流を詳細に描いていることは、交通路としての役割もさることながら、河川が土地空間の座標でもあったことを示唆している。

晋朝の高官で『禹貢《うこう》地域図』の作者でもある裴秀《はいしゅう》（二二四―二七一年）は、漢代の地図を評して、縮尺を示さず、方位を誤り、精密でないとするが、出土地図を見る限りでは、自己の作品の出来栄えを誇らんがためのあらぬ中傷であった感が深い。とはいえ、裴秀の『禹貢地域図』の序文（『晋書《しんじょ》』裴秀伝所引）に述べられる「制図六体」（地図を作る際の六つの基本）は、シナの科学的地図学に関する最古の記録として尊重されるべきものである。六つとは、分率（縮尺）・準望（眺望のきく高所を望んだときの方位角）・道里（距離）・高下・方邪・迂直《うちょく》（土地の起伏、路程の屈曲などを地図化する方法）である。

『禹貢地域図』は、絹八〇疋《ぴき》を要したという超大型図（推定一辺約二〇メートル）であり、閲覧に不便であったので、一辺一丈（約二・四メートル）の縮小図（『地域方丈図』）が作られたが、その縮尺は一寸百里（一八〇万分の一）であったという。「一寸百里」という表現は、方格が記入されている後世の『禹跡図《うせきず》』（一一三六年）（図4-2）の例によっても明らかなように、図面を覆う方格の枡目の一辺が図上で一寸、実地で百里ということであって、『地域方丈図』には方格が記入されていたにちがいない。方格は一見、球面座標に基づく方眼図法（単純円筒図法）の経緯線を思わせるが、投影法とは関係のない単なる東西線・南北線であって、縮尺を表示するためのものである。古来、シナでは緯度に相当する天の北極の高さ（北極出地）は観測されていたが、大地は平たいものと考えられていたので、その数値がどの程度地図に生かされたのか、それは詳らかでない。

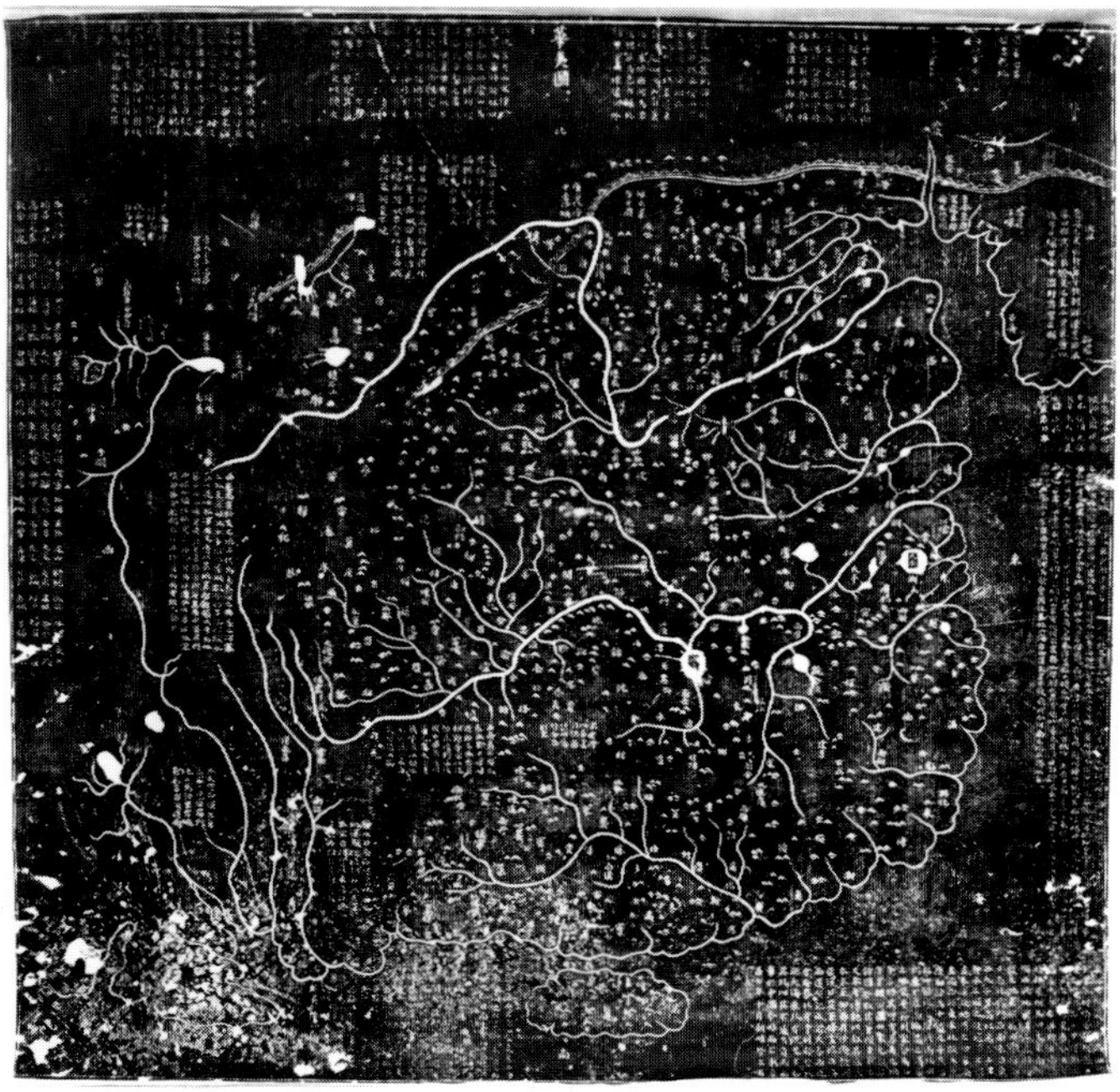

4-*3*　『華夷図』　阜昌７年（1136）刻石

『禹跡図』（図４-*2*）が彫られて半年後に同じ石碑の背面に彫られている。右上に朝鮮、左上にロプ湖に注ぐタリム川、左下にインドを含める程度ながら、中華意識の強烈な漢民族にとっては、華夷図つまり世界図なのである。このような言わば中華風世界図は、清代に至るまで繰返し作られている。右下の序文の末尾に「岐学上石」とあるので、陝西省の岐山に近い当時の鳳翔府《ほうしょうふ》の学校に建てられていたことが知られる。

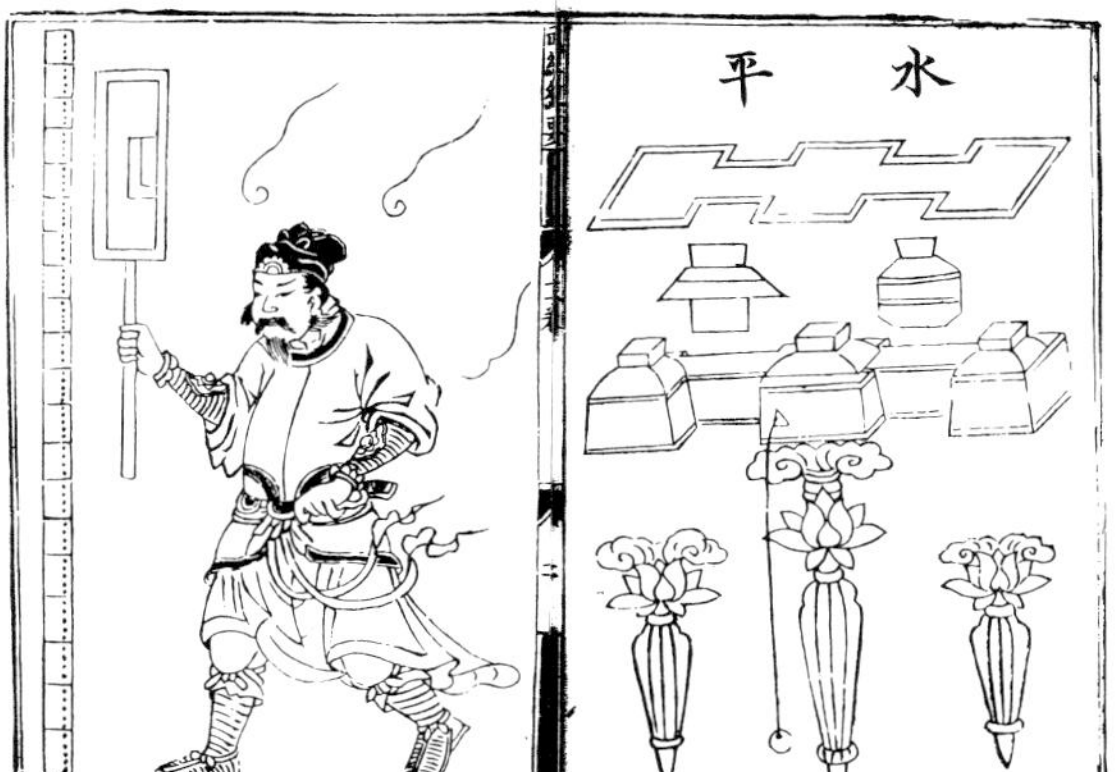

4-*4*　シナ古代の測量器具：水平、照版、度竿　北宋、曽公亮等『武経総要』所載図　慶暦３年（1043）

「水平」は文字通り水準器で、木製の溝と３つの池から成り、水を張って３個の浮標を浮かべ、これらを見通す。見通す先で使うのが照板と度竿であり、照板は正しくは上半分が白、下半分が黒であり、度竿の補助器具である。照板の真中の方形のくり抜き部分を度竿の目盛に当て、遠方からでは見えにくい目盛を白黒の境目によって知らせるわけである。

前述の『禹跡図』（図4-2）の碑の背面に彫られている『華夷図』（一一三六年）（図4-3）は、唐の賈耽《かたん》の『海内華夷図《かいだいかいず》』（八〇一年）の流れを汲む図で、図の周辺部にわずかながら夷狄《いてき》の国々すなわち朝鮮・西域諸国・天竺を含んでいる。この図には方格はないが、源流の賈耽の図は「一寸百里」の縮尺であったことが記録に残されているので、方格を備えていたものと思われる。

ところで、同じ石碑の前後両面のこれらの図に記載される刻石年「阜昌《ふしょう》七年」（一一三六）の「阜昌」という年号は、南下してきた北狄の「金」の傀儡《かいらい》国家としてわずか八年間存続した「斉《せい》」の制定によるもので、その『華夷図』に「岐学上石」とあるように、学校教育のための地図として彫られたのであった。南宋時代には、このように失地回復の願いを青少年に託す目的をもって、「金」に奪われる以前の国土の姿を刻んだ石碑が、各地の学校に置かれていたのであり、現存するものとしては、ほかに鎮江（江蘇省）の「府学」の壁にはめ込まれていた『禹迹図《うせきず》』（一一四二年刻石、鎮江博物館）がある。南宋の人々が国土全図に寄せた思いは、一二四七年王致遠《おうちえん》が蘇州の学校のために石に彫らせた黄裳《こうしょう》の『地理図』（一一九二年頃）に見える黄裳の序文によって明瞭となる。すなわち「今、関（函谷関）以東ヨリ河（黄河）以南マデ綿亘万里《めんこうばんり》尽ク賊区トナル。祖宗開創ノ労ヲ追思スレバ、コレガタメニ流涕太息《りゅうていたいそく》セザルベケンヤ。コレ以テ憤《いきどお》ルベキナリ。」とあるからである。いずれにせよ、南宋の知識人たちは、地図が本来もつところの思想性を活用したことになる。

方格を記入することによって、図形の正確さを保つというシナ地図学の伝統はながく失われることはなく、元代における朱思本《しゅしほん》の『輿地図《よちず》』（一三二〇年）、これを分割増訂して図帳とした明の羅洪先《らこうせん》の『広輿図』（初版一五五七年頃）などに、その具体例を見ることができる。清代に入って経緯線記入の洋式国土地図が完成したのちも、実地距離を容易に知ることができる方格を併記することが行われており、伝統の根強さがうかがわれる（図4-5）。

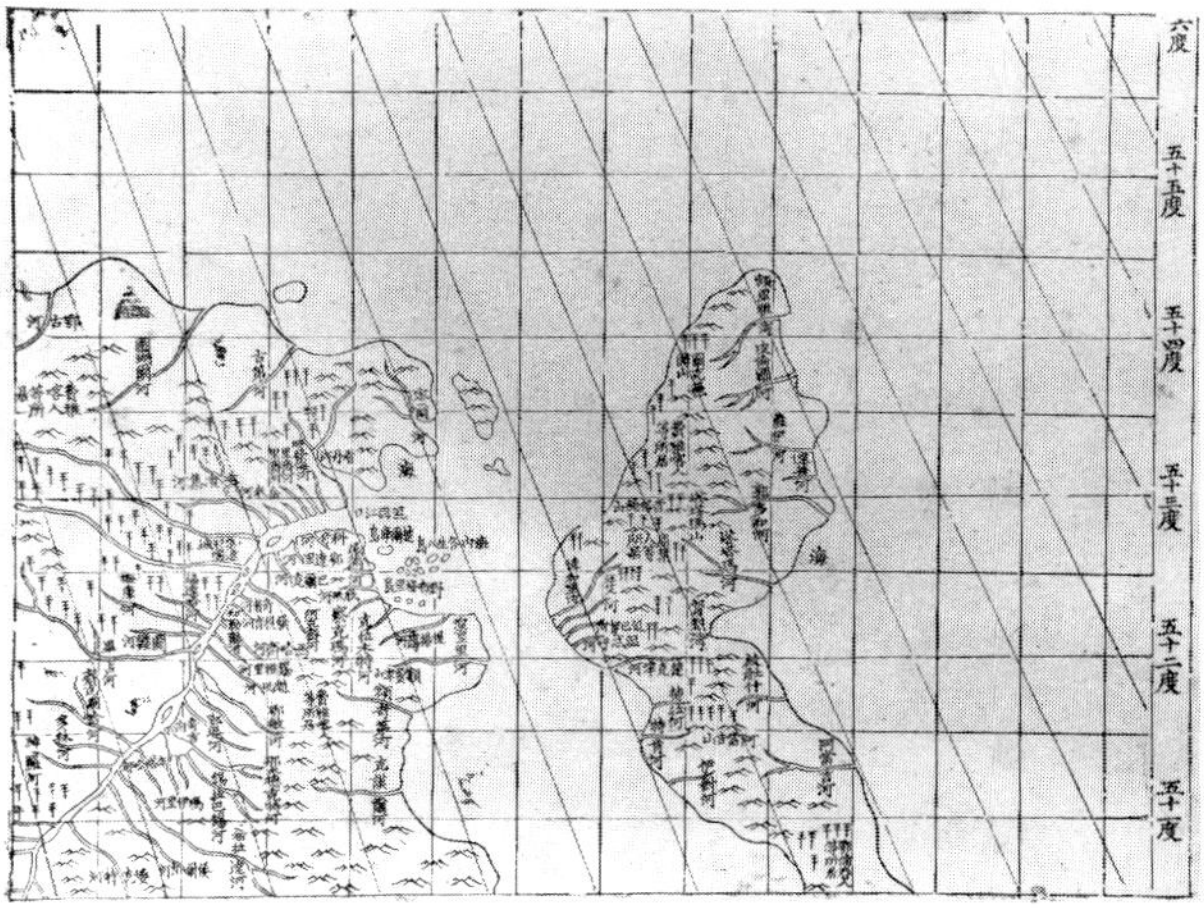

4-5　経緯線と方格とを併用する清代地図の一例：『皇朝一統輿地全図』の一葉　李兆洛原図、六厳《りくげん》縮模　道光22年（1842）刊

康熙年間にはじまる官撰の経緯線記入の国土全図を資料としながら、距離を知るには方格が便利であるとして、李兆洛が道光12年（1832）刊の自作の図に取り入れた手法で、経線には点線を用いた。六厳縮模のこの図は朱墨2色刷なので、経線と1度ごとの緯線を朱色にしている。朱墨の直線が構成する方格の一辺は100里と説明されている。「く」の字型の島はサハリン。

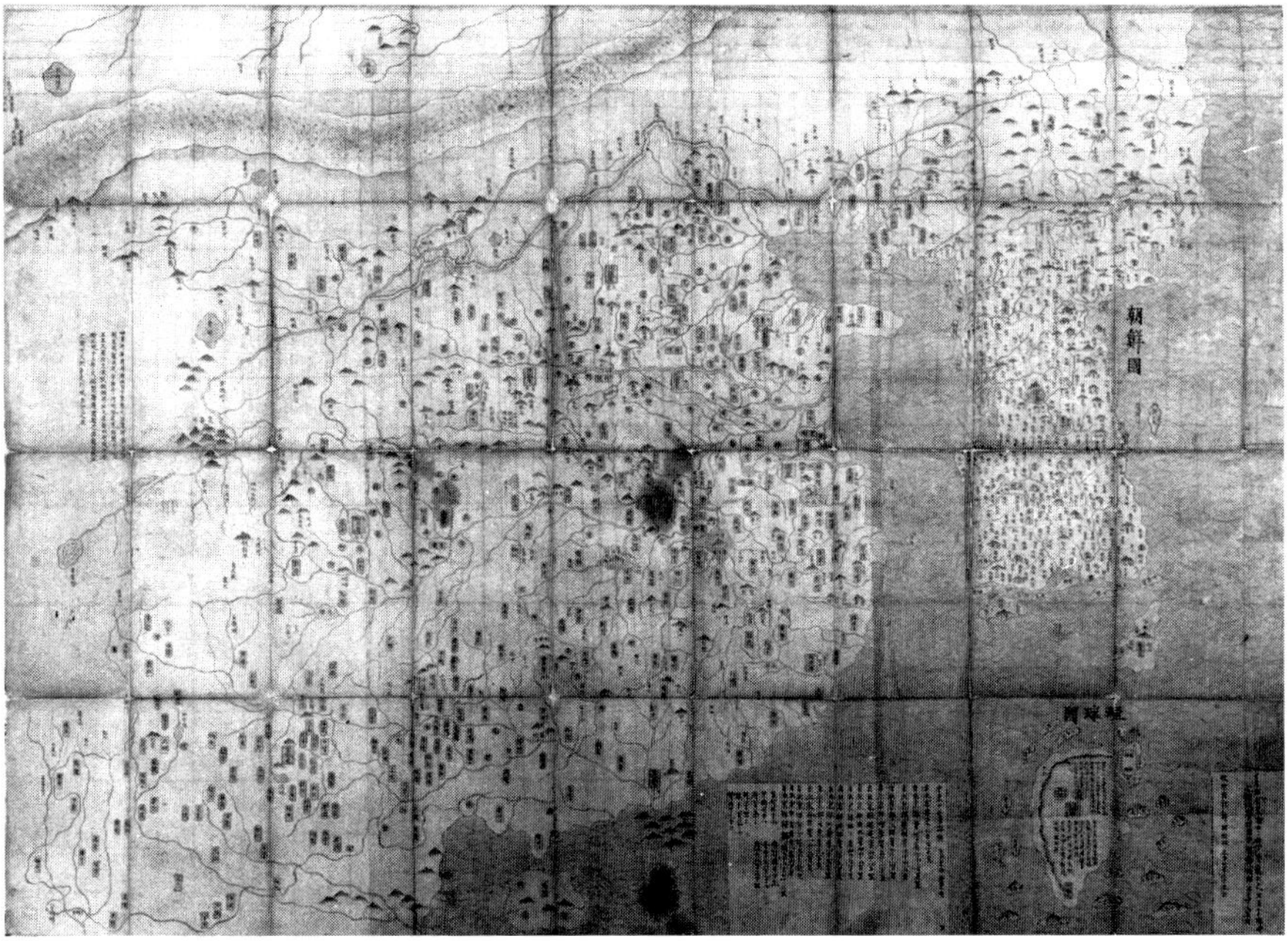

4-6　『天下大揔一覧之図』 18世紀初期　手書　韓国国立中央図書館

朝鮮において成立した東アジア図の一例。朝鮮や琉球・対馬が増補される以前の図は、元代の朱思本図を明代（15世紀中期）に改訂したシナ全図である。日本については図形を示さないが、右下隅に説明記事があり、「黒竜江ノ北ニ始リ、済州（島）ノ南ニ至ル」としている。同様に明代の朱思本図系統の図に基づく東アジア図としては、ほかに崇実大学校博物館所蔵『天下輿地図』（1747年、手書）がある。（本図版では上部の表題部分を割愛）

東アジア言い換えれば漢字文化圏における地図文化を考える上で、見落してならないのは朝鮮の役割である。『魏志』倭人伝（三世紀）の記事からも知られるように、古く大陸と日本列島との交通は朝鮮半島経由であり、新羅・百済両国が共存した四―七世紀には、薩南諸島の「小王」らとこれら両国との間に交渉があったことを『新唐書《しんとうじょ》』東夷伝は伝えている。すなわち、朝鮮半島南部諸港は、東アジア海上交通の要衝であり、朝鮮社会は漢土の制度文物を日本列島や琉球諸島に伝達する中継基地であったばかりでなく、これらの島々に関する地理的情報を朝鮮王朝を通じて漢字文化の宗家である中華王朝の支配層に伝えるという役割をも荷なっていたのである。こうした観点から、朝鮮の地図文化の特色と言ったものを指摘してみることにしよう。

既述（三〇頁）のように、漢民族社会における伝統的な世界図は、自己の版図《はんと》の周囲に申しわけ程度に蛮夷諸国名をちりばめたものに過ぎなかった。そうした中華的世界図ないしはシナ全図に、朝鮮半島、ときには日本・琉球をも書き加えて、完全に近い形の東アジア図を完成させることが、朝鮮ではしばしば行われている。それらの中には、すでに原図が失われたものがあり、シナ地図学史を考える上での貴重な資料となっている。例えば、朱思本図の流れを汲む明代（一五世紀中期）の地図に基づいた『天下大揔《だいそう》一覧之図』（一八世紀初期）（図4―6）、『広輿図《こうよず》』系の一面図である一五九四年刊の白君可《はくくんか》の作品（輿地図?）を増補したパリ国立図書館所蔵無題図（一七世紀初期、手書）などが、それに該当する。

朝鮮地図学の特色としては、また山地を脈絡あるものとして図上に表現することを指摘できるが、古い時代のシナ地図学の手法を踏襲したものと思われる（図4―7）。日本図について見ても、申叔《しんしゅく》舟《しゅう》の『海東諸国紀』（一四七一年成立）には、わが国には伝存しない矩形の輪郭を示す九州の図（図4―8）が収められており、日本地図学史の研究においても、朝鮮地図学史は見逃せない。

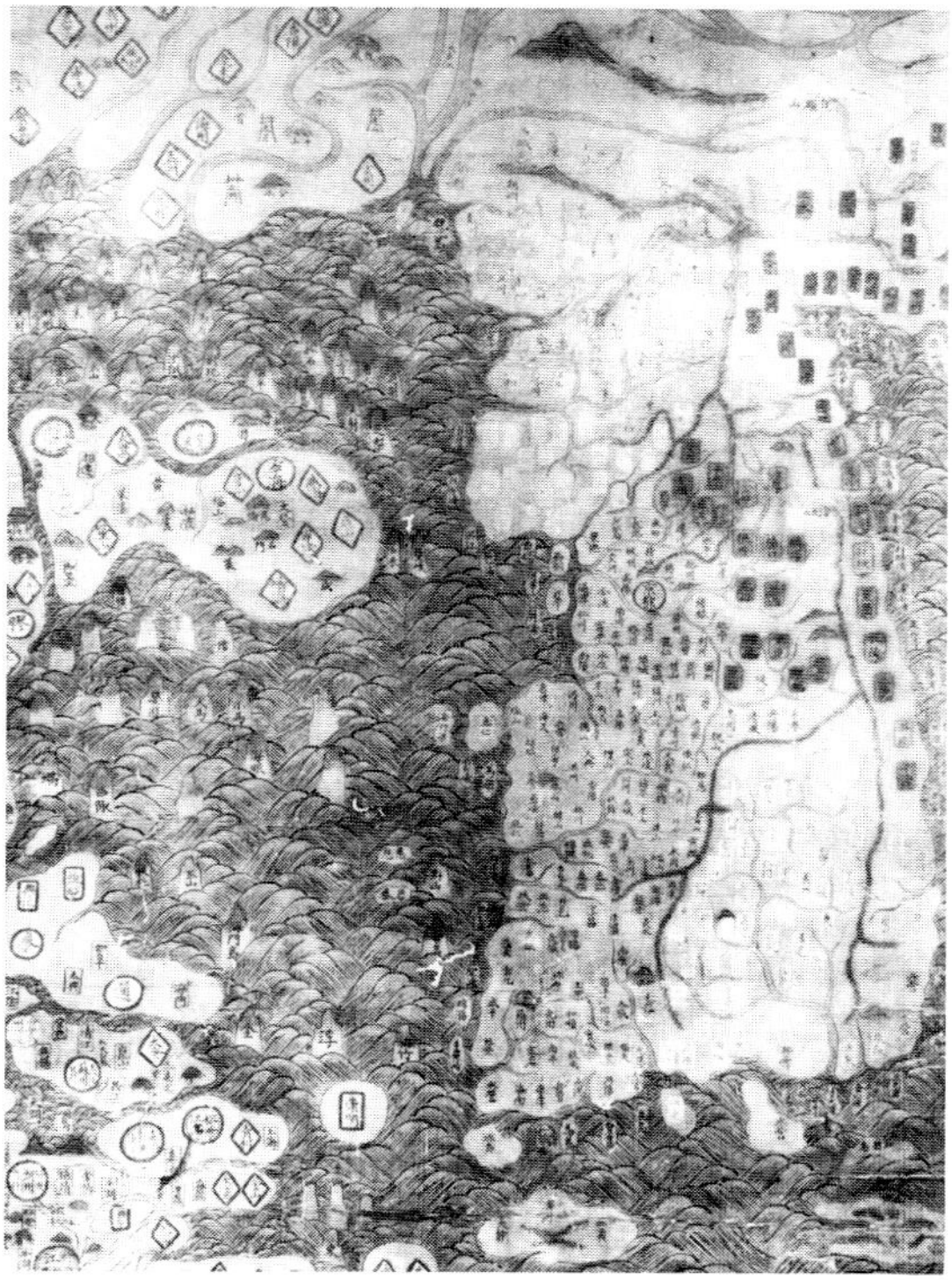

4-7　山脈を描示する朝鮮製地図の一例：『混一《こんいつ》歴代国都疆《きょう》理地図』の朝鮮　16世紀中期　守屋孝蔵氏旧蔵

この図自体は、明の楊子器の『大明《だいみん》輿《よ》地図《ちず》』の嘉靖5年（1526）改訂本に朝鮮半島を増補して成ったもので、山地が脈絡的に表現されているのは、朝鮮で加えられた部分のみである。山脈すなわち分水界に関心がもたれたのは、卜《ぼく》地術としての「風水」が、朝鮮社会に根づいていたからであろう。

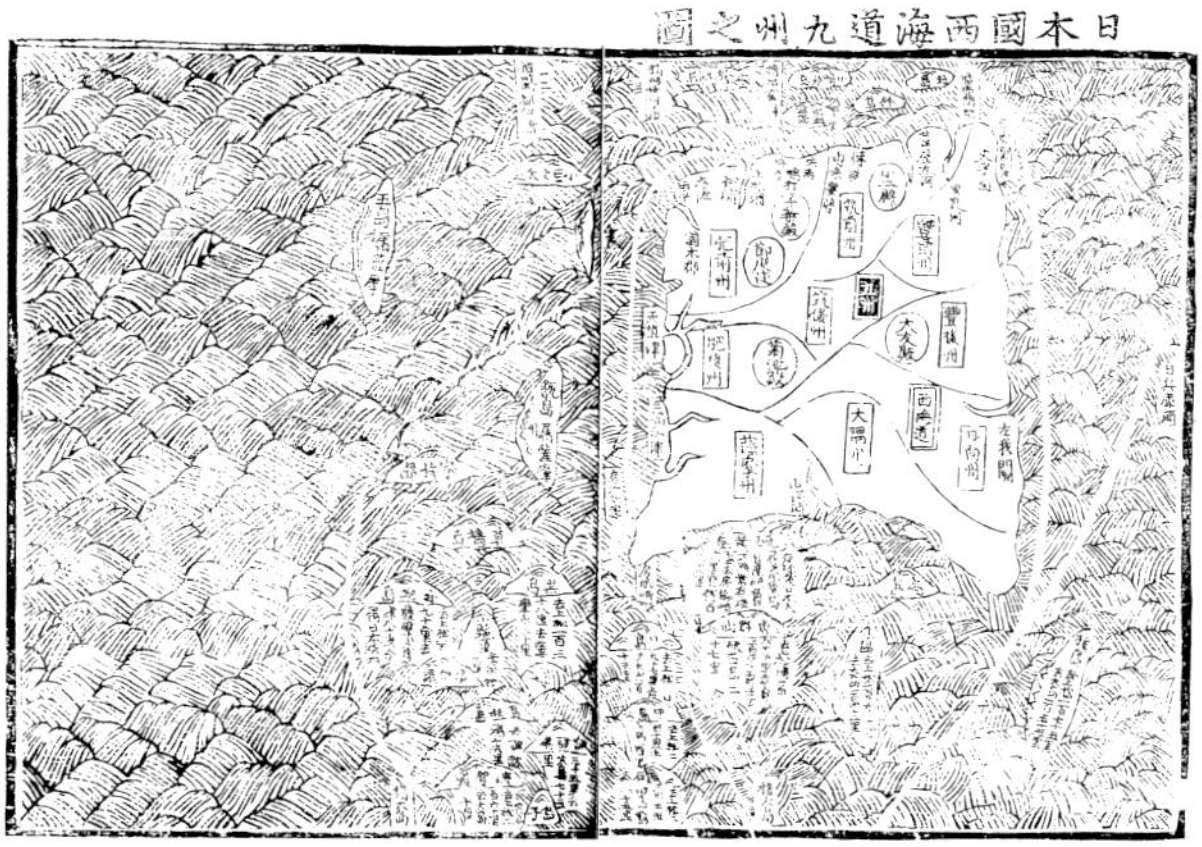

4-8 申叔舟《しんしゅくしゅう》『海東諸国紀』所載九州図　1471年成立　1512年頃刊

併載される本州・四国の図形が全体に丸味を帯びているのに対して、この九州は角張った表現となっており、西南方海上の島嶼に関する情報が詳しい。1453年琉球国の使節として朝鮮に赴いた筑前の僧道安が、日本・琉球の地図を提供したことが『端宗実録』に記載されているので、それに基づいていることはほぼ疑いない。後述（116頁）するように、キリシタン時代に登場した新型日本図は、この種の日本図を来日ポルトガル人が発展させたものと思われる。

5. アジアの地図文化 —南、東南アジア—

まずインドについて見ると、地図を意味する言葉が、古代インドの言語すなわち梵語《サンスクリット》にはないとされるが、絵画として扱われていたためと考えられる。地図についての最古の記録は、『旧唐書《くとうじょ》』西戎《せいじゅう》伝および『新唐書《しんとうじょ》』西域伝の王玄策使節団のインド訪問記事であり、貞観《じょうがん》二二年（六四八）の帰国に際して、カーマルーパ（ベンガル地方）国王は珍奇な品と共に地図を献じ、老子の肖像と「道徳経」を希望したと記されている。このように、史料を外国文献に仰がなければならないのは、インドの気候が金石以外に記録されているものの保存に適しないこと、およびインド社会における年代記への無関心のためであって、こうしたことが、インド史の再構成を困難にしており、当然のことながら、系統立った地図学史はまだ書かれるまでに至っていない。

現存する地図の作製年代は一七世紀半ばを遡《さかのぼ》らないが、イスラームや西欧の地図学の系統を引くものを除けば、いずれも伝統的な手法に従っていて、絵画的要素に富み、縮尺はおおむね不均等である。紙のほか、綿布にも描かれており、毛織物に細かく刺繍されている場合もある（図5-*1*、*2*）。世界図については、「2. 世界像の図形化」の項で触れたので、次に東南アジアの地図学に移ろう。

東南アジア諸国においても、インド同様、史料が乏しいせいもあって、研究は進展していない。古来仏教の盛んなインドシナ諸国では、仏教の須弥山世界説を図示することが行われているが、地図と

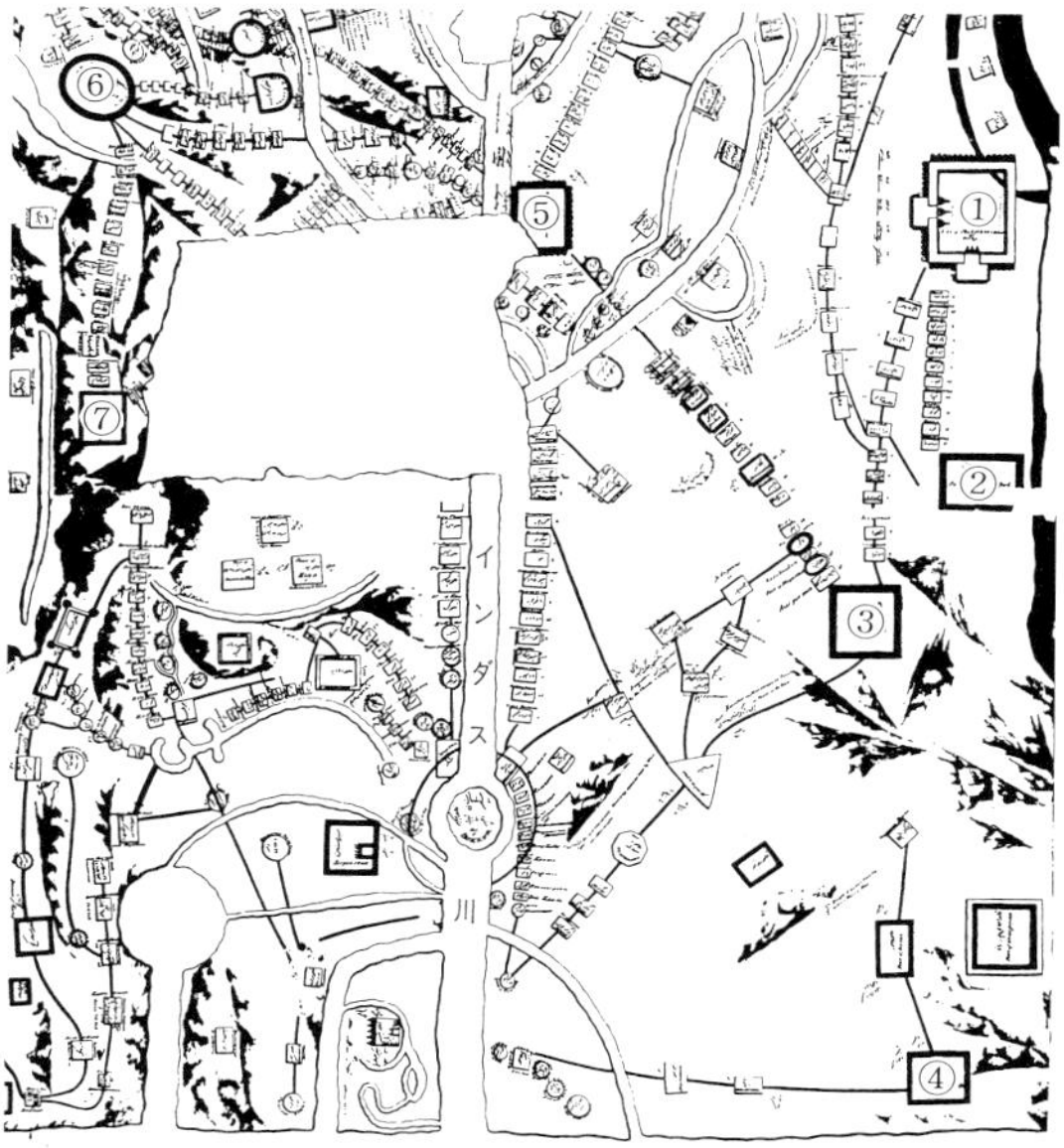

5-1　ムガール時代の地図の一例：インド西北地方図（部分）17世紀後半　手書　ニューデリー、国立文書館

①デリー　②アグラ　③アジミール　④アーメダバード　⑤ムールターン　⑥ガズニ　⑦カンダハル

この図版では原図の上部と左端が割愛してあるが、その部分にラホール、カブールが含まれており、描出範囲は今のパキスタンを中心として、インド西部、アフガニスタン東部にまたがる。地名表記はペルシア語で、デリーの王宮にあったものの模写（1795年頃）である。道路に沿う町や村が詳しいので、交通・旅行用の地図と言えよう。

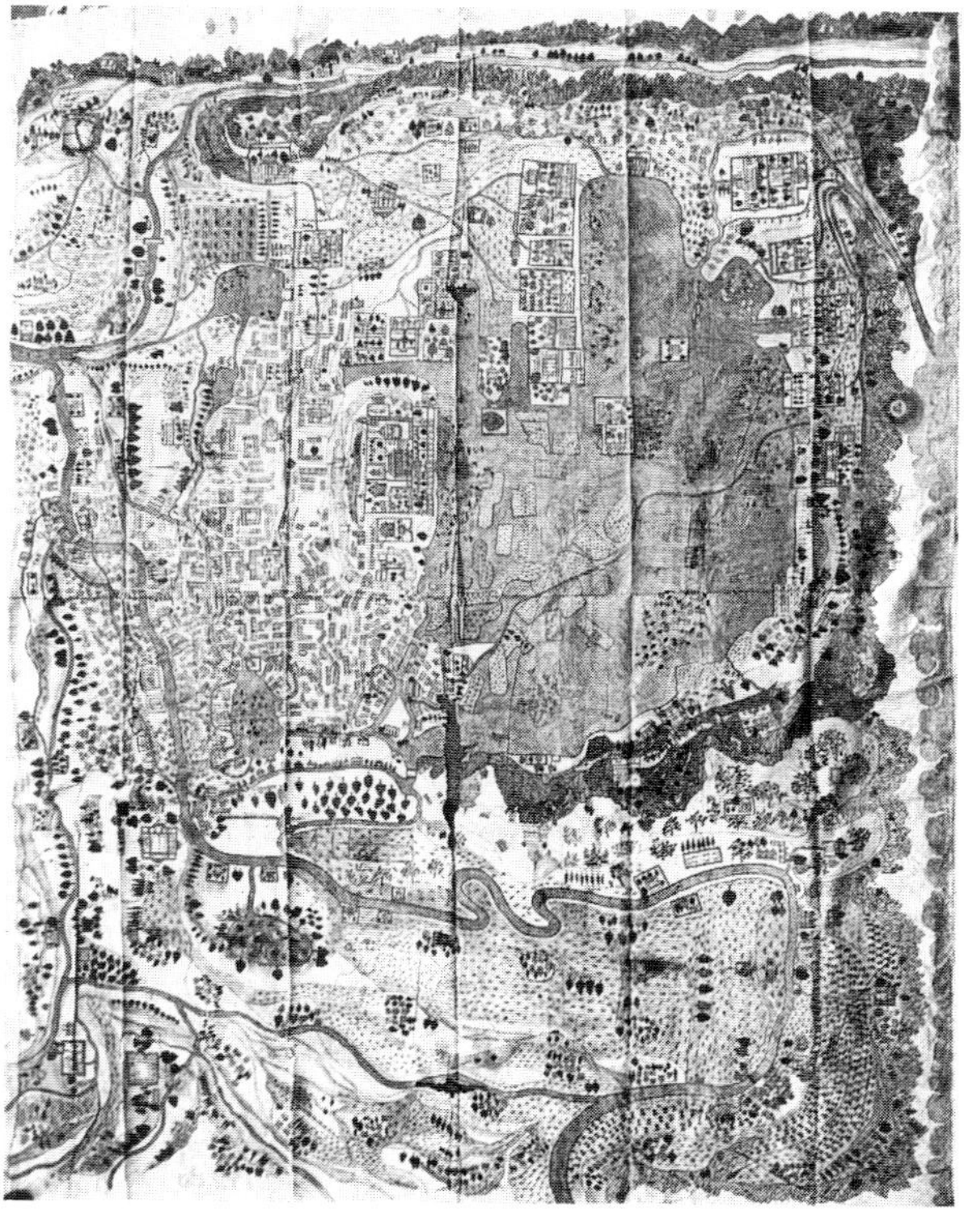

5-2　伝統的様式のカシミール図　18世紀初期　手書　綿布　ジャイプル、王宮博物館

図中に文字の記入がなく、側面形の建物や樹木の方向も一定していないので、図の天地は定かでない。わずかに山の端から昇る朝日（右端上から1/3あたり）が描かれており、方角だけは知ることができる。中央の湖はダル湖、その西岸にひろがるのがスリーナガル（カシミールの首都）の町だという。赤・黄・青・緑・茶その他豊富な色彩の細密画で、湖面には水鳥・蓮、山地（右端）には虎、道路には人物が点綴されている。

言えるほどの瞻《せん》部洲《ぶしゅう》図は、まだ発見されていない。

地図に関する最も古い史料は、『元史』巻一六二の史弼《しひつ》伝、巻二一〇の爪哇《ジャワ》伝の両者に見えるほぼ同様の記事であり、それらによると、一二九三年ジャワ遠征の元《げん》軍司令官史弼に対して、葛郎《カデイリ》国の支配者ラーデン・ヴィジャヤが降服のしるしとして、地図・戸籍簿を差し出している。当時すでにジャワに行政用の地図があったことが、これによって明らかとなる。

西洋側の史料に見える現地製地図に関する最初の記事は、インド総督アルブケルケの一五一二年四月一日付のポルトガル国王宛の書翰であり、それにはジャワ語で書かれた大型海図を入手したこと、それを資料としてロドリゲス航海士が作った海図を国王宛に送るということが述べられている。一方、現存するロドリゲスの世界海図集（一五一三年頃）の東南アジアには、他の海域の図葉にはない側面形としての島嶼《とうしょ》が描かれていて、このときのジャワ製海図が用いられたことを物語っている（図5-3)。

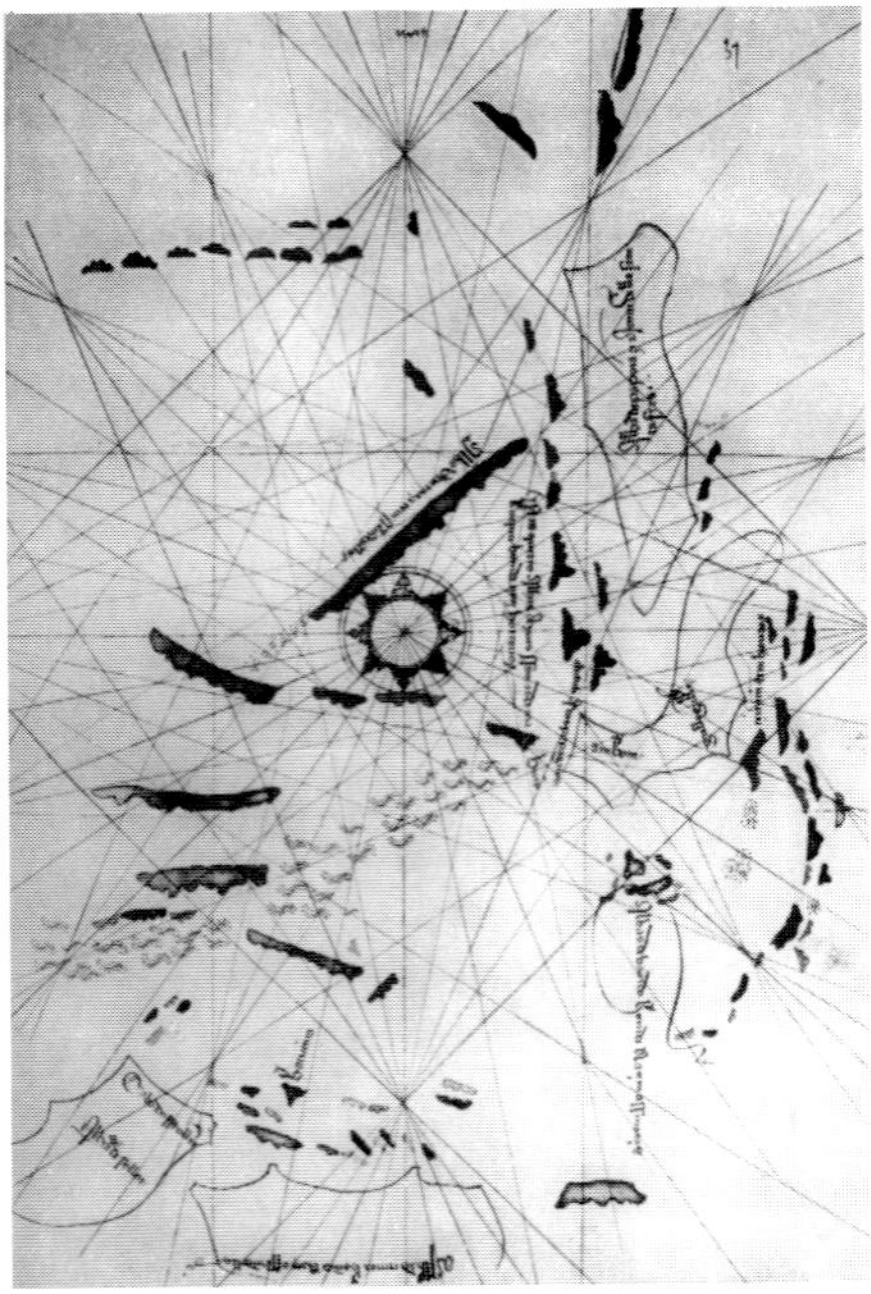

5-3　ロドリゲス世界海図集の東南アジア東部海域　1513年頃　手書　パリ、国立図書館

地名の記入方向が一定していないので、ここでは北を上にしてある。右上の南北に長い島はパプア、その南はセーラム島、中央の長い側面形の島はセレベス、その東方の側面形の島嶼群に対しては、‘丁字の木が生えているマルッコ（モルッカ)’と注記されている。下端の大きな島は‘白檀が生えているチモール島’、その左の島はその注記からすると、ソロール島とフロレス島の合体したものである。

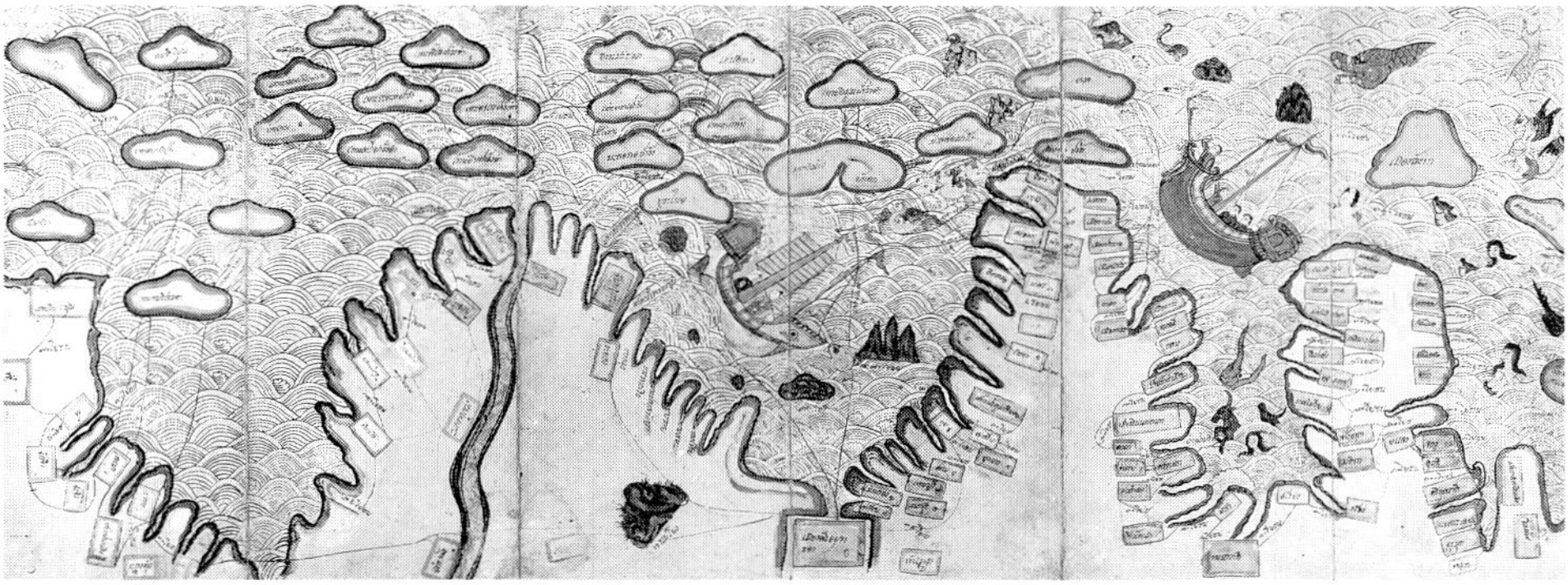

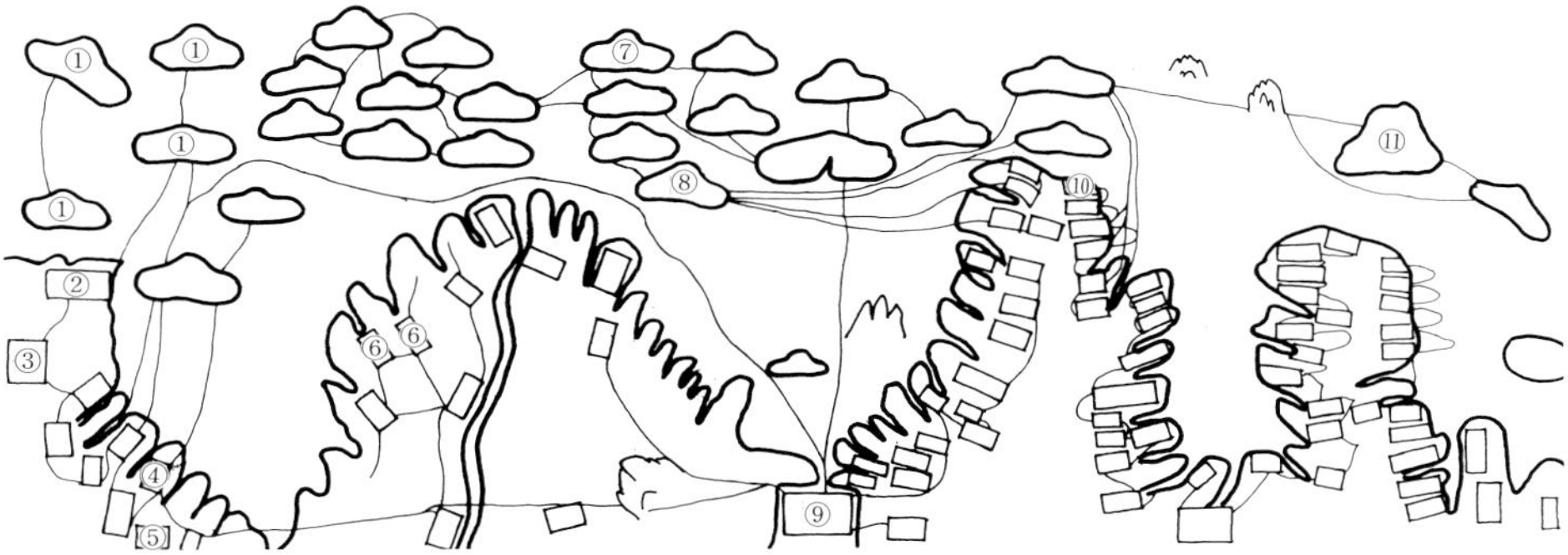

5-*4*　タイ写本『三界』所収アジア海図　1776年頃　ベルリン、インド藝術博物館

‘三界’とは前世・現世・冥界のことで、仏教の説話を中心とする長大な絵解きの折本の中に、現世の地図としてこの海図が含まれている。図は南を上にして描かれており、赤い線で示される海路・陸路には、タイにおける長さの単位ヨット（約16 km）による距離が注記されている。シャム政府は14世紀後期に3回朝鮮に使節団を派遣しているほどなので、この図の朝鮮・日本は古来の知識に負うものと思われる。バンコクのタイ国立図書館所蔵本は、左右が倍の長さになっていて、ベルリン本にない地名が記入されている。

（下）説明図

①イプン（日本）　②コリア（朝鮮）　③チン（シナ）　④マカン（マカオ）　⑤クヮントゥン（広東）　⑥ユオン（ベトナム）　⑦チャワ（ジャワ）　⑧ブラナイ（ボルネオ）　⑨アユターヤ　⑩マラカ（マラッカ）　⑪ランカ（スリ・ランカ）
（田辺繁治氏による翻訳）

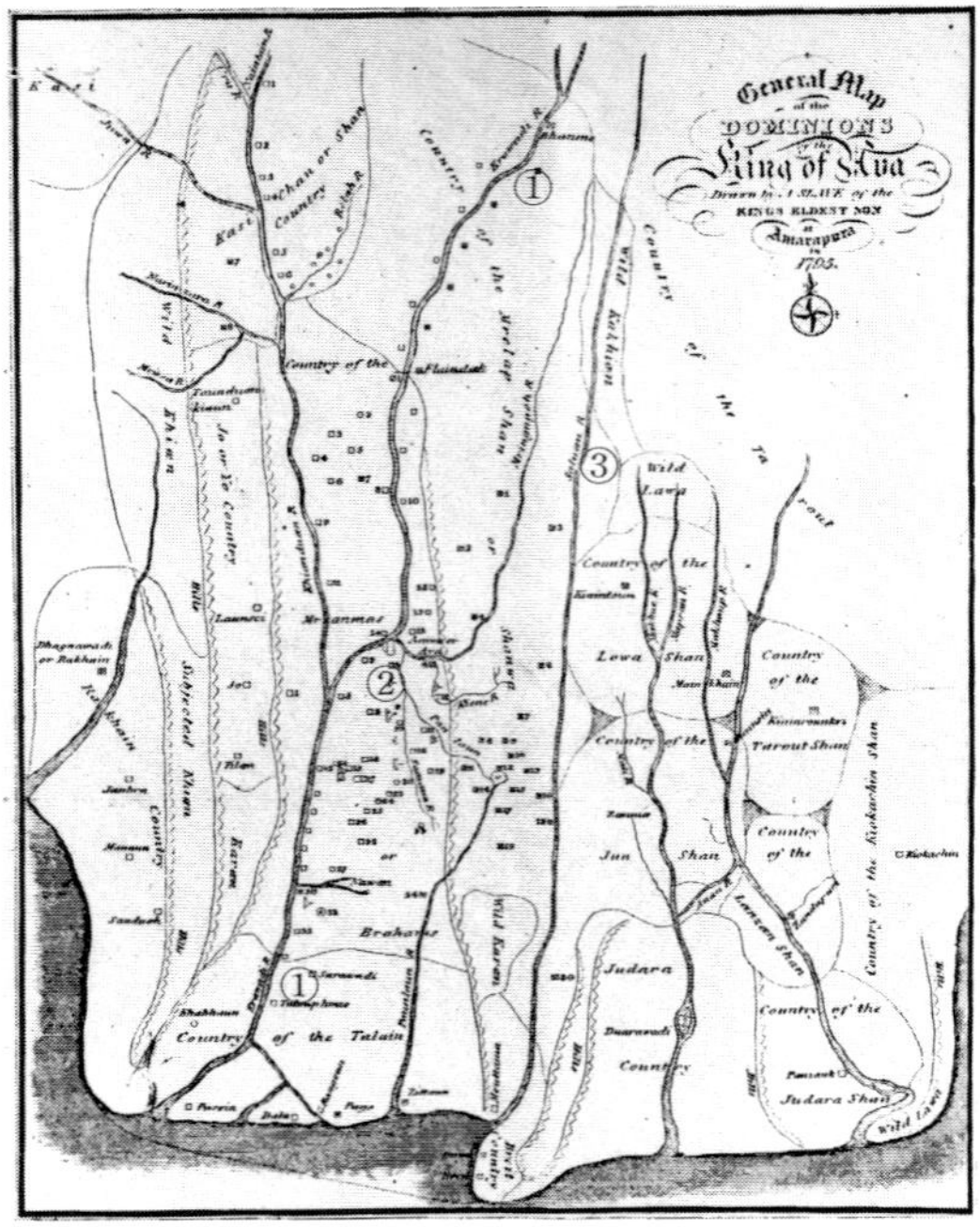

5-5　ビルマ人によるビルマ図　1795 年
ハミルトゥン翻訳図

ハミルトゥンのアヴァ滞在中（1795年）に、ビルマ王の長男の奴隷が書いたものだという。図の右上部にも記載がある。原図のビルマ文字は、ハミルトゥンによってラテン文字に変えられており、都市名の多くは数字とし、別にその名称一覧表を論文中に掲げている。すなわち、この図は『エディンバラ哲学雑誌』第2巻（1820 年）掲載のハミルトゥン論文の付図なのである。南北方向がかなり圧縮されているが、山地の側面形を連ねた山脈の記号は注目してよい。①イラワディ川　②アヴァ　③サルウィン川

5-6　『洪徳版《こうとくはん》図《と》』所載安南全図　1490 年　手書　（財）東洋文庫

書籍表題の‘洪徳版図’とは、洪徳年間（1470-1497）における領土という意味で、地図としては、この図のほか首府の中都（ハノイ）、13 の行政区ごとの図を収める。各図とも方位は明示されているが、図中の距離・方角はずさんである。道路の記入がなく、河流が誇張されるのは、水運がより重要であったからであろう。

現存する現地製の海図としては、タイ製のものが二点知られており、共に一八世紀の写本『三界』所収のもので、内容は朝鮮・日本からアラビア海に至る海岸地方を含んでいる（図5-4）。大小の島嶼がほぼ均一の大きさの側面形で示されるのは、すでに記号であった証拠であり、ロドリゲス海図集の東南アジア（図5-3）とも考え合わせると、東南アジア諸国では、海図上の島嶼を側面形とすることが一般的であったと言えよう。

これまでに紹介されている東南アジア諸国の伝統的手法による地図を挙げると、次のような状況である。ビルマに関しては、綿布に描かれた一八八三年のミッター河谷（チンドゥウイン川上流）の地図（ハンブルク民族学博物館所蔵）、一七九五年当時のビルマの首都アヴァを訪れたイギリス人ハミルトゥンが入手したビルマ図がある（図5-5）。ヴェトナム関係では、一四九〇年の安南総誌『洪徳《こうとく》版図《はんと》』所載図（図5-6）、黎《れい》朝時代（一五―一八世紀）の昇竜城《しょうりゅうじょう》（ハノイ）図などがあるが、いずれも漢字表記である。インドネシアには、一六世紀後期のものとされるスンダ地方（ジャワ島西部）を描いた綿布地図が伝わっている（図5-7）。

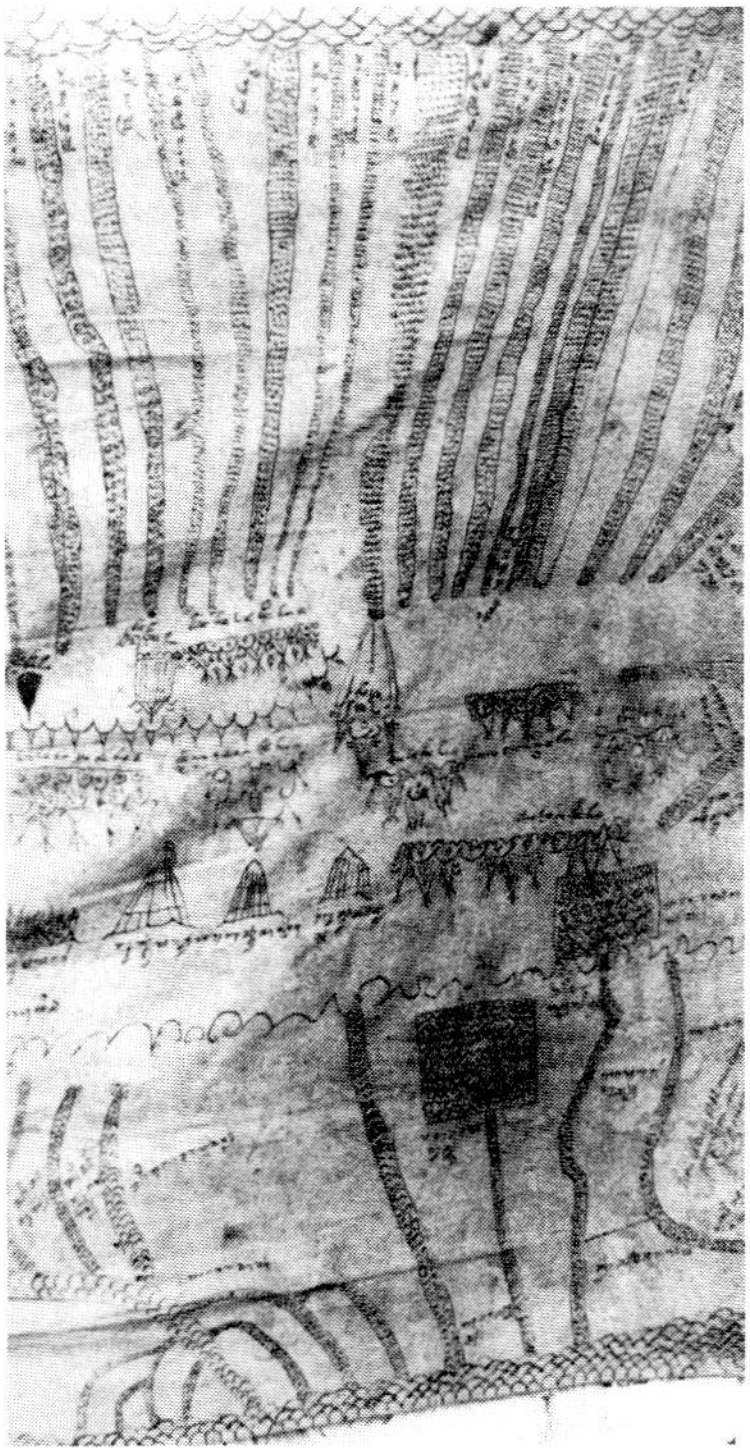

5-7　ジャワの土着地図：スンダ地方図（右端約1/5）　16世紀後期　手書　綿布　西ジャワ州ガルット県シエラ村

ほぼシエラ村を中心として西ジャワ一帯が、不均等の縮尺ながら、南を上にして藍汁で書かれている。村では短刀・投槍などと共に神聖視されているという。図中の記載には古いスンダ文字が用いられており、山地・河川・家屋などほとんどの地形・地物は記号化されている。伸び切ったミミズのようなのが川であり、右下の２つの四角い図形のうち、右はバンタム、左はジャカルタである。

6. 中世キリスト教圏の地図文化

ローマ人の科学的精神の欠如が、キリスト教神秘主義の台頭を許し、ついに神学が科学をも支配するに至ったのは、およそ五－六世紀のことと見てよさそうである。以後ヨーロッパは一〇〇〇年に及ぶ長い文化停滞期に入る。地図学に関係の深い大地像について見ると、知識階級は球体であることを教えられてはいたものの、天文学者にのみ関係あることとして、一般の関心は、地球表面の四分の一すなわちヨーロッパを含む半球の赤道以北に限定されていた。しかも、聖書の記載や神話・伝説を現実と混同する傾向があったので、帯圏図（図6-*2*）は別として、世界図には経緯線の記入もなく、宗教的色彩が濃厚であった。地上楽園のある東方を上にして描き、キリスト教の聖地エルサレムを中心部に置くのが、当時の世界図に共通する特色であった。

こうした世界図は、中世人によりマッパ・ムンディ（mappa mundi）と呼ばれたが、英語のマップは、布切れという意味のこのラテン語 mappa に由来する。マッパ・ムンディの中には、アジアを円の上半分、ヨーロッパとアフリカ（リビア）を下半分にはめこんだ単純な内容のものがあり、TO図と称されるが、地図というよりは図式である。車輪地図の名で総称されるエルサレム中心の円形世界図には、大型かつ詳細なものがあり、一二三五年頃のエプシュトルフ図（第二次大戦で亡失）および一二九〇年頃のヘーリファド図（図6-*4*）がそれに当る。共に虚実混合の繁雑な記載に満ちてお

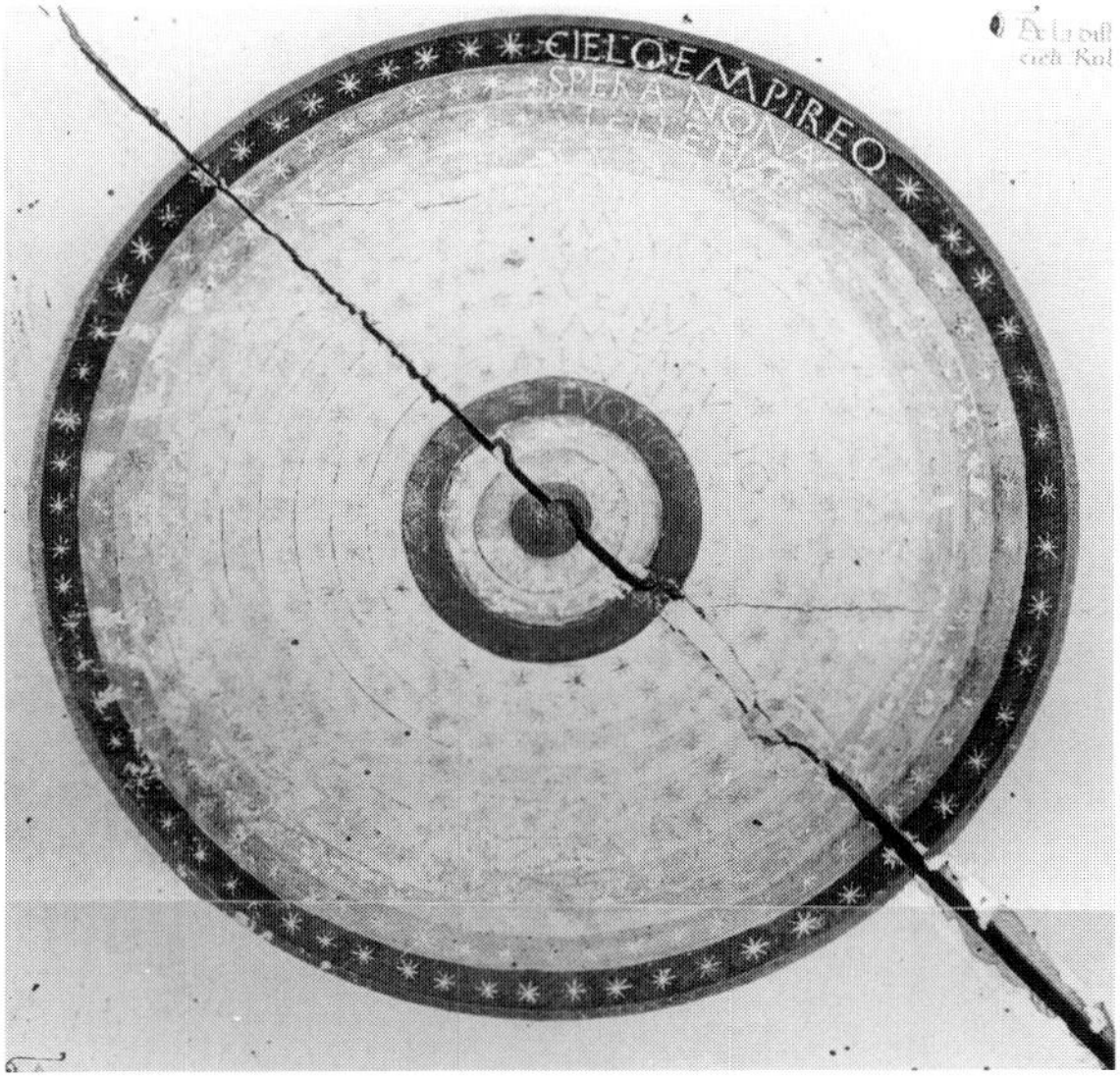

6-*1*　中世キリスト教社会における宇宙構造図解の一例：フラ・マウロ図の十重天図　1495年頃

フラ・マウロ世界図（図6-*8*）の副図の一つで、地球を含む四大《しだい》（地・水・風・火）の外側に、月・水星・金星・太陽・火星・木星・土星・恒星・第9・最高の計10層の天界が示されている。これはアリストテレス以来の天動説であり、こうした天動説図解は、中世を通じてしばしば描かれている。フラ・マウロが大地球体説を肯定していたことは、この副図が如実に証明している。

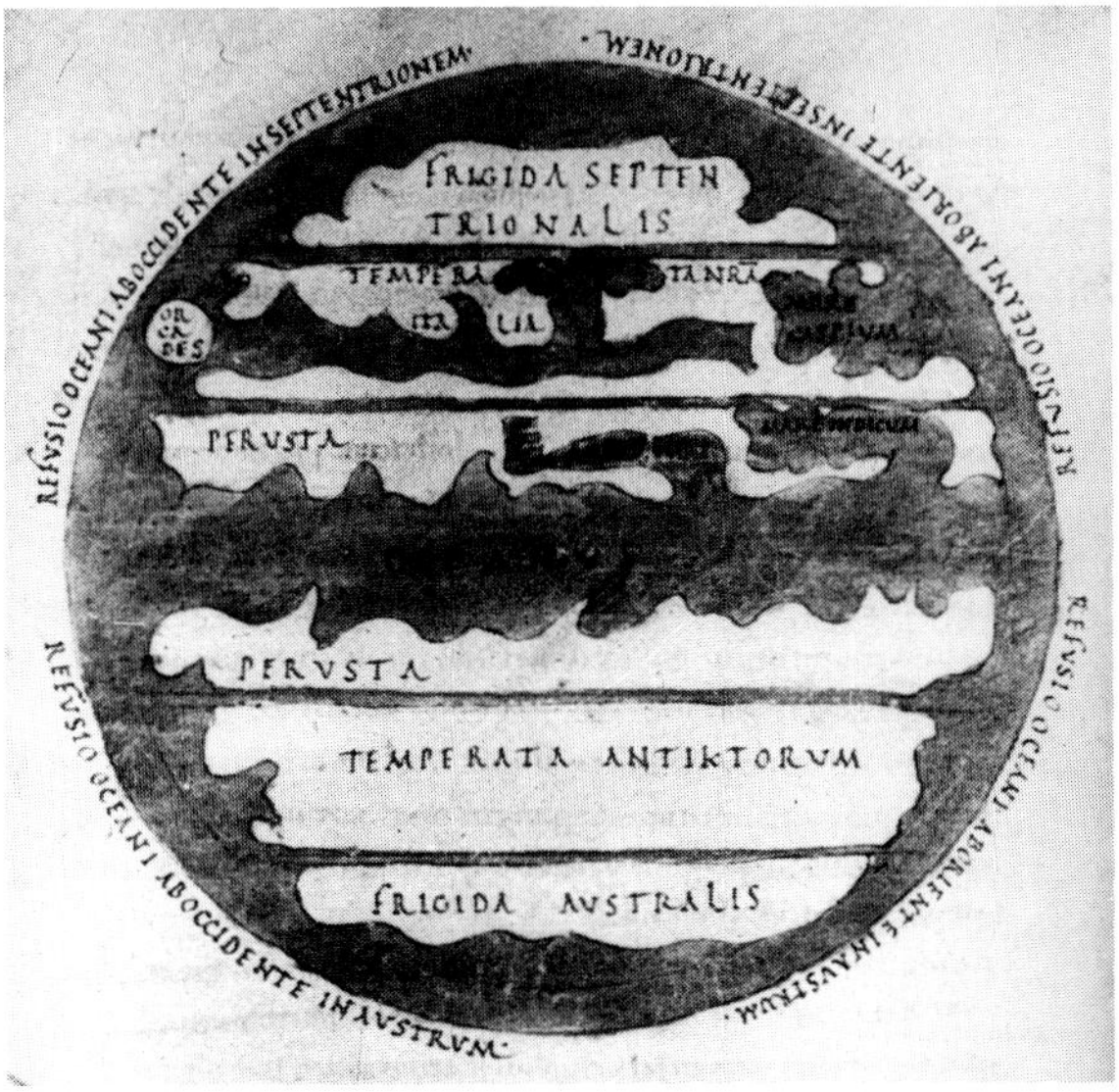

6-*2*　中世キリスト教社会における帯圏図の一例：マクロビウス『‘スキピオの夢’注釈』所載図　11世紀写本

今でいう東半球図であり、気候の五帯が示されている。熱帯・寒帯は気温の関係から居住不可能の地域だと考えられており、南半球の温帯に人が住んでいるか否かが論議を呼んだ。マクロビウスは、紀元前2世紀のマロスのクラテス（65頁参照）の地球観の流れを汲んで、地球の裏側にも赤道洋を挟む二大陸塊があると考えている。『‘スキピオの夢’注釈』は5世紀はじめの著作。

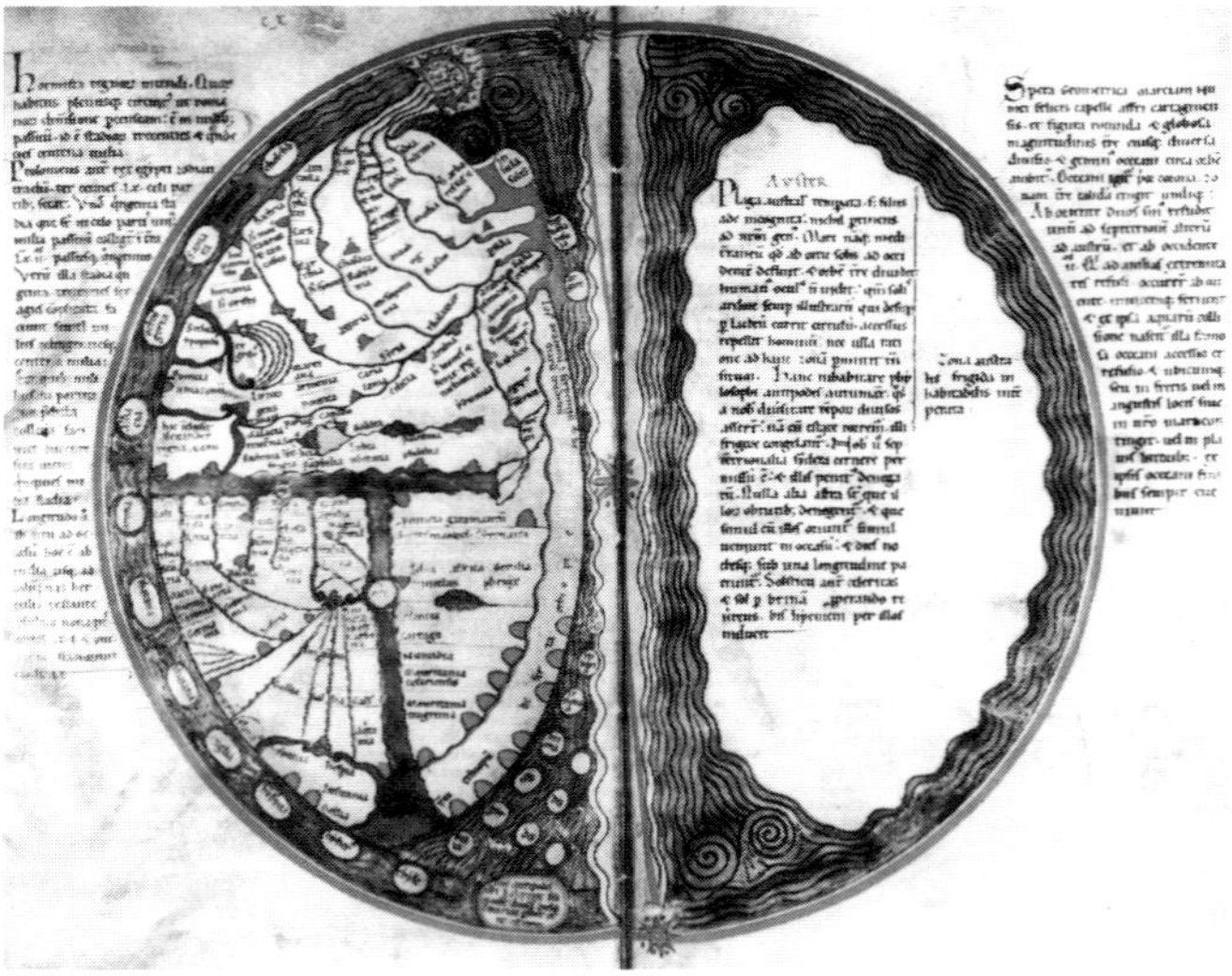

6-*3*　中世キリスト教社会における半球図の一例：ランベルト『華麗の書』所載図　12世紀末期写本

東を上にし、赤道洋を挟んで南側に一大陸塊を描く。アジアの東方海中にある‘地上楽園’からは、『旧約聖書』創世記にいう４本の川が、現実世界へと流れ出ている。図の源流は、５世紀初期のカペラの著作『言語学とマーキュリーとの結婚』にあるとされている。

6-*4*「車輪地図」の一例：ヘーリファド世界図（概略）1290年頃

キリスト教の聖地エルサレムを中心に置き、外形を円周とする中世の世界図は、‘車輪地図’の名で呼ばれているが、この図はその中でも大型に属する。上端（東端）の地上楽園とエルサレムとの中間に描かれるバベルの塔からもうかがえるように、聖書・神話・伝説・アレクサンドロス大王遠征物語などに基づく絵や記事が豊富で、図の作者ハールディンガムのリチャードは、信仰の気持をこめて描いたことを書き込んでいる。大聖堂の祭壇のうしろに飾られていたのも当然と言えよう。

6-5　中世小地域図の一例：イタリア、ヴェローナ地方図（部分）　15世紀中期　ヴェネチア、国立文書館

河川・道路は平面形、山地は斜景もしくは側面形として示されている。右下の街路の詳しい部分がヴェローナの町、左下の黒い部分（原図では緑色）がガルダ湖。図中の記入文字の方向は一定しておらず、特定の方位を上にするという意識が作者になかったことを示している。ここでは北を上にした。

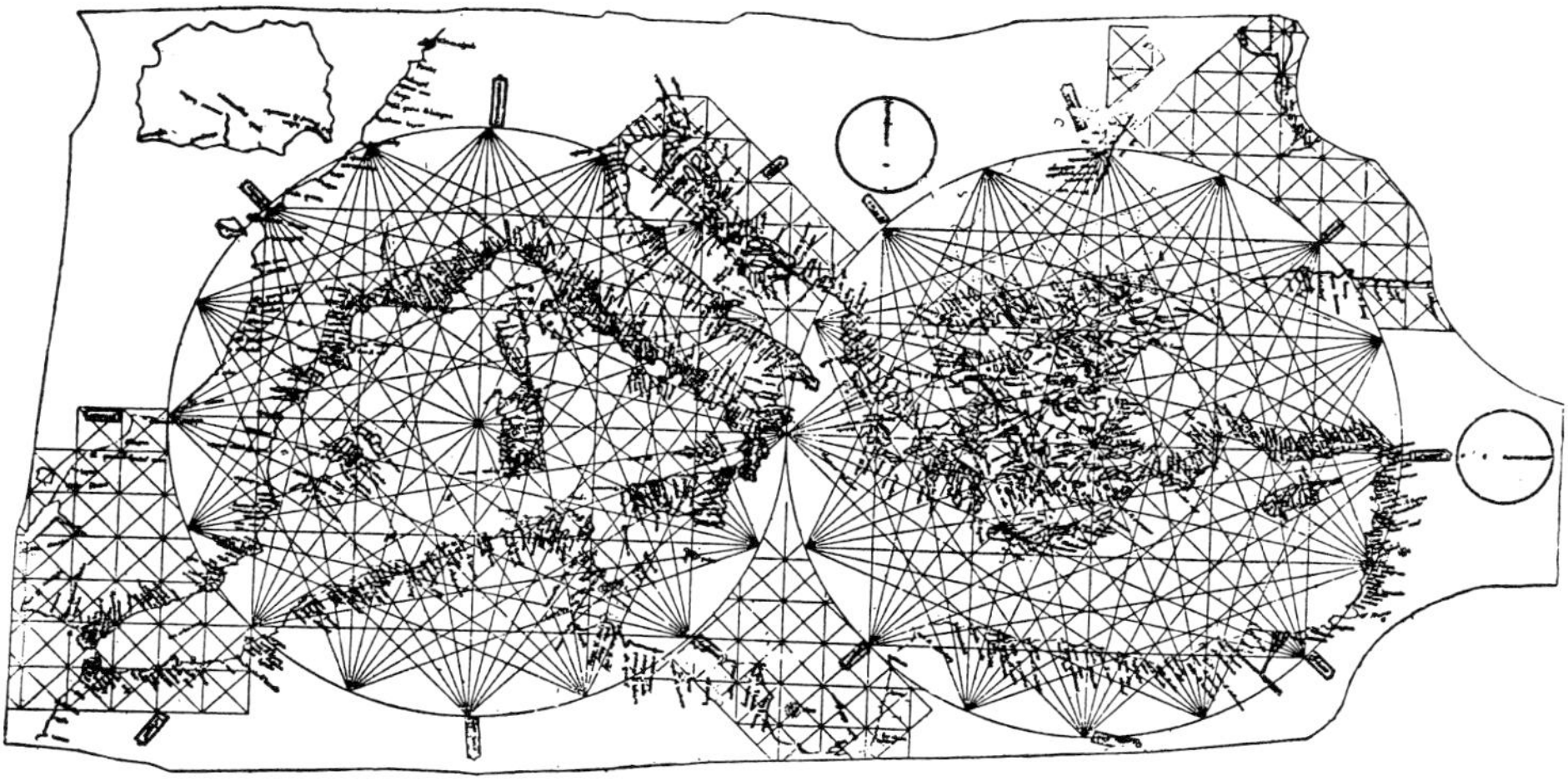

6-6　現存最古のポルトラーノ：ピーザ図（模写）　13世紀末期　パリ、国立図書館

地中海・黒海の全域が収められており、海岸地名のみで内陸地名がないことからして、海図であることは明瞭である。上部と右端の小円内に縮尺が示されている。一般にポルトラーノでは、方位線の色を主方位（普通8方位）の黒、その1/2方位の緑、1/4方位の赤の3種に分ける。針路（等角航路）は平行定規を使って探し求めるので、錯綜する方位線はそれを容易にするためのものである。

6-7　カタロニア世界図の一例：イタリア、エステ家図書館所蔵図　1450 年頃

ポルトラーノにおいてのみ有効の方位線網を、空想的要素の多いアジア・アフリカにまでかぶせるのが、カタロニア世界図の特色である。作者不詳ながら、アフリカ西海岸の表現に、1446 年までの探検成果が採用されているので、年代が推定できる。カタロニア世界図は円形とは限っておらず、パリ国立図書館所蔵の 1375 年クレスケスの作品は、矩形の輪郭となっている。（カラー口絵参照）

り、キリスト教的世界像の絵解きと言ってよい。キリスト教的中世を扱う地理学史や地図学史が、必ずと言ってよいほど言及する六世紀のアレクサンドリアのコスマス・インディコプレウステス（インド帰りのコスマス）の矩形世界図は、その図を載せる『キリスト教地誌』の流布範囲が狭かった上に、ラテン世界に知られるようになったのは、ようやく一八世紀以降のことなので、誤解を招かないためにも、図版の掲載はこれを差し控えておく。

さて、実用的な小地域図の場合は、神学の支配を受けることもなく、したがって図の上方が東であるとは限らず、地形・地物の表現においても、正確さが重んじられた（図6-5）。

目標物の多い陸上の場合、それほど精密な内容の地図でなくても、目的地到達にほとんど支障を来すことはないが、海上で用いる地図（海図）には、高い精度が要求されるのが常である。そうした要求に応えて、ポルトラーノと呼ばれる海図が、一三世紀頃に北イタリアにおいて誕生した。船舶における磁石（羅針盤）の使用の普及が、その誕生を促したとされており、海図作製のための資料の一つである方角が容易に測定できるようになったためである。ポルトラーノ（portolano）とはイタリア語で本来水路誌の意であり、はじめはその付図であったものらしいが、図自体単独で十分に役割が果せる内容をもつようになって、本体からその名を奪ったわけである。

この海図の特色は、図中に描いた円周上の一六等分点の各点から引かれた多数の方位線が、蜘蛛の巣のように図面を覆っていることであり、球面座標は無視されているので、「平面海図」とも呼ばれる。つまり、距離と方角とのみによって作図されたものであった（図6-6）。しかし、緯度間隔の狭い地中海では、支障を来すほどの誤差はなく、航海者の需要に応じて、盛んに作られた。

一四世紀に入っては、互いに全く異質のはずの地中海ポルトラーノと中世的世界図とを結合させることが行われ、地中海沿岸にのみ有効の方位線網が、図形の粗略なアジア、アフリカの部分をも覆うという奇妙な世界図が出現した（図6-7）。この種の世界図が多く作られたのは、ポルトラーノ作製地の一つカタロニア（スペイン）であったので、カタロニア世界図と呼ばれている。初期のものとしては、ジェノヴァの海図作家ヴェスコンテの一三二〇年頃の作品がある。

6-*8*　中世末期の西洋製世界図の一例：フラ・マウロ図　1459年頃　ヴェネチア、国立サン・マルコ図書館

南を上にしたのはイスラーム地図学の影響とされており、東アジア方面はマルコ・ポーロ、東南アジア・インドはニコロ・デ・コンティ（1444年イタリアに帰国）の旅行談にそれぞれ基づいている。ジパングは東端に塊状の一島として描かれている。実際に近い地中海沿岸一帯の図形は、ポルトラーノが資料であったことを物語っている。四隅の副図は、左上が十重天図（図6- *1*）、右上は四大《しだい》（地・水・風・火）・月天図、右下は帯圏図、左下は地上楽園（エデンの園）。

7．イスラーム地図学の成果と波及

東ローマ帝国に引継がれていたギリシア科学は、その領土の一部を侵略したアラブ族の注目するところとなり、プトレマイオス地図学もその例外ではなかった。ギリシア学術書の翻訳を奨励したバグダッドの教王《カリフ》アル・マムーン（九世紀）は、子午弧一度の長さを測定させたが、その結果は約一一三キロメートルであり、現行の数値に極めて近い。この測地事業に参加していたと見られる数学者アル・クヮーリズミーの『大地の形態』は、プトレマイオスの『地理学入門』にならった経緯度集成であるが、その編纂と同時にプトレマイオス図の修正が行われたことは想像に難くない。主な修正点は、アラル海の新たな描示およびアジア東南部とアフリカとの分離であったと考えられる。

一〇世紀頃から、イスラーム地図学はプトレマイオス模倣の域を脱して、独自性を発揮するようになる。アル・バルキー、アル・イスタクリー、イブン・ハウカルといった人々の作品によって、その一端を知ることができる。しかし今日、われわれが見ることのできるものは、いずれも書籍所載の小型図であり、模式化の度合いが著しい。

イスラーム地図学完成期の代表的作品とされているのは、シチリアのノルマン王宮で活躍したアル・イドゥリーシーの手になるものであり、一一五四年と一一六一年の二度にわたって作られた世界図は、共に図帳形式のもので、詳細な内容を誇っている（図7-*1*、*2*）。しかし、各分域図には経緯線の記入もなく、投影法も明瞭ではない。一般にイスラーム圏では、南を上にして地図が描かれたが、これは南を正面と考え、東を左、西を右と呼ぶ内陸アジア諸民族の風習と関連するものと思われる。

東西の文化交流を刺激したモンゴル族の亜欧支配時代に、イスラーム地図学は周辺地域に波及している。東方への波及について見ると、元王朝に仕えていたペルシア出身の天文学者ジャマール・アッディーンは、一二六七年に各種の天文儀器と共に地球儀を作っている。木製の円球の表面の七割は海洋（緑色）、残りが陸地（白色）で、広袤《こうぼう》（土地の広さ）・遠近を計る〝小方井〟（経緯線網）がある、と『元史』天文志は記載する。世界図が伝来していたことは、元代の李沢民の『声教広被図』（一三三〇年頃、亡失）の流れを汲む『混一疆理《こんいつきょうり》歴代国都之図』（図7-3）、『大明混一図』などの存在によって知ることができる。また経緯線記入の地方図が伝来していたことも、『元経世大典地里図』の内容からして疑う余地がない（図7-4、5）。元代におけるイスラーム地図学の受容は、主として支配層であるモンゴル族や色目人《しきもくじん》の間に見られた現象であり、大地平板説を前提とする漢民族社会の伝統的地図学を根本から揺がすほどのものではなかった。ヨーロッパやアフリカの存在を無視した既述（三〇頁）の朱思本《しゅしほん》の『輿地図《よちず》』が、よくそのことを物語っている。

元帝国崩壊後においても、イスラーム地図学は断続的な接触を保っており、明初のいわゆる「鄭和航海図」（図7-6）には、鄭和《ていわ》（一三七一―一四三四年頃）自身がイスラーム教徒であったためでもあるが、イスラーム方式の〝指《イスバ》〟による緯度数値が示されている。一五世紀初期には、色彩鮮やかな地図を含むイスタクリーの『諸国道里記』（ペルシア語）が、北京で書写されており、一六一六年刊の『陝西四鎮《せんせいしちん》図説』には、イスラーム地図の翻訳・要約に相違ない中央・西アジアの地図（「西域図略」）が収載されている（図7-7）。

イスラーム地図学はまた、デリーにおける一二〇六年のイスラーム政権樹立以後、インドにも波及した。一四九八年ヴァスコ・ダ・ガマ船団を、アフリカ東岸からカリカットへ案内したインド人航海士は、経緯線直交のイスラーム方式の海図を所持していたのであり、ムガール朝のアクバル大帝の寵臣アブル・ファズル（一五五一－一六〇二年）編の『アクバル会典』には、イスラーム流の七帯圏《イクリーム》に分けた世界各地の経緯度数値が掲げられている。

7-1　アル・イドゥリーシーの円形世界図　1154年　オックスフォード、ボードリアン図書館

分域図を含む『遥かなる土地への楽しい旅』という地誌兼図帳所載の図で、地球表面の半分が描かれている。アラビア半島やカスピ海の形状は実際に近づいているが、インド半島の欠如、“月の山”から発するナイル川の表現は、依然としてプトレマイオス地図の踏襲である。東西に走る円弧は、7帯圏《イクリーム》の各々を分つ平行圏。当該本は1456年の書写。（カラー口絵参照）

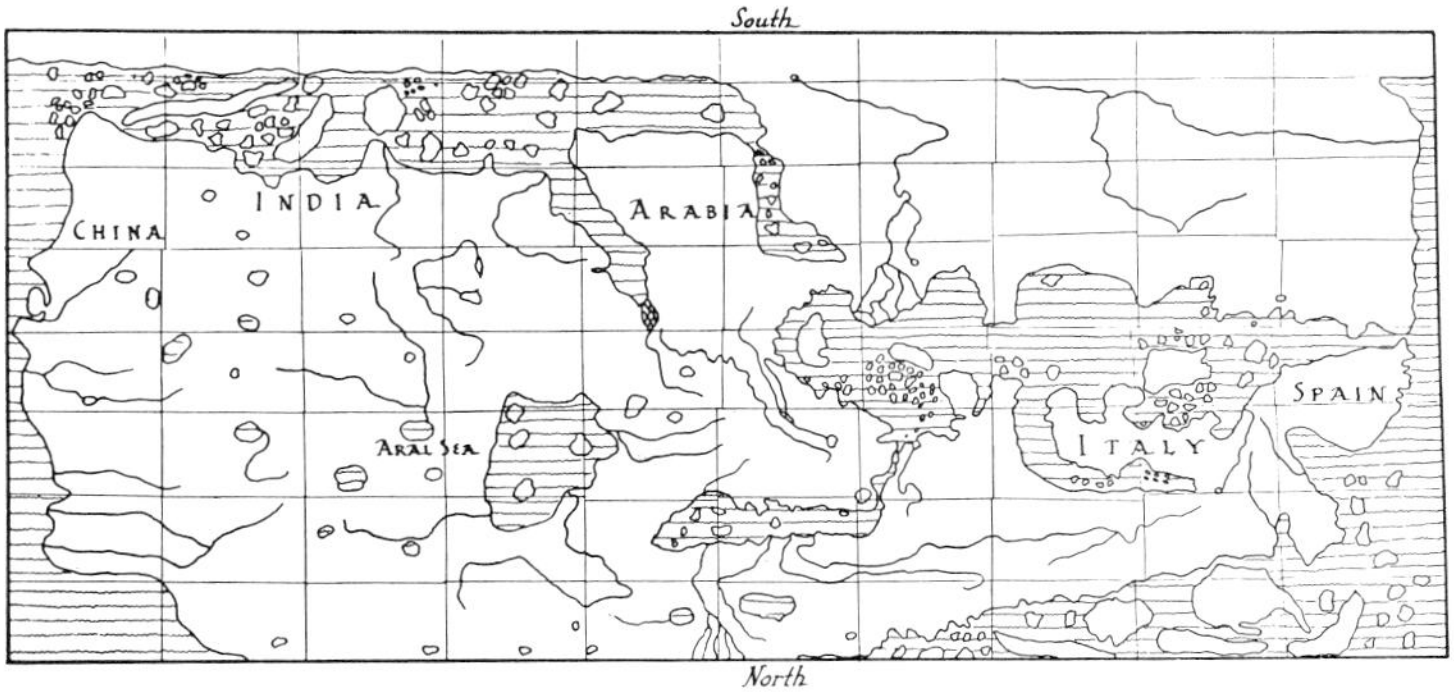

7-2　アル・イドゥリーシーの世界分域図（接合した場合の概略）　1154年

『遥かなる土地への楽しい旅』の中には全70面の分域図が収まっている。7帯圏《イクリーム》をそれぞれ10区分した範囲ごとの説明記事に対応させた図であって、各図には地名が豊富である。正確さという点では、併載の円形世界図（図7-1）にいくらか劣っている。1161年の分域図（『喜びの園と魂の遊び』所載）も同様の方式であるが、やや地名が少なく、併載の円形図は帯圏のみで海陸が示されていない。

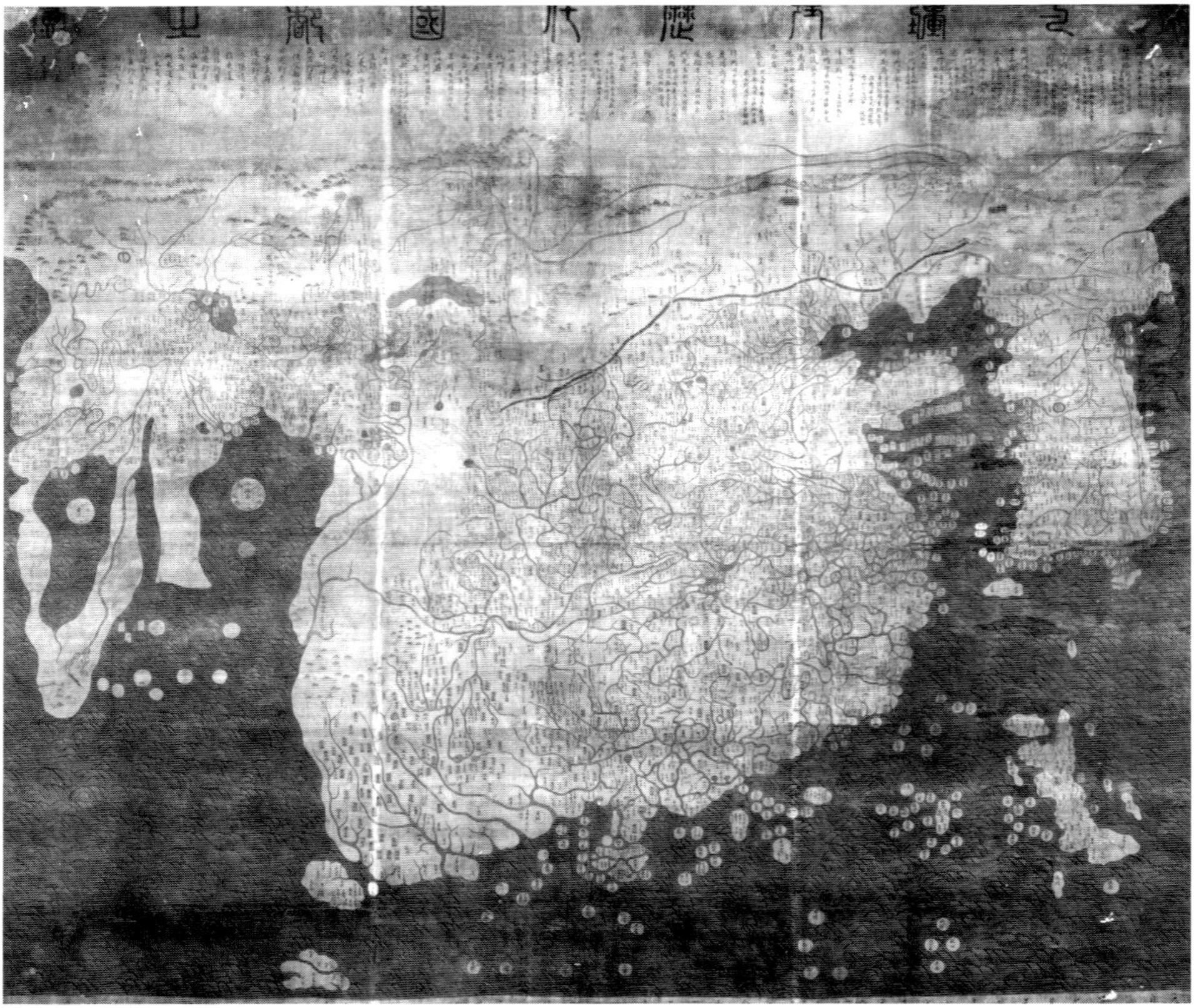

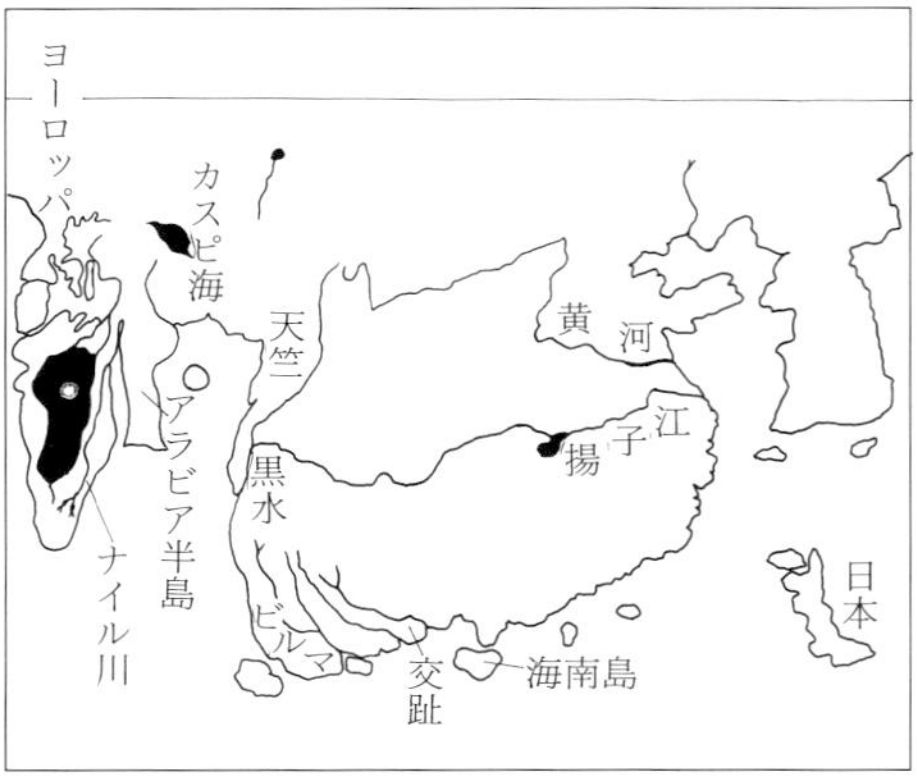

7-3 『混一疆理歴代国都之図』 1402年 龍谷大学図書館

元代の李沢民の『声教広被図』(1330年頃)と元末明初の僧清濬《せいしゅん》の『混一疆理図《こんいつきょうりず》』とを資料として朝鮮で描かれた図であるが、中央アジア以西は『声教広被図』に拠っている。『声教広被図』にはイスラーム世界図の内容が採用されていた。『大明混一図《だいみんこんいつず》』(北京故宮博物院所蔵)も『声教広被図』系である。

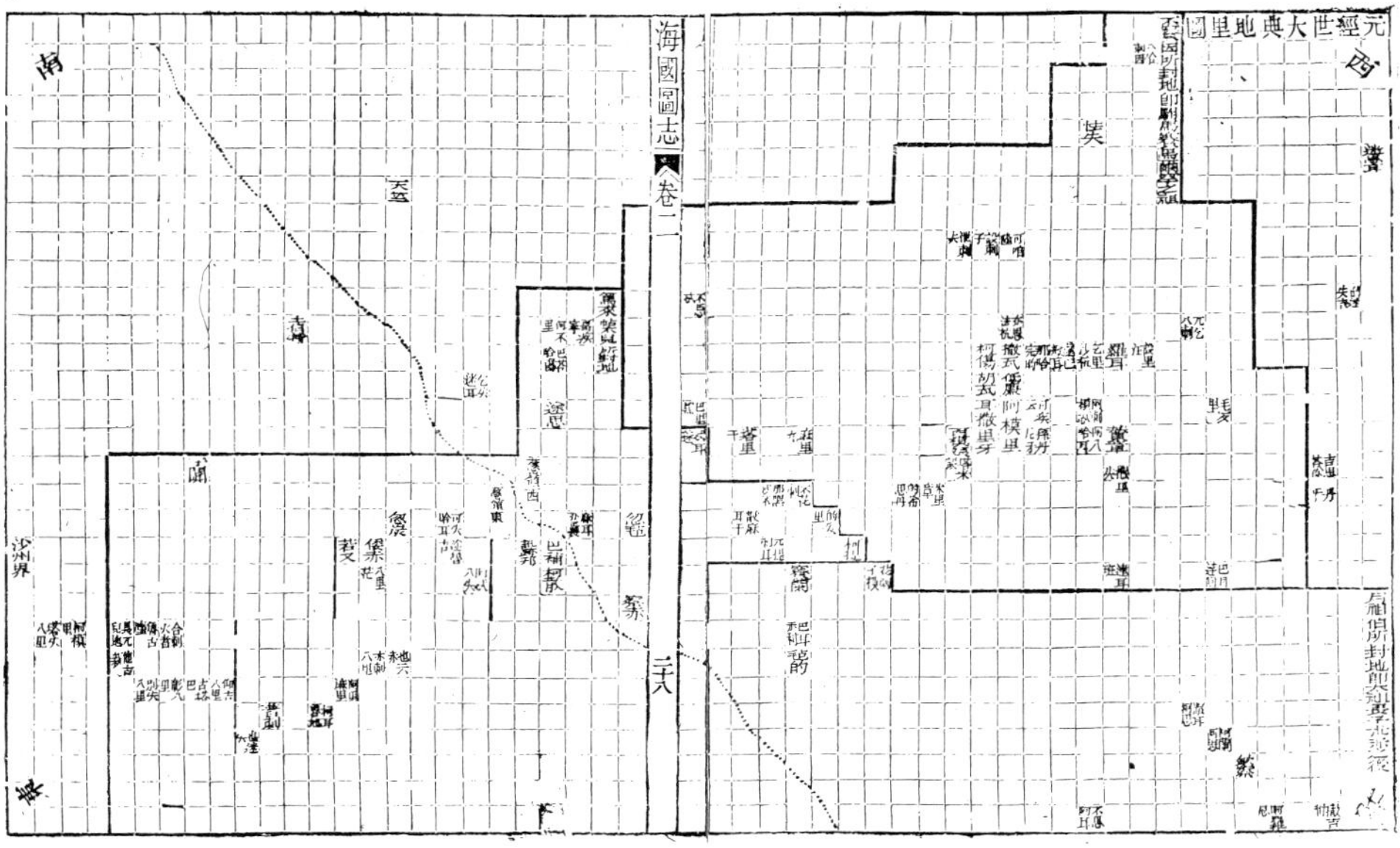

7-*4*　元《げん》経世大典地里図（清、魏源『海国図志』所載）

右上に迷思耳《ミスル》（エジプト），右下に阿羅思《オロス》（ロシア）、左下に柯模里《カムル》（ハミ）の文字があるので、中央アジア・西アジアを包含する地図であることは明白である。ほぼ同じ内容のイスラームの経緯線地図（図 7-*5*）が残っているので、翻訳であった可能性が高い。この図が収載されていたという『経世大典』は、1331 年に完成しているので、図の成立はこの年以前である。なお、天竺・土伯特《チベット》・于闐《ホータン》・沙州の 4 地名と斜めの点線は、魏源によるのちの補入である。

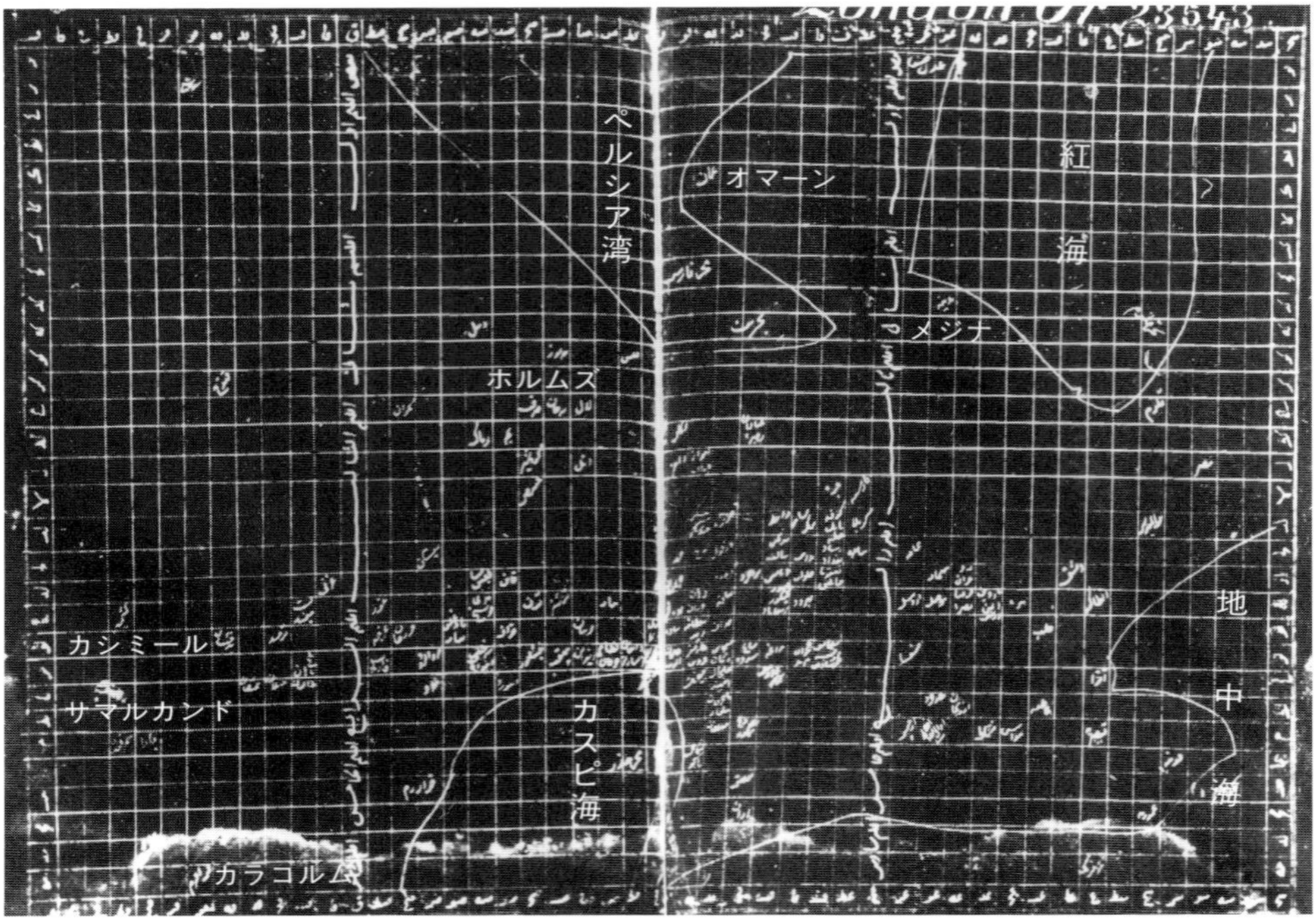

7-5　イスラーム経緯線地図の一例：ハムダッラー・ムスタウフィーのイラン図　1330年頃　手書

南を上にして、経度63°（右）－112°（左）、緯度（北緯）16°（上）－45°（下）の範囲が収められている。経緯線は1度ごとに引かれており、海岸線の記入は位置関係の大局的判断を助けている。ハムダッラー・ムスタウフィー（1339年没）はペルシアの著述家で、この図は彼の『心のための楽しみ』（百科辞典）の挿図の一つである。

（左）7-7　『陝西四鎮図説』所載西域図略（全5葉のうちの1葉）　万暦44年（1616）刊

明国の陸の玄関「嘉峪関《かよくかん》」を右端に、ルーム（ビザンチン帝国）の都「魯迷城《ルーム》」（コンスタンチノープル）を左端に置く横長の図の一部を掲げたものであるが、哈剌火者城《カラホージャ》（椀型記号の中）、土魯番城《トウルファン》、苦先城《クチャ》（左下）などの文字で明らかなように、天山一帯が示されている。回転する火の玉のような記号（中央部）が目を引くが、これはイスラーム地図における湖の記号的表現である。右端には貢物として曳かれてゆく獅子の姿も見える。

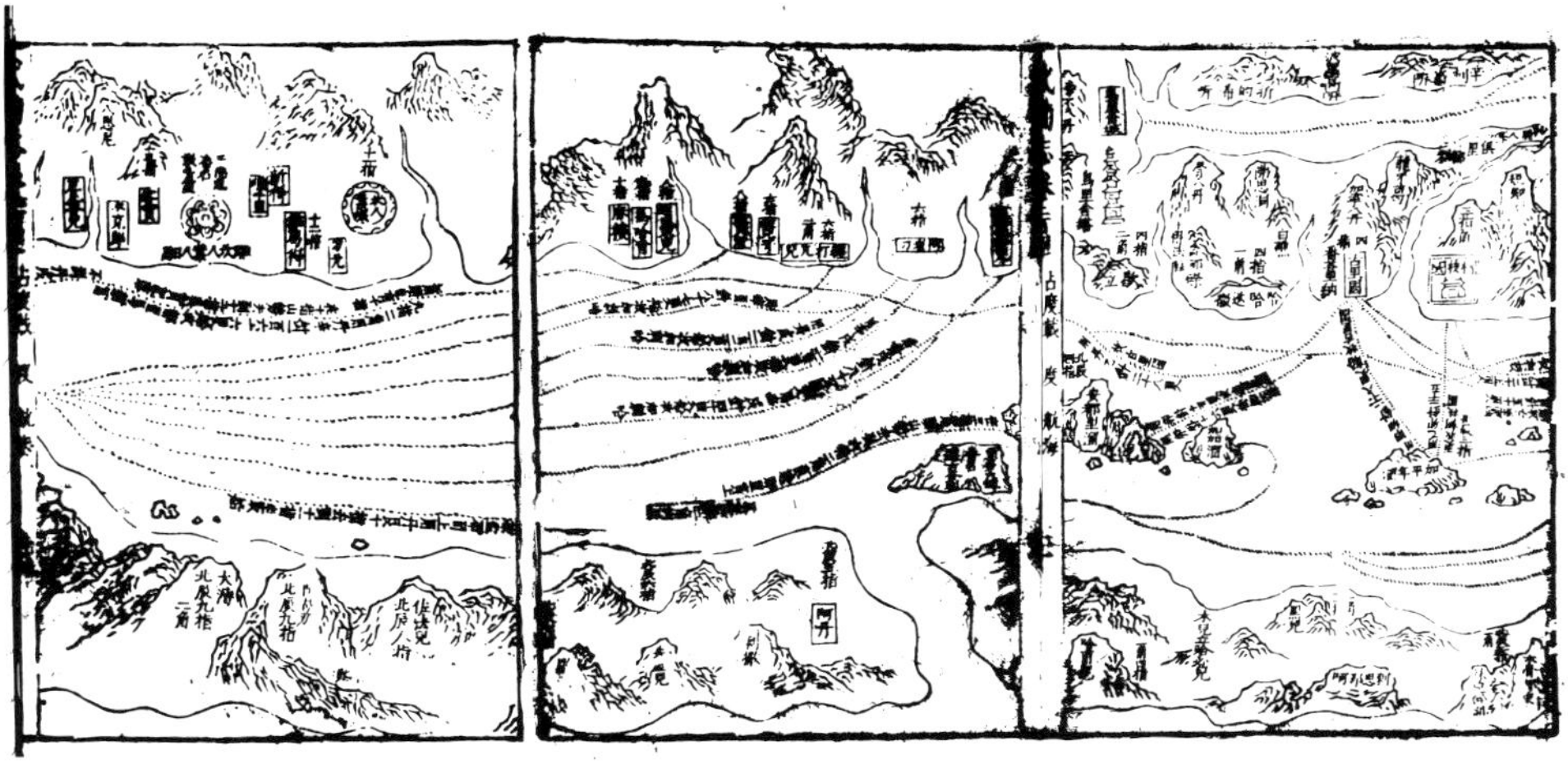

7-6　鄭和《ていわ》航海図（明、茅元儀《ぼうげんぎ》『武備志』巻 240 所載）　部分

揚子江下流から東南アジア、インドを経て、ペルシア湾、アフリカ東岸に至る海岸地方を内容とする帯状の海図で、ここに示したのはその終りに近い部分であり、上方にはペルシア、インド、下方にはアラビア半島（左）、アフリカ（右）などが見える。地名にはそれぞれ「北辰○指」「○指○角」などと、イスラームの“指《イスバ》”による緯度数値が注記されている。

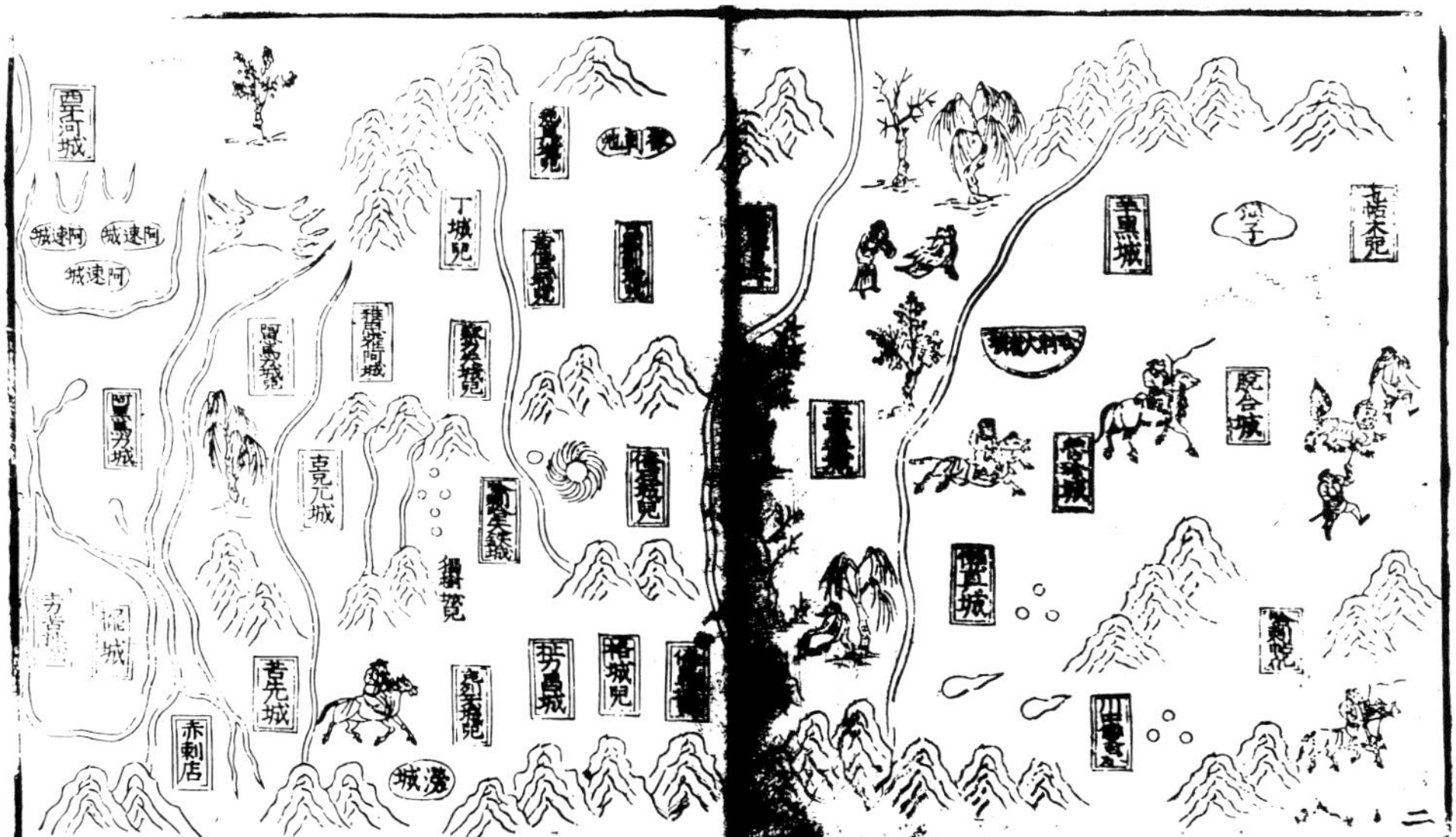

8. ルネサンス地図学

イスラーム科学は、十字軍によるキリスト・イスラーム両教徒の接触、シチリア・スペインにおける両教文化の混在が契機となって、ラテン世界に知られるようになったとされるが、地図学も例外ではなかったはずである。一三世紀後半のイギリスの学者ロジャー・ベーコンは、その『大著作』（一二六七年頃）において、プトレマイオスの著作を引用して地球および帯圏《クリマータ》を論じ、地球の全周値にはイスラーム天文学者アル・ファルガーニー（九世紀）のそれを採用している。また経緯度に基づく地図の必要性を説き、みずからも地図を作ったようである。一四世紀になると、既述のように、イスラーム世界図を参考にしたと見られるカタロニア世界図（図6–*7*）が出現する。

プトレマイオス地図学は、イスラーム圏を媒介とするだけでなく、直接ビザンチン帝国に伝わっていたギリシア語写本を通じても、ラテン世界に紹介されるようになり、一四〇九年には『地理学入門』がラテン語に翻訳されている。一四二七年には、プトレマイオス地図になかった北欧の図が、クラウスによって追加された（図8–*1*）が、これはそののち数を増す「現代図」(tabula moderna)の最初のものであった。

このようにして、ラテン世界における地図学のルネサンスは開幕し、以後一六世紀中期に至るまで、プトレマイオス地図学の継承と敷衍《ふえん》とがヨーロッパ地図学界の中心課題であった。世界全図は別とし

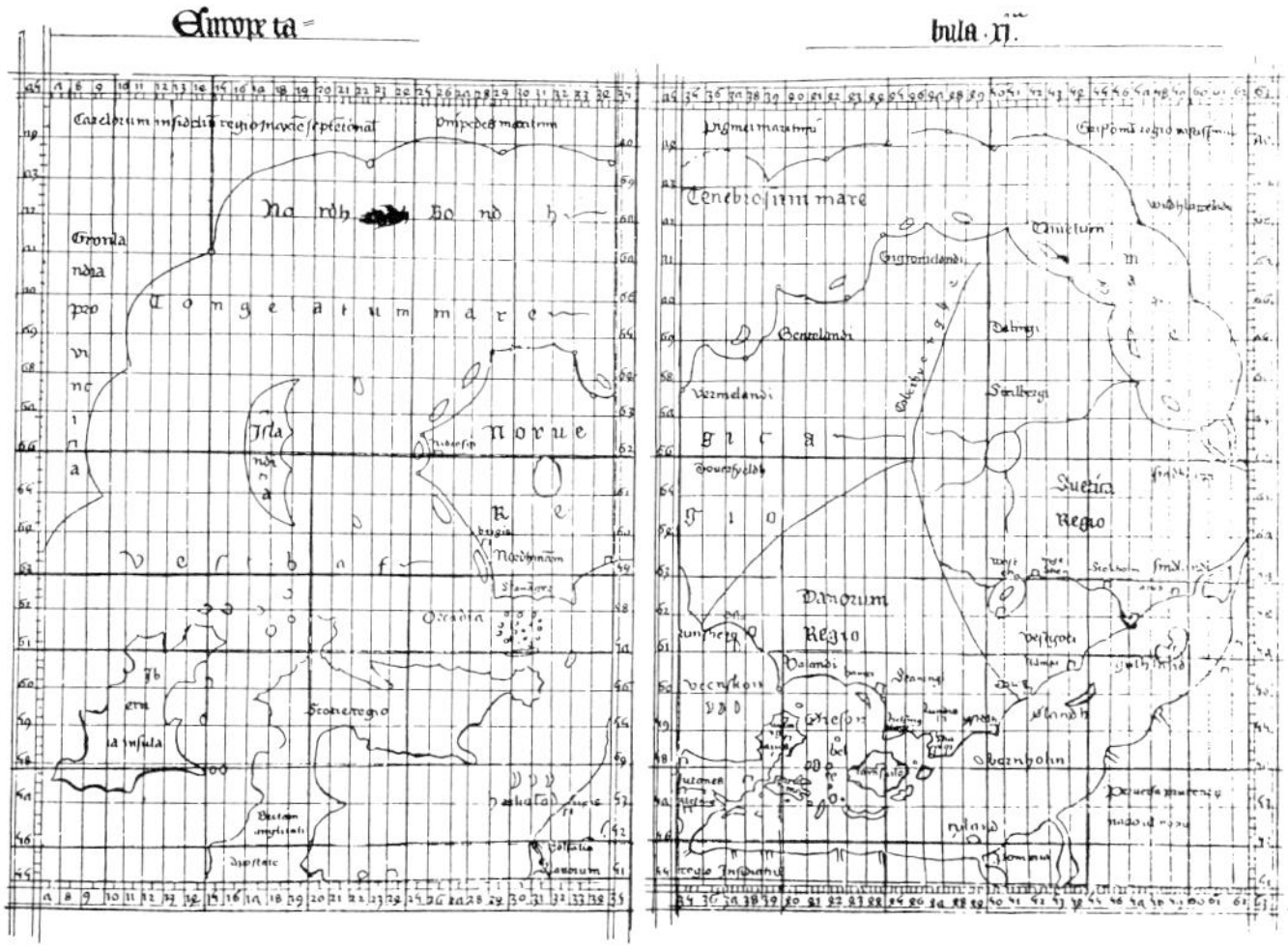

8-1　クラヴスの北欧図（プトレマイオス『地理学』1427年写本所収）

クラヴスはデンマークの地理学者で、1424年にイタリアに行き、自作の北欧図を学者たちに示したことから、枢機卿フィヤストゥルの企画したプトレマイオス『地理学』の筆写に際して、採用された。スカンジナヴィア半島が東西方向に伸びていたり、アイスランドとノルウェー海岸とが接近し過ぎていたりするほか、グリーンランド（左上部）とラップランド（右上部）を地続きとするなど実際には程遠い。なおイギリス諸島とユトランド半島は、プトレマイオス図の踏襲である。

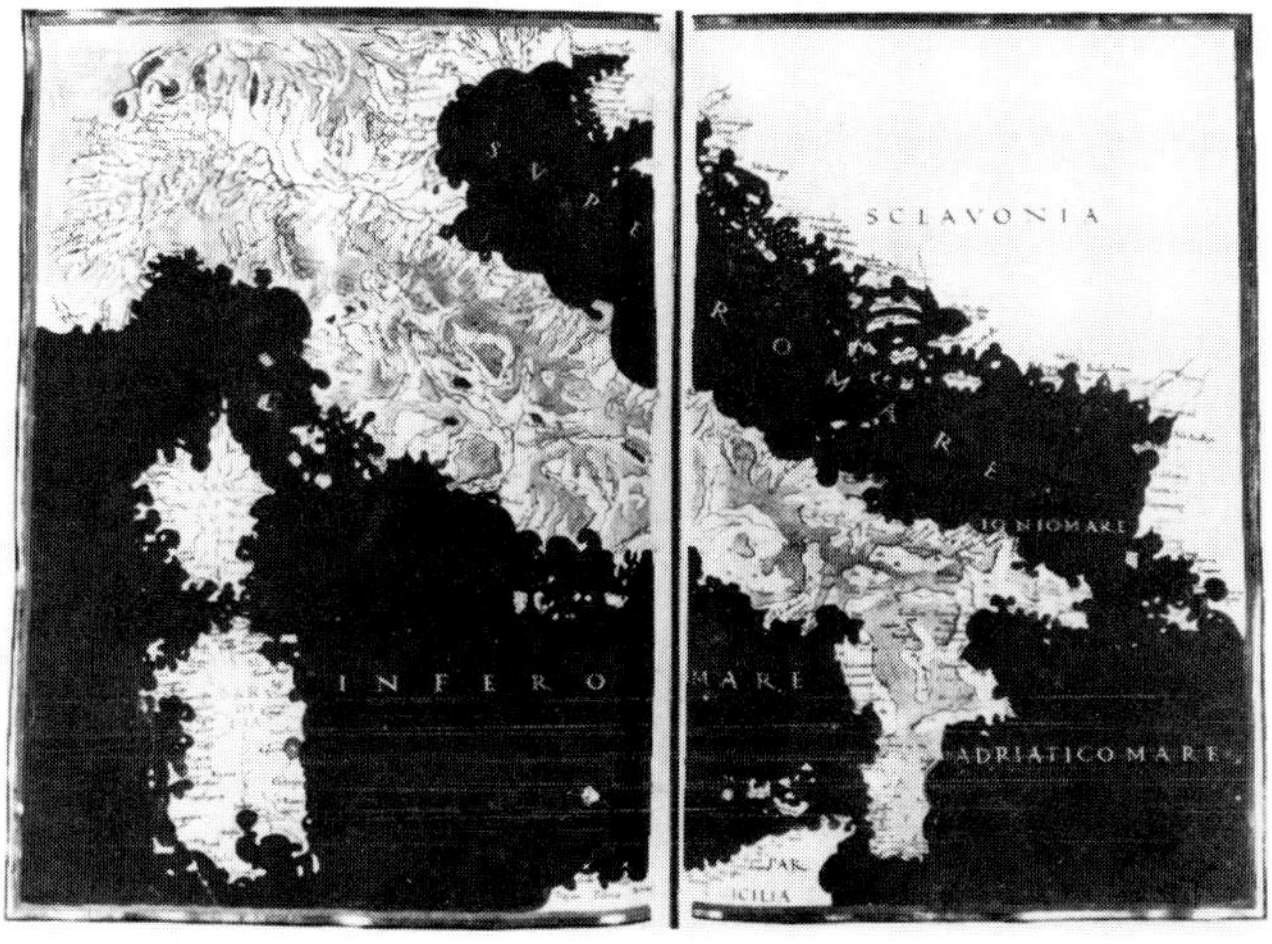

8-2　イタリア「現代図」の一例：フィレンツェ、ラウレンチアーナ図書館所蔵プトレマイオス『地理学』15世紀写本所収図

プトレマイオスのイタリア図と比べると、図形に格段の進歩があるほか、山麓線を描示して、山地の平面形を明らかにするという新しい試みがなされている。「現代図」は末尾に収められており、ほかにイベリア半島、フランス、聖地の各図がある。

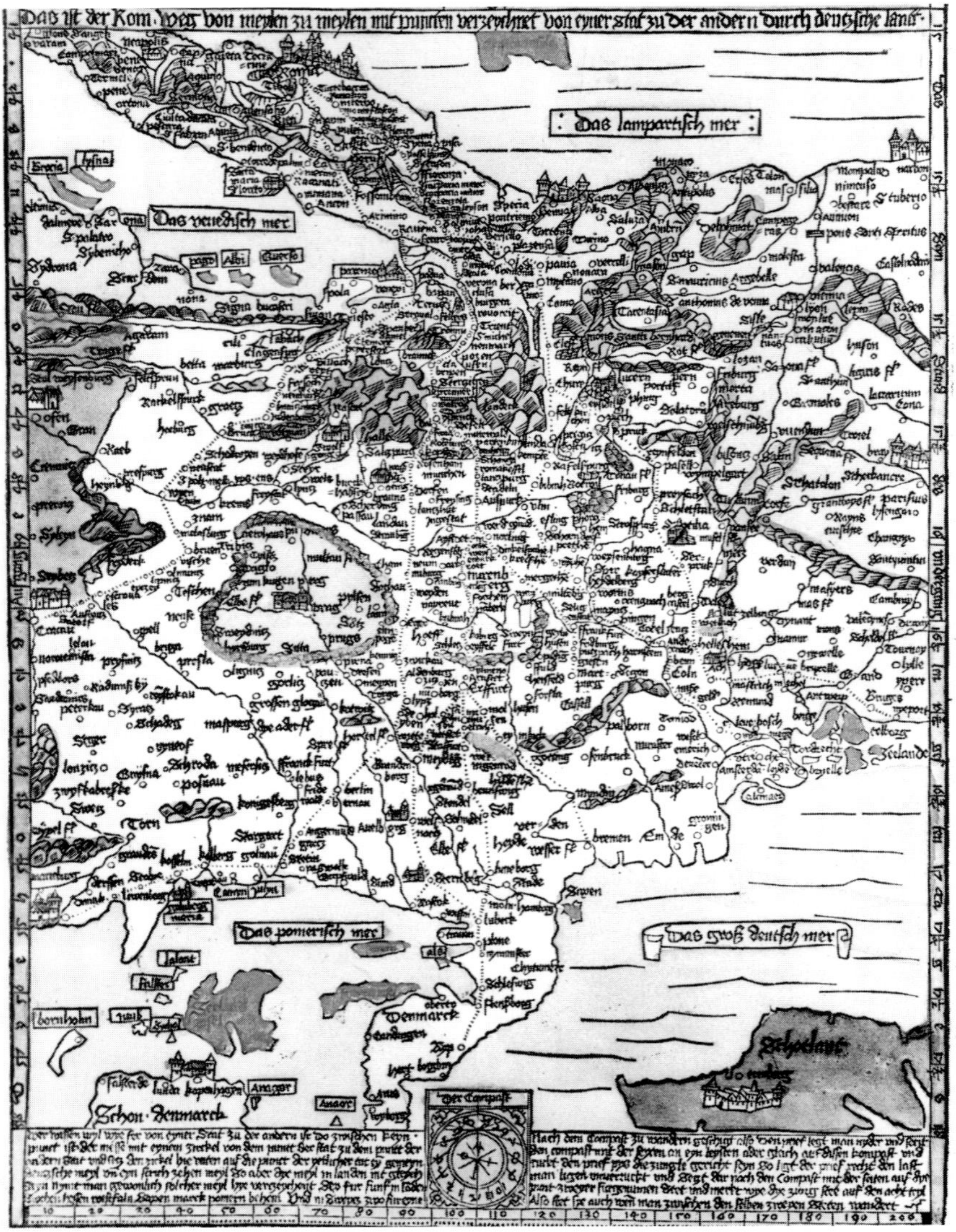

8-3　エツラウプの中央ヨーロッパ図　1500年頃刊　木版筆彩

ユトランド半島からイタリア中部までを、南を上にして描出している。各地からローマに至る道路は、1ドイツマイルごとの点の連続として示されており、刊行された道路図としてはヨーロッパで恐らく最初のものとされている。下部中央の磁石付日時計の絵には、磁針偏差が明瞭になるように正南北（子午）線が書き込まれている。左の図郭に緯度、右のそれに帯圏《クリマータ》の目盛が刻まれている。

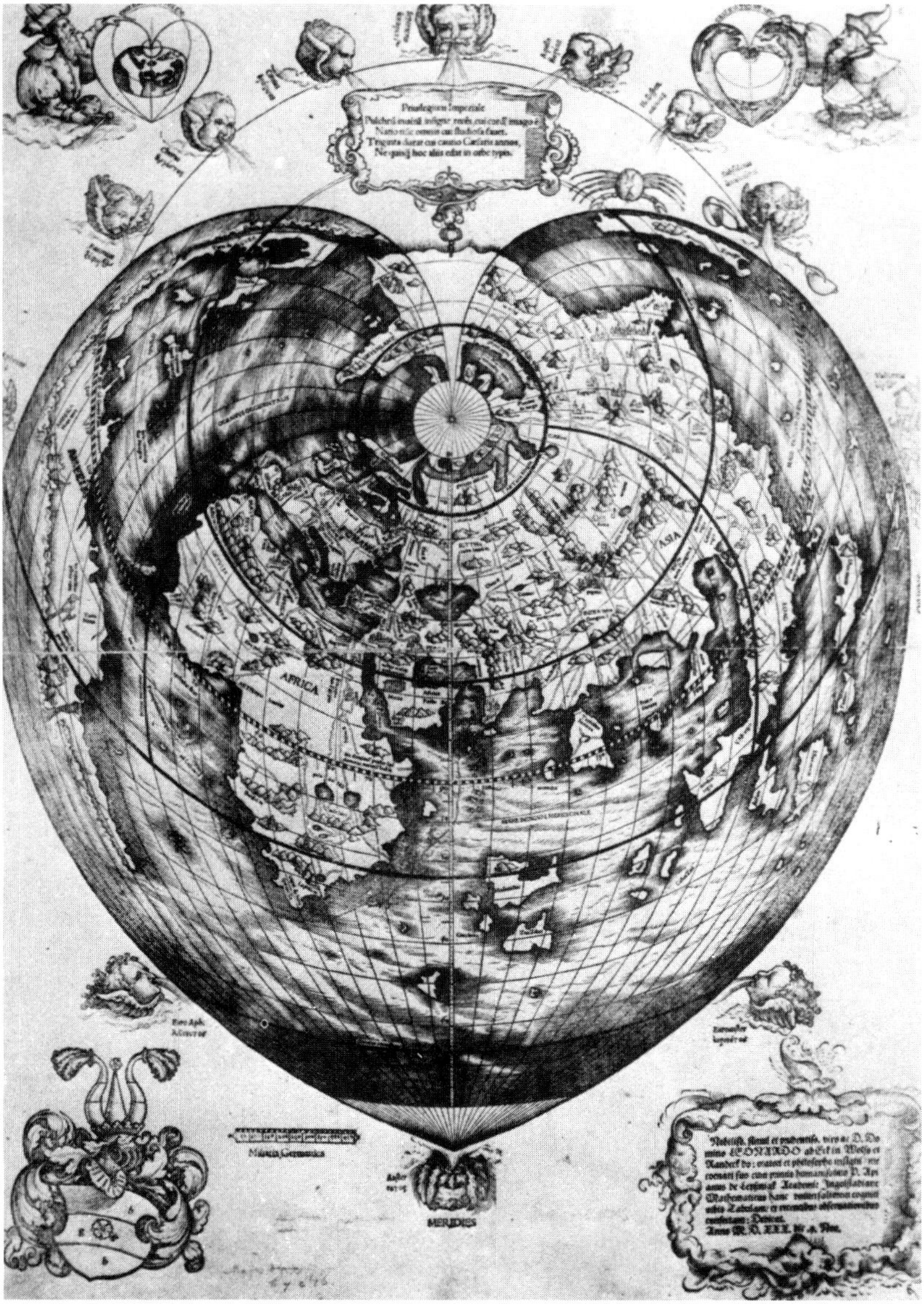

8-4　心臓形図法によるアピアヌスの世界図　1530年刊　木版

この投影法は1514年に数学者のヴェルネルが考案したものであり、アピアヌスはその経緯線網の中に世界の海陸を図示したに過ぎない。周辺部分の図形のゆがみが著しいので、この投影法は広く行われることはなく、ほかに1536年刊のフィネ世界図に使用例を見る程度である。南北両米（左端）やジパング（右上端）など新情報は盛り込まれているが、インド洋方面は依然としてプトレマイオス図のままである。

（左）8-5　フィレンツェ、ベッキオ宮の壁画地図　1580年代　1981年著者撮影

16世紀のイタリアでは、各種の地図が建築内部の壁に描かれた。現在もここのほか、ヴァチカン宮（3階回廊・地図廊下）、カプラローラ（ローマ郊外）のファルネーゼ宮などに残っている。ベッキオ宮の“衣裳部屋”の壁を飾る天地両球・世界各地の図（合計57面）は、主として天文地理学者ダンティの原図に基づいている。また一部が写っている地球儀も彼の作品である。入口を入ってすぐ右側の下から2番目の図（写真左上部）に、東西軸一島型の日本（GIAPAN）が描かれている。

て、分域図には永らく素朴な方眼図法が用いられていたが、一四六六年ニコラウス・ゲルマヌスは、梯形《ていけい》図法（七七頁参照）を使用した。一五世紀におけるヨーロッパでの印刷術の勃興が、地図の普及に絶大な貢献をしたことは言うまでもないが、プトレマイオス地図の最初の印刷は、一四七七年にイタリアのボローニャで銅版刷りとして行われている。

　地図における科学性の必要が、次第に人々の間で認識されるようになり、一五世紀末期にニュルンベルクの日時計職人エツラウプは、磁石付日時計の絵を添えた旅行用地図を刊行した（図8-3）。図郭に施された緯度と帯圏《クリマータ》の目盛に、プトレマイオス地図学が生かされている。彼の作品は、ヴァルトゼーミュラーやミュンスターなどドイツの地理学者を刺激し、結果としてドイツ学派の誕生を促した。一六世紀前半のドイツは、地図学の一中心であり、上記の二名をはじめとする地図作家《カルトグラーフ》兼天地万有誌家《コスモグラーフ》たちが、プトレマイオス地図帳に「現代図」を増加させていった。

　一四九二年のコロンブス、一四九八年のヴァスコ・ダ・ガマ、一四九九年のアメリゴ・ヴェスプッチその他の大航海によって次々ともたらされる新しい地理知識を盛り込む世界図にふさわしい投影法が模索されたが、容易にプトレマイオスの二種のそれを越えることができなかった。すなわち、一五〇六年刊のコンタリーニの世界図は、正距円錐図法の経緯線網を赤道以南にひろげたものに過ぎず、一五三〇年刊のアピアヌス世界図（図8-4）における心臓形図法は、疑いなくプトレマイオス第二図法あっての発想である。また一五三一年刊のフィネや一五三八年刊のメルカトルの世界図では、心臓形図法が南北両半球に分けてそれぞれ適用されている（複心臓形図法）。プトレマイオス第二図法から出発した投影法としては、ほかにボンヌ図法があり、一五〇七年刊のヴァルトゼーミュラーや一五一一年刊のシルヴァヌスの世界図（図8-6）に用いられている。

　以上は主として陸図についての大観であり、世界へ進出した西洋の航海者たちが、それぞれの海域で作製し使用した海図は、依然としてポルトラーノであった。

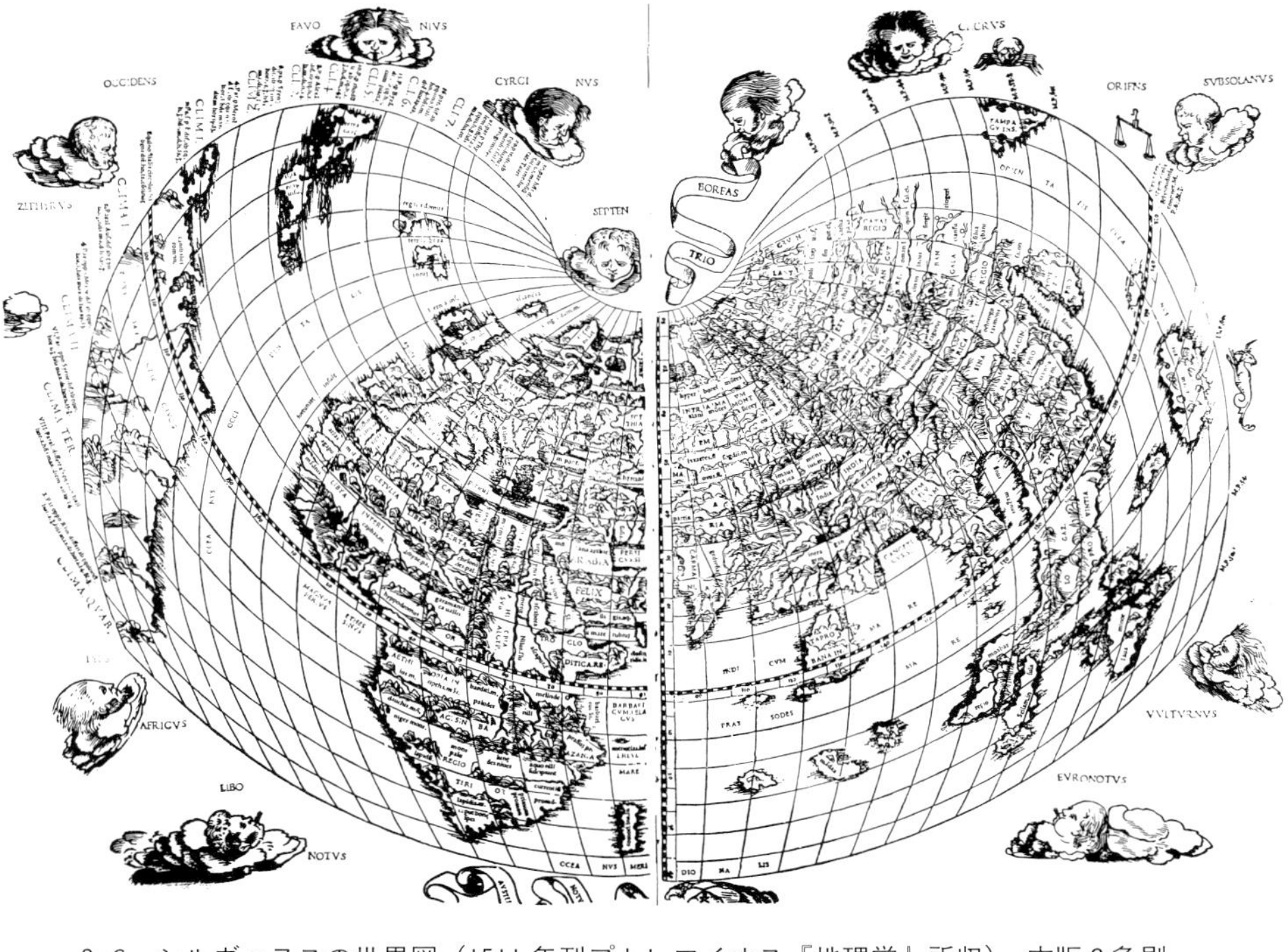

8-6 シルヴァヌスの世界図（1511 年刊プトレマイオス『地理学』所収） 木版２色刷

赤道・中央経線の度盛は互いに等しく、平行圏は同心円、子午線は各平行圏上で等間隔なので、ボンヌ図法である。平行圏が不等間隔なのは帯圏《クリマータ》を示しているからである。心臓形図法（図 8-4）の平行圏（同心円）の中心点を北極（90 度）の北方（上方）に置けば、この図法となり、サンソン図法を含めて基本原理は同じである。右上端にジパングが描かれている。

9. フランドル学派の貢献

一六世紀中期から一七世紀中期に至る約一世紀は、ヨーロッパ地図学の花がフランドル地方を中心に咲き誇った時期である。開花をもたらした最初の人は、ルーヴェンの天文学者ヘンマ・フリシウスで、メルカトルを助手として、世界図や地球儀を作った。弟子メルカトルの活躍は一層目覚しく、一五六九年には画期的な投影法である正角円筒図法（メルカトル図法）による世界図を刊行した（図9–1）。この図こそルネサンス地図学との訣別を宣言する第一声であったと言える。すなわち、陸図としてのプトレマイオス図と投影法不在の海図ポルトラーノとの提携が、ここにようやく実を結んだのであった。両極地方を除いて、地球表面はゆったりと画図一杯にひろがり、任意の直線はそのまま等角航路でもあったからである。しかし、実際にこの投影法が地図界に定着するまでには、かなりの時間が必要であった。プトレマイオスの亡霊は一七世紀末まで付きまとっていたのであり、メルカトル自身一五七八年においてすら、プトレマイオス図帳を刊行しているほどである。

海図における進歩の速度は鈍く、一七世紀初期の代表的な海図帳であるウィレム・ヤンスゾーン・ブラウの『航海の灯火』（一六〇八年）は依然としてポルトラーノ方式のままである。メルカトル図法による海図集がはじめて刊行を見たのは、一七世紀半ばのことであり、ダッドゥリの航海術指南書『海の神秘』（一六四六–四七年）の挿図としてであった（図9–2）。メルカトル図法の普及が遅れた

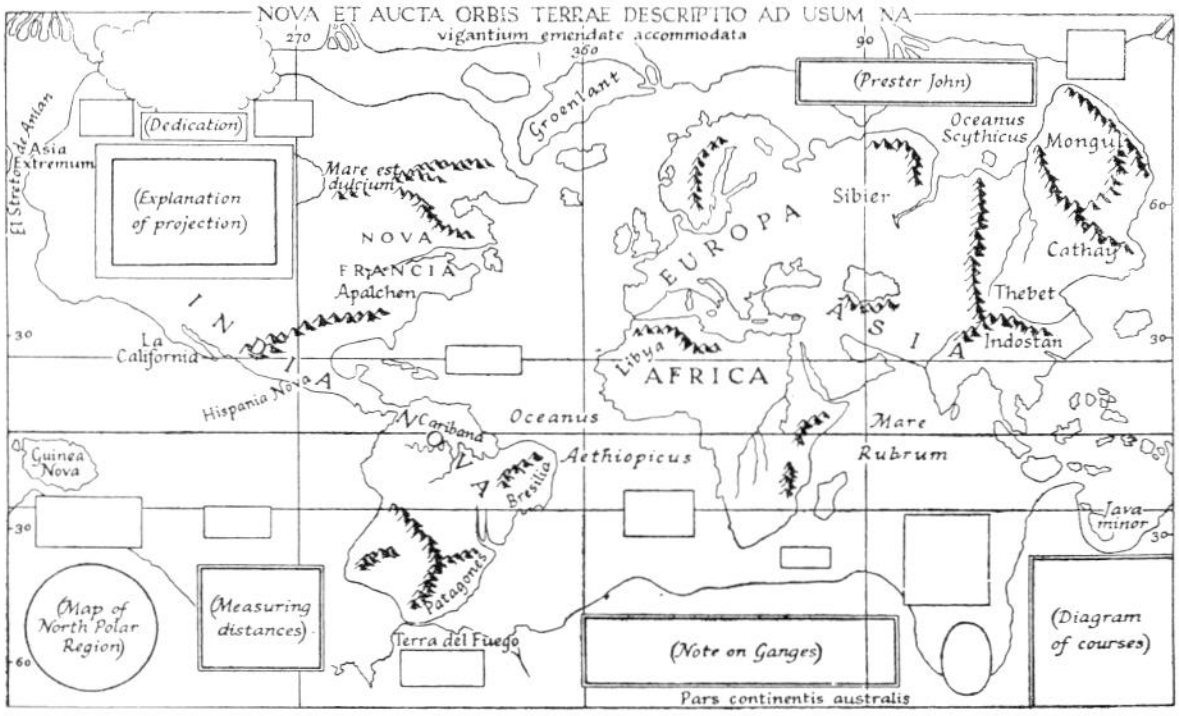

9-1　メルカトルの正角円筒図法世界図（概略）　1569 年刊　銅版

図の表題（上部）が『航海用として申し分のない最新精密の世界図』となっているように、作者メルカトルは、この正角円筒図法を海図のための投影法として強く意識していた。図法そのものは、すでに 1511 年のエツラウプ（前出 58 頁）作の日時計の覆いに彫られた小さいヨーロッパ図に見ることができる。点であるはずの両極が赤道と同じ長さの線分になるため、北極地方図（正距方位図法）を副図（左下の円形）として添えている。右端の北緯 '30' 付近の島が日本。

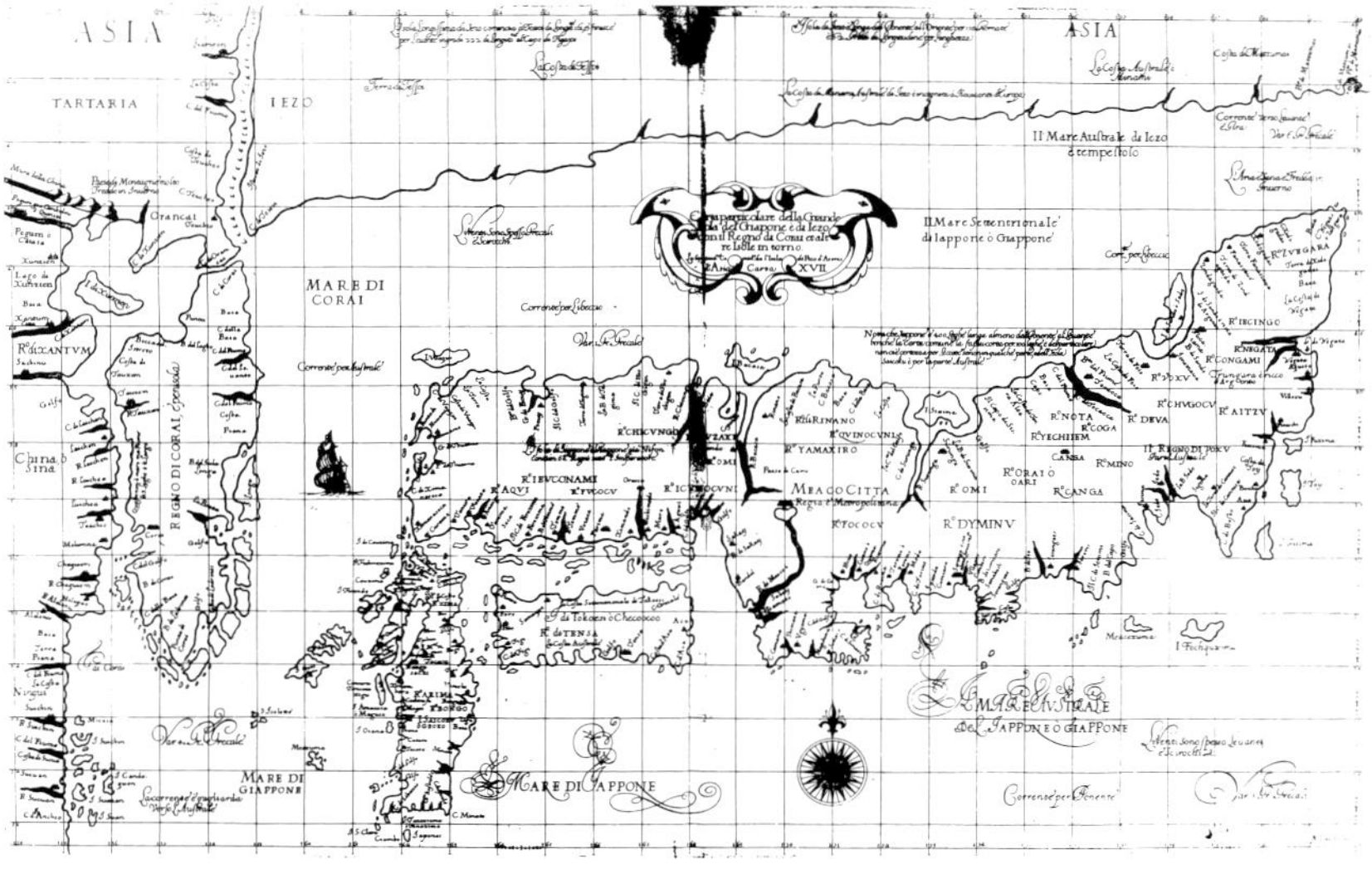

9-2　ダッドゥリ『海の神秘』における海図の一例：第 3 巻第 2 分冊所載日本図　1647 年刊　銅版

ロバート・ダッドゥリはイギリスの名門出身で、'ナイト' でもあったが、財産相続や女性関係から裁判沙汰となり、国内に留まっておれず、1606 年頃イタリアに渡り、造船技師としてトスカーナ大公に仕え、そのまま一生をイタリアで終えた。したがって『海の神秘』も、全文イタリア語でフィレンツェでの刊行となっている。造船・航海儀器中心の解説書であるが、メルカトル図法による世界各地の海図 130 種が収められており、第 1 巻（1646 年刊）には別の日本図（カルディム型）もある。

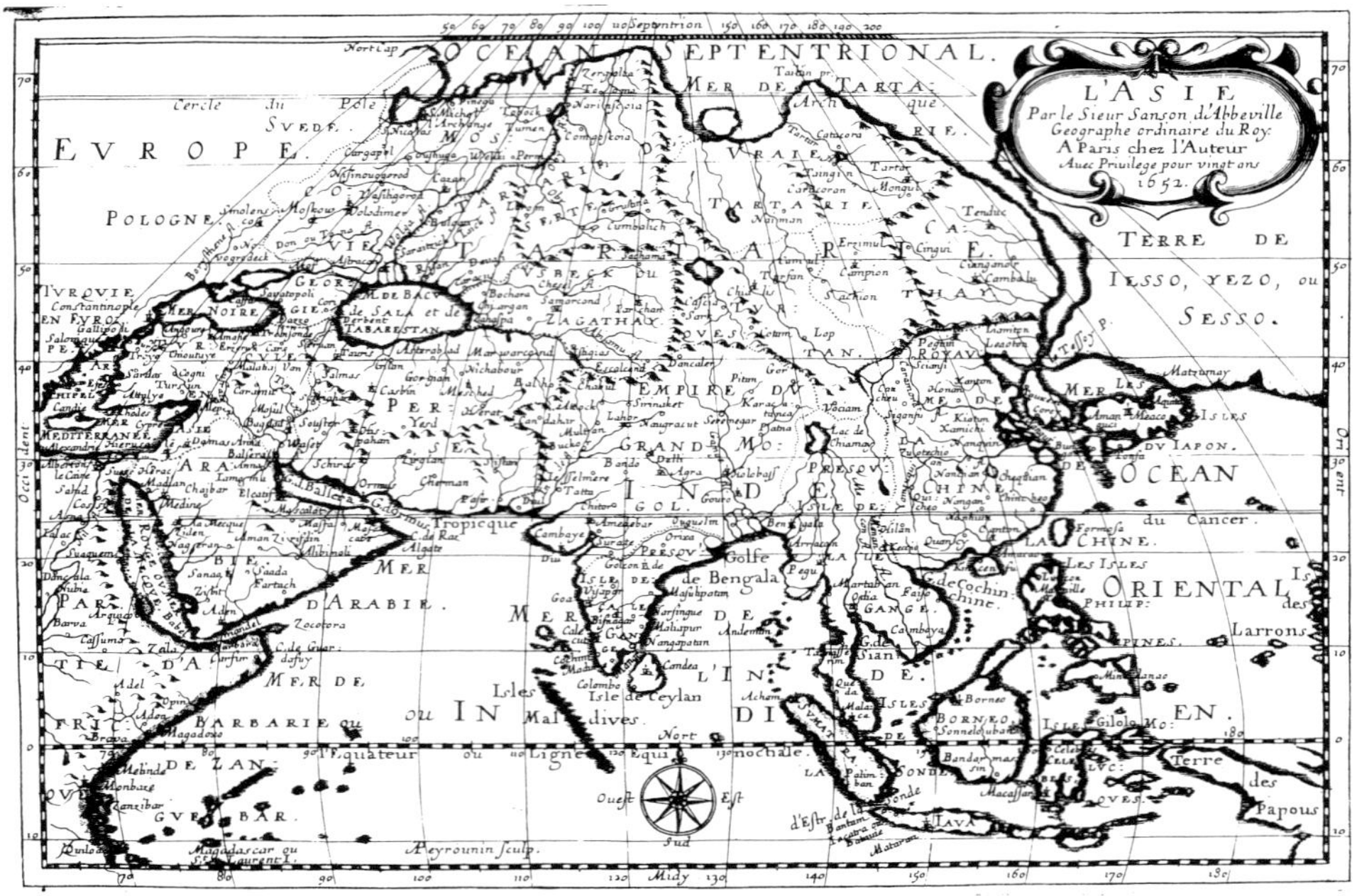

9-3　サンソン『アジア』所載アジア図　1652年刊　銅版

正弦正積図法がサンソン図法の名で呼ばれるのは、ニコラ・サンソンが積極的にこの図法を自作の地図に使用したからである。父ニコラを助けた長子ニコラとの混同を避けるため、父は自分の生誕地アブヴィルを付して署名するのがならわしであった。世界地図帳における正弦正積図法の使用は五大陸図に限られており、圧巻はやはりこの図法で統一されている亜・欧・阿・米各大陸別の図帳である。

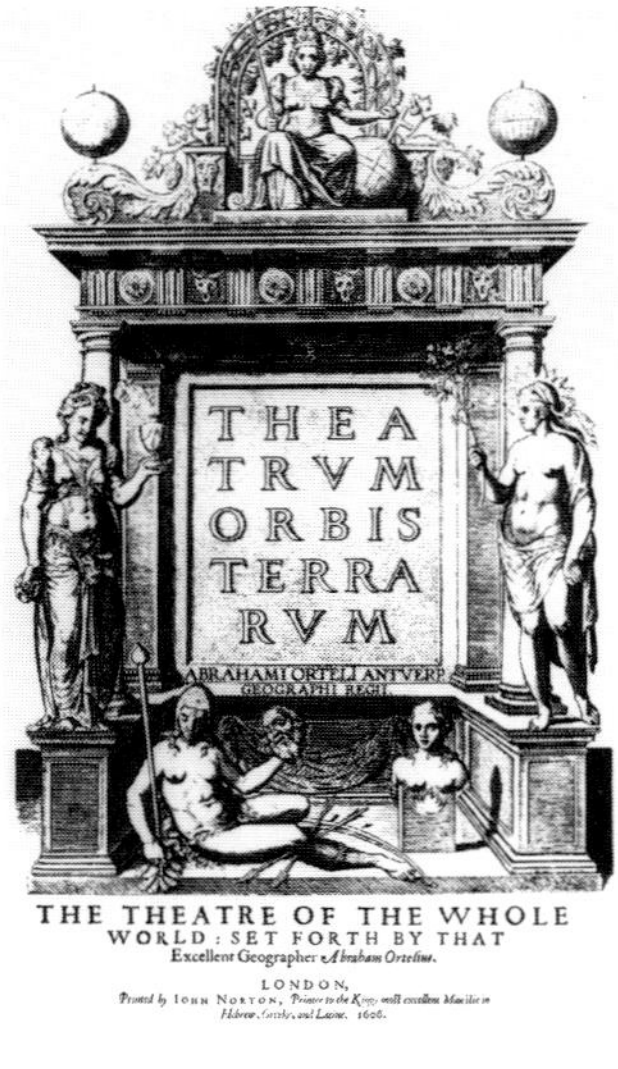

9-4　オルテリウス『世界の舞台』の表題紙

『世界の舞台』と題されるオルテリウスの世界地図帳は、1570年のラテン語版を最初として、1612年まで蘭・独・仏・英・伊の各国語版の刊行を見、地図の増補は5回に及んだ。この表題紙は1606年の英語版のもので、下部に英語表題が刷り込まれている。単独日本図が加わったのは1595年版においてであった。何年の何語版かは明らかでないが、1585年ヴェネチアに近いパドゥヴァでドイツ人植物学者から贈られた『世界の舞台』を、天正少年使節は持ち帰っている。

のは、緯度目盛の計算が複雑であったからである。

メルカトル（デュイスブルク在住）の友人でアントワープ在住のオルテリウスは、新情報の収集に努め、平均的かつ斬新な内容の世界地図帳『世界の舞台』を一五七〇年に刊行した（図9-4）。その後も増補版、各国語版を世に送り、「地図帳《アトラス》」の世紀到来を導いた地図作家とされている。

当時、地図の編集や出版は、家業として世襲されるのが一般的であり、父メルカトルの仕事を引き継いだ息子のルモルトは、未完成であった父の地図帳を、一五九五年『アトラス、一名、世界の創造と創造された形についての天地万有誌的考察』の題名のもとに完成し刊行した。「アトラス」が地図帳を意味するようになったのは、この地図帳の出現によるものであり、また、その図帳の世界全図（一五八七年作）は、平射図法流行の先取りをした作品として注目すべきものである。

ルモルト・メルカトルの地図帳（『アトラス』）の銅原板は、没後の一六〇四年ヨドクス・ホンディウスに譲渡され、以後メルカトル・ホンディウス共編の地図帳として版を重ねた。その一六〇六年版の南アメリカ図には、早くも正弦正積図法（サンソン図法）が使用されている。

一七世紀に活躍したフランドルの地図作家には、ほかに大型世界図や地球儀を作ったプランキウス、ウィレム・ヤンスゾーン・ブラウの子ヨアン、ヨドクス・ホンディウスの実子ヘンリクスおよび娘婿ヤン・ヤンソニウスなどがいて壮観を極める。

しかし、この世紀の後半になると、フランスの地図学が頭角をあらわすようになり、そのきっかけを作った王室地理学者サンソンは、フランドル学派の作品を特徴づけていた図中の絵画的要素を排除し、地図における科学性を追求した。また、詳細な記事を伴う大陸別の地図帳を編集・刊行して、地図界に新風を吹き込んだ（図9-3）。

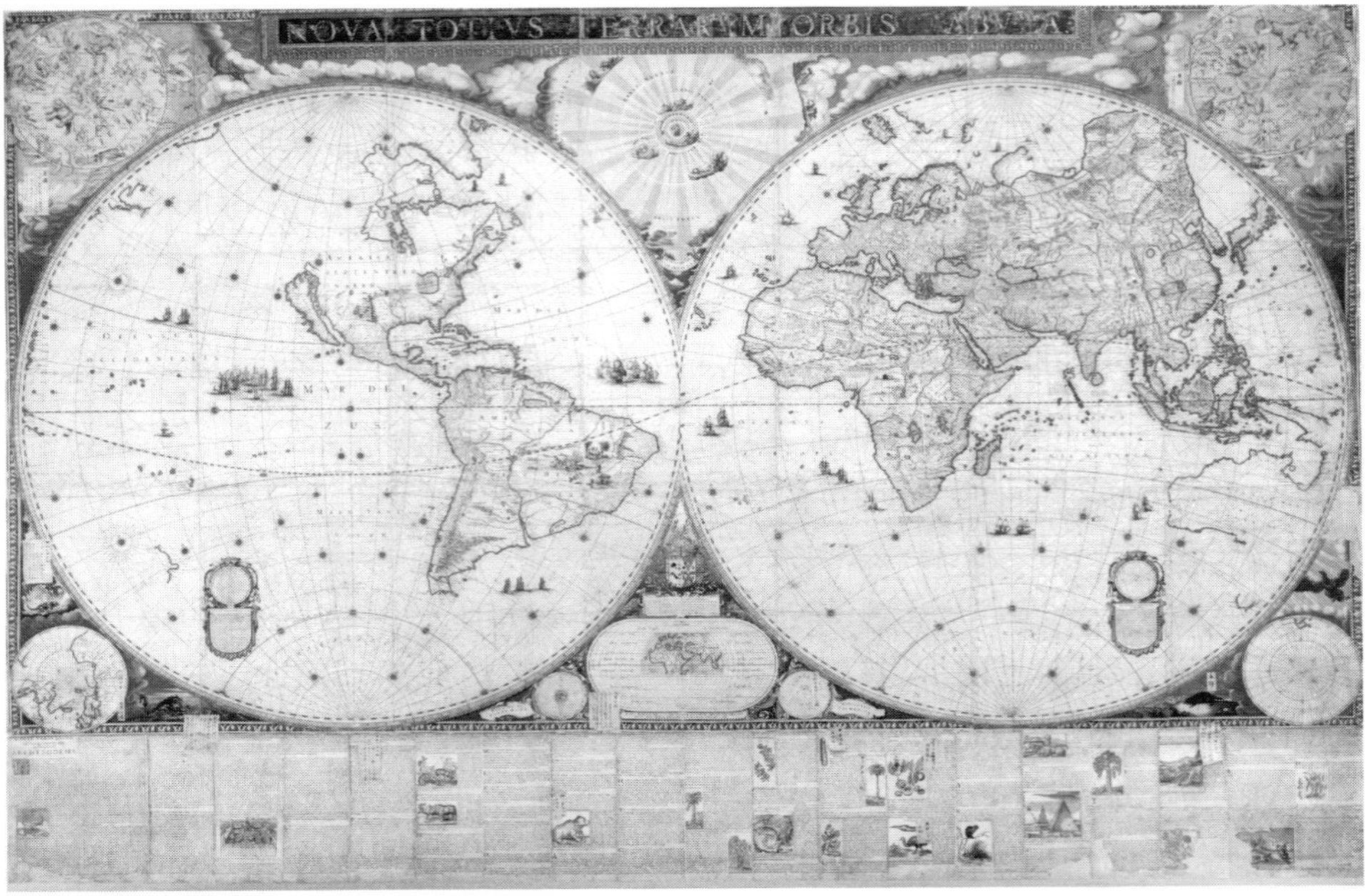

9-*5*　ヨアン・ブラウの大型世界図　1648 年刊　銅版　東京国立博物館

ブラウ父子は地図帳・地球儀のほか、大型の壁掛用世界図を作っており、これは平射図法に拠っているが、メルカトル図法のものもある。東京国立博物館本はオランダ商館からの幕府への献上品か幕府の発注したものであり、新井白石が密入国宣教師シドッティの取り調べに際して利用したのも、この図である。また桂川《かつらがわ》甫周《ほしゅう》の『新製地球万国図説』（1786 年）は、図の下方の説明記事（オランダ語）の翻訳である。（カラー口絵参照）

9-*6*　西洋の壁掛地図：フェルメール『手紙を読む女』 1663 年頃

西洋の大型地図は額縁をつけるか、または上下両端に太い木の棒（カーテンレールの流用？）を取りつけるかして、壁に掛けるのが普通である。近世の西洋画家の中でも、その作品の背景にしばしば掛地図を登場させているのがヤン・フェルメールであって、このほかにも 4 点知られている。地図の描き方はかなり克明で、1667 年頃の作品『アトリエ』（本書カバー表）に描かれているオランダ図は、現存しない版本であるという。

10．商業化した地球儀製作

地球の模型すなわち地球儀の製作が、大地球体説という背景があってこその発想であることは言うまでもないが、最初にそれを試みたのは、紀元前一五〇年頃のマロス（小アジア南部の町）生れのクラテスであり、その地球儀にはいくつかの円環が付属し、球面上の両回帰線の間は大洋となっていたという。既述（二二頁）のプトレマイオスもその『地理学入門』に、簡単ながら地球儀製作の要領を述べているので、地球儀を作った経験があったものと思われる。いずれにしても、その頃はまだ、地球表面の約四分の一が知られていたに過ぎず、空想の海洋や大陸が球面の広い範囲を埋めていたのは疑いないところである。

プトレマイオス地図学を継承したイスラーム圏でも、天地両球儀の製作は行われており、天球儀は一〇八〇年製のものを最古としていくつか現存するのに対して、地球儀はまだ発見されていない。現存天球儀のほとんどは金属（多くは真鍮《しんちゅう》）製であり、破損や風化の危険性が少なかったのであろうが、地球儀は既述（四八頁）のように木製であったので、破損しやすかったものと思われる。

現存する世界最古の地球儀は、周知のようにドイツのニュルンベルクにあるベハイムの地球儀で、コロンブスの新世界到着の年である一四九二年に作られている（図10-*1*、*2*）。ニュルンベルクは、のちにドイツにおける球儀製作の中心地となり、一六世紀にはシェネル、ハルトマン、ハイデンらが活

10-1　ベハイムの地球儀
1492年　手書

1484年以降ポルトガルで暮していたニュルンベルク生れの商人ベハイムが、相続問題で一時帰郷していた1491-93年に、画家グロッケンドンの協力を得て完成したものであり、関心のある市民に見せて、アジアに到達する西回り航路の探検資金を募るためであったという。漆喰と張子でできた球の表面に船底型の羊皮紙を貼りつけて世界が描かれている。

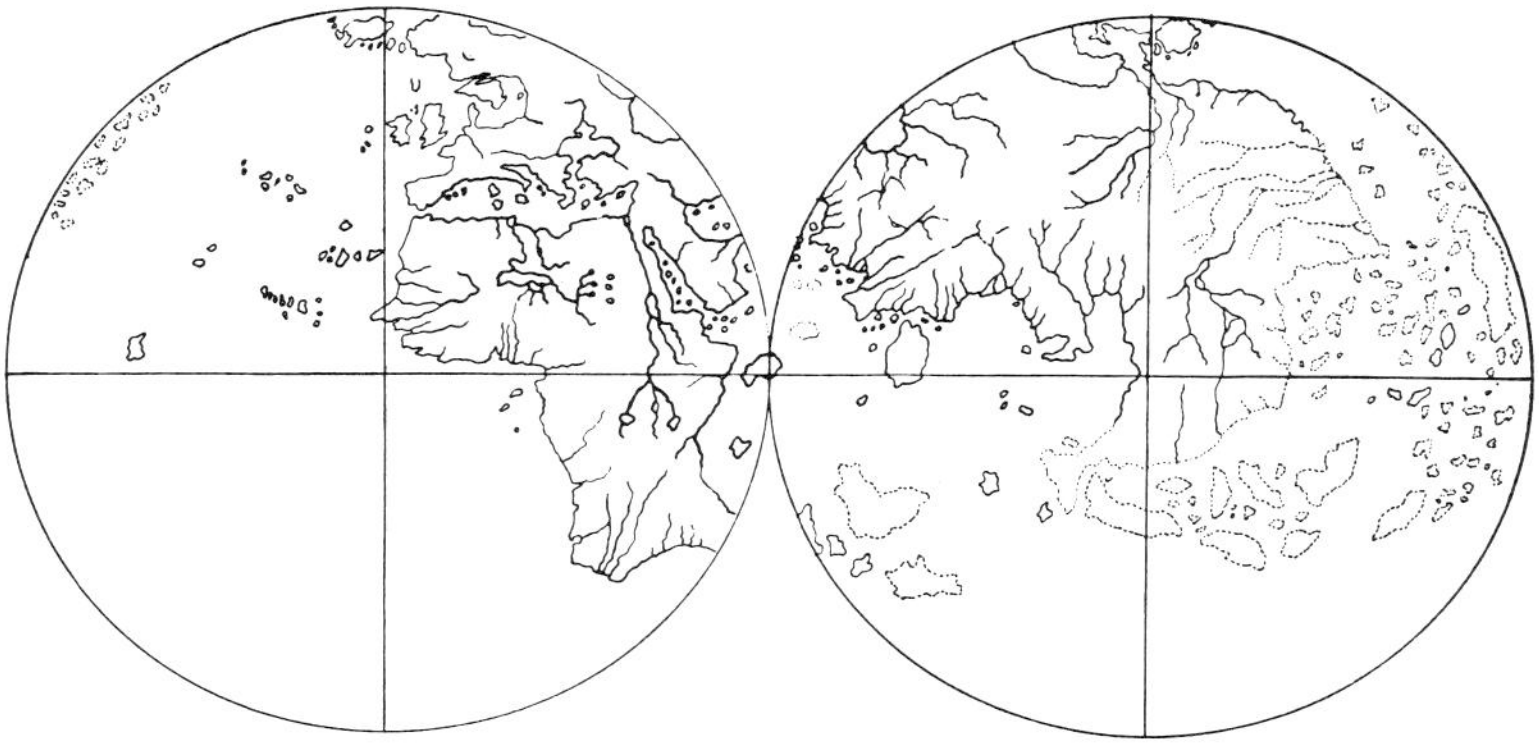

10-2　ベハイム地球儀の世界像（概略、ベイカーによる）

アフリカ内部やアジアは基本的にプトレマイオスに（太い実線の部分）、東・東南アジアはマルコ・ポーロによっている（点線の部分）が、アフリカ西海岸はポルトガルの最新情報に基づいている。アフリカ東南海岸を東に突出させるという表現は、1490年頃のマルテルスの世界図にわずか一例を見るに過ぎず、両者に共通の祖図があったことを思わせる。アメリカ大陸がないにもかかわらず、陸地が東西両半球にひろがっているのは、プトレマイオス以来、東西方向の距離が過大視されていたためである。右端の南北に長い大島嶼がシパング（Cipangu）で、「王が居て独自の言語をもち、偶像を拝み、胡椒・宝石が一杯の高貴で富裕な島である」と記載されている。

10-3　メルカトル地球儀の球面　1541年　銅版

航海用地球儀として考案された最初のもので、経緯線のほかに斜航曲線（各子午線に対して同じ角度をなす航路、すなわち等角航路）が球面を覆っている。言わば、ポルトラーノの球体化であった。また航海時に船舶の位置を知るのに役立つ恒星も記入されている。図版は太平洋東南部であり、両脚器が立てられている旗竿じるしの線が赤道である。

躍した。

一六世紀後半になると、フランドル地方がヨーロッパにおける球儀産業の一大中心地として頭角をあらわすが、その先鞭をつけたのは既述（六〇頁）のヘンマ・フリシウスであった。その弟子メルカトルは、斜航曲線（等角航路）を球面に記入した最初の地球儀を、一五四一年に製作している（図10-3）。フランドルにおける地図出版の盛況については、すでに述べたところであるが、メルカトル同様、地図作家たちはほぼ例外なく天地両球儀の製作をも手掛けた。これは需要の増大と製作費の低廉化という両面から生じた現象であった。

需要の面について見ると、大航海時代の到来によって、大洋航海の際の必需品となったことである（図10-4）。経緯度一度（最大約一一一キロメートル）の範囲内では、地球表面を平面とみなしても差支えないので、投影法不在のポルトラーノでも支障をきたすことはなかったが、それ以上の範囲については、地球儀によって方角を知る必要があったからである。製作費について見ると、印刷術の登場により球面への手書きの手間が省け、舟底型紙片の量産が可能となり、おのずから製作に要する日数の短縮と原価の低廉とを招いたのであった。地球儀用船底型紙片として印刷された現存最古のものは、一五〇七年頃のヴァルトゼーミュラー作とされる木版刷りであるが、あまりにも小型なので、単なる投影法の見本であった可能性が大きい。

天地両球儀は実用品であったばかりでなく、知的な置物として王侯貴族に喜ばれ、装飾に意を用いた豪華なものも作られた。超大型の球儀は王権の強大を象徴するにふさわしいものとして、一六六四年頃ホルシュタイン公国の学者オレアリウスは、水力で回転する直径一一フィート（三三五センチメートル）の地球儀を完成しており（図10-5）、ベネチアのコロネリは、一六八三年フランスのルイ一四世のために直径三九〇センチメートルの天地両球儀（現存）を作ったりしている。コロネリは一六八〇年頃から没年の一七一八年に至る間に大小さまざまの球儀を発行し、その製品は一時期ヨーロッパの球儀産業界を席捲するほどであった。

直径一〇センチ以下の小型球儀も、早く一六世紀から作られてはいたが、イギリスでは、一八世紀から次の世紀の初期にかけて、天球図を内側に貼付した椀型容器付きの懐中地球儀が爆発的な流行を見せた（図10-*6*）。

10-*4*　17世紀の航海用儀器使用実習の光景（ブラウ『航海の灯火』〈1622年刊〉より）
天地両球儀を前に置いて教師らしい人物が説明している。一枚物のポルトラーノ、大冊の海図帳、十字桿（右端の男が手に持つ）、全円儀（右下）などが実習の対象となっているようである。

10-*5*　漂流民津太夫らがペテルブルクで見たオレアリウス原作の地球儀：『環海異聞』所載図　文化4年（1807）　手書
津太夫らが1803年ペテルブルク滞在中に、案内されて見た巨大地球儀は、ピョートル大帝がホルシュタイン公に所望して、1715年にその城ゴットルプから運ばせたもので、一般にはゴットルプ地球儀として知られてきた。津太夫らが見たのは、1747年の火災のあと復原された言わば2世であり、球の内面の天球図を小さな穴から入って見たと言っている。編者大槻玄沢は、置かれていた建物を、市街図に記載のある「象厩《ぞうきゅう》」と推定しているが、1726年に専用の建物ができるまで、もとの象飼育舎に置かれていたのである。

10-6　イギリスで流行した懐中地球儀の一例：マクスンの作品　1700 年頃
直径 7 cm　ベルリン、美術工藝博物館

1659 年刊のマクスンの著書『球儀論』に懐中地球儀についての記述があるので、彼が懐中地球儀の考案者だとされている。彼に続いてはプライス、セネックス、モル、カシーらが懐中地球儀を手掛けており、無署名の模造品も多く出回った。この図版のものは、イギリスのアン女王が 1707 年プロシアを訪問したとき、フリードリヒ 1 世に進呈した豪華な特製品であり、容器の外側には真鍮製のプロシア王家紋章や 1 世の組合せ文字が取りつけられている。

11. 東西地図文化の交流

＊ここでの東洋には日本は含まれていない。

先に述べたイスラーム地図学のシナやインドへの波及（四八－四九頁）は、言わば一方通行であり、真の意味での東西交流は、ヨーロッパ人の東洋進出以後におこっている。ポルトガルの史家バーロスの『アジア十巻書』の第一冊（一五五二年刊）・第三冊（一五六三年刊）によれば、少なくとも一五五二年以前に地図を載せる刊本の便覧的シナ地誌が、一五六〇年頃にはシナ全図が、それぞれポルトガルにもたらされており、それらは、〝奴隷〟として連れて行かれたシナ人によって翻訳されている。一五七五年には、マニラ総督の送ったシナ刊行の『古今形勝之図』（一五五五年刊）がスペインに到着しており、それは今もセヴィーリャのインド文書館に保管されている。西洋地図学を最初にシナ社会に紹介したマテオ・リッチ（利瑪竇《りまとう》）のマカオ到着は一五八二年であるから、ヨーロッパ社会の方が、先にシナ地図学の恩恵を蒙《こうむ》っていたことになる。

リッチはたびたび漢字表記の世界図や地球儀を作ったが、漢民族の中華思想を考慮して、その世界図では太平洋が中央に来るように構図を改めている（図11-*1*）。彼はまた一五八八年にローマ教皇およびスペイン国王に向けて、マカオからシナ図屏風を発送しており、これに関与して帰欧したルジェリ（羅明堅《らめいけん》）は、一五九〇年に四冊から成るシナ図帳、恐らくは『広輿図《こうよず》』（三〇頁参照）をローマに持ち帰っている。

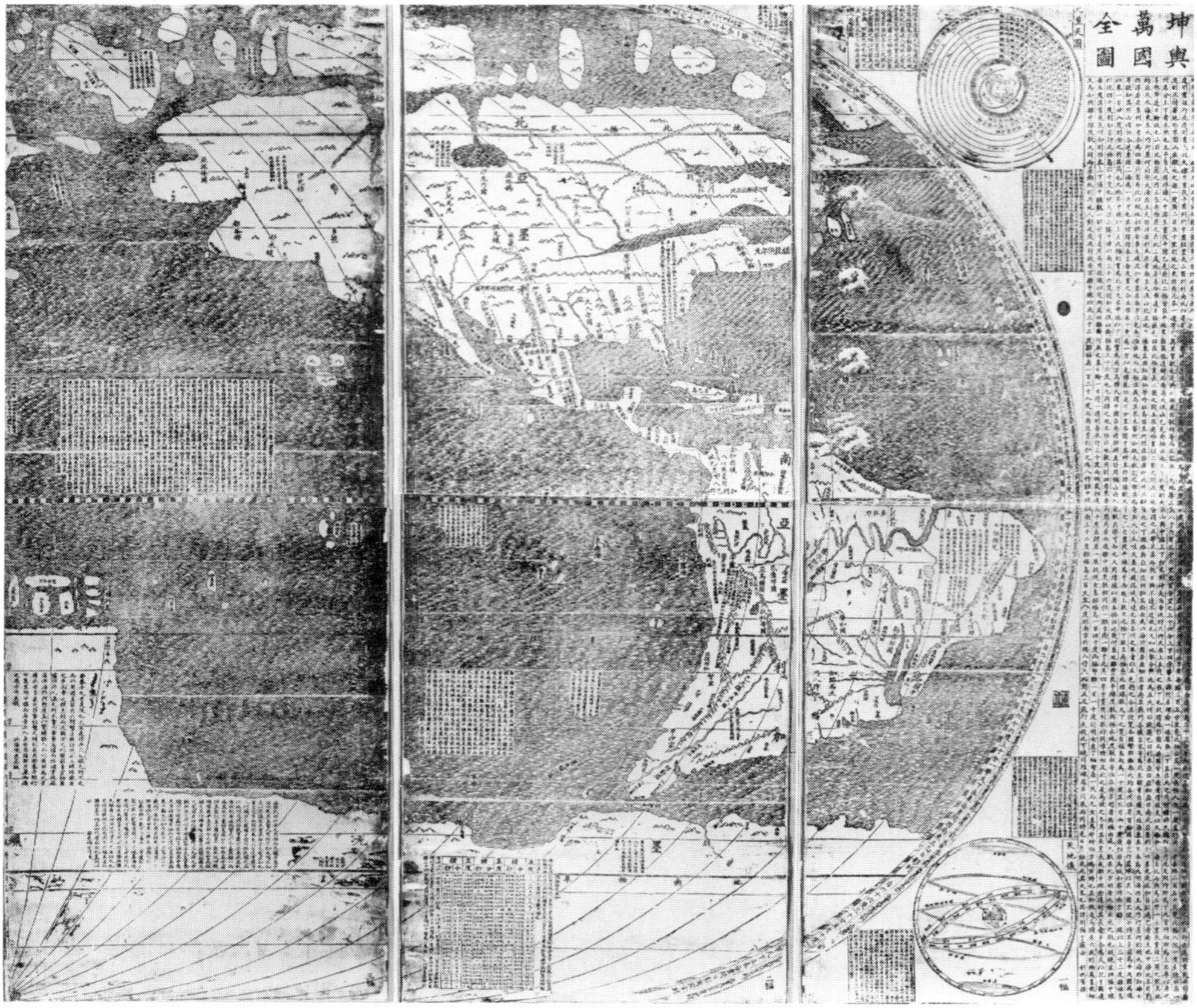
坤輿萬國全圖

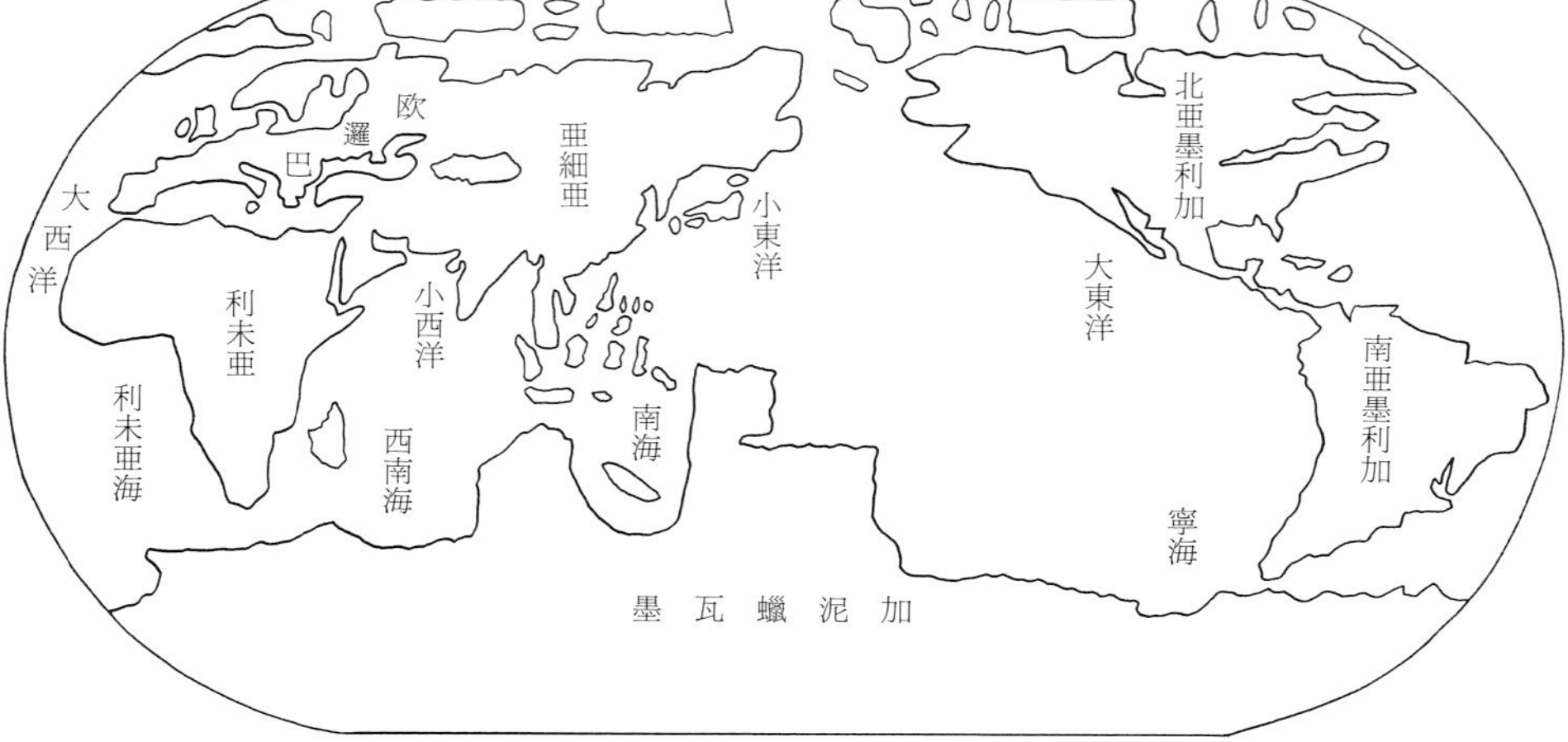
欧邏巴
亜細亜
北亜墨利加
大西洋
小東洋
大東洋
利未亜
小西洋
南亜墨利加
利未亜海
西南海
南海
寧海
墨瓦蠟泥加

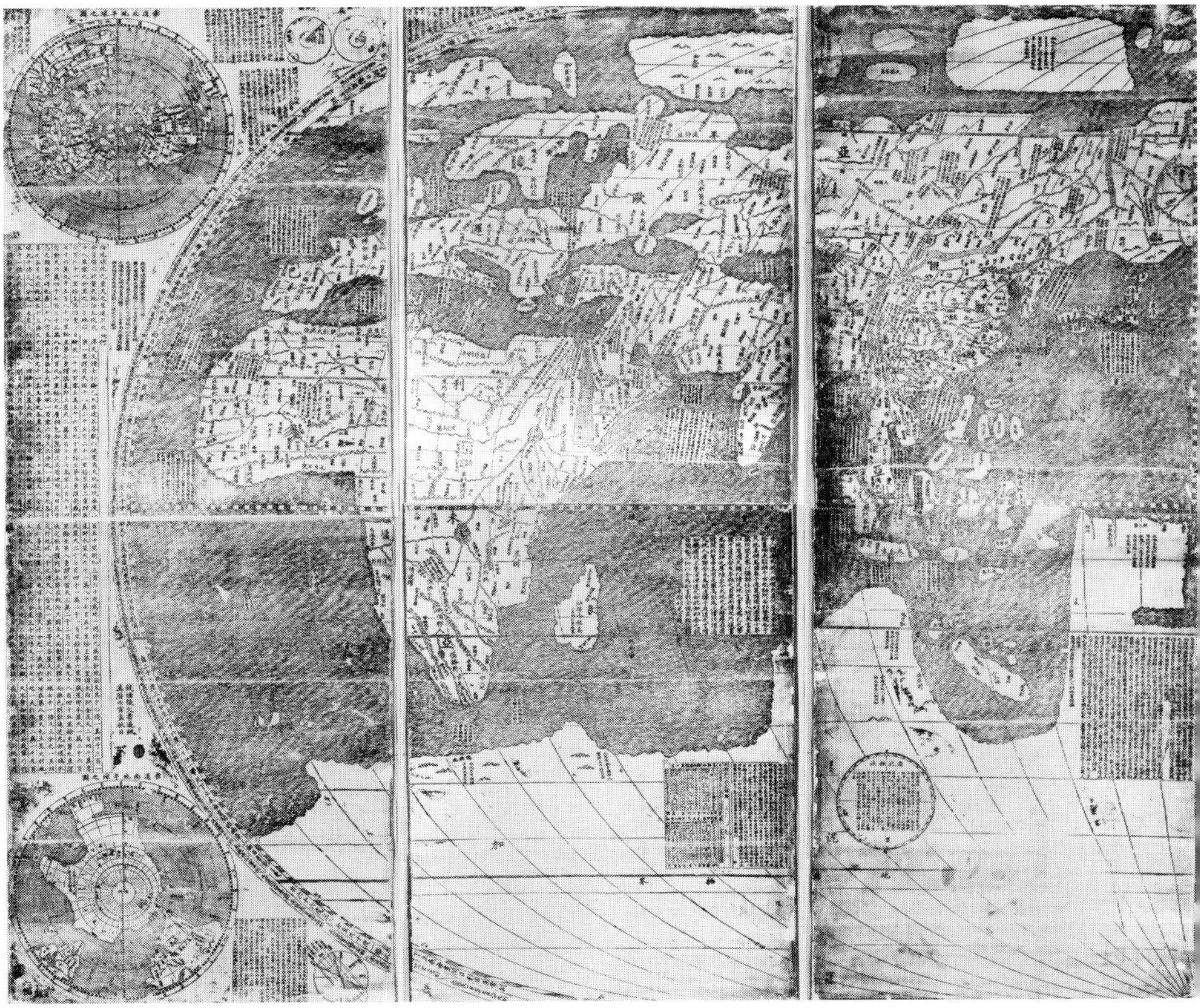

11-1　マテオ・リッチの世界図：『坤輿《こんよ》万国全図』 万暦30年（1602）刊

リッチ（利瑪竇）は1584年肇慶《ちょうけい》において、1600年南京、1602年・1603年および1604年頃北京と、計5回世界図を作ったが、明代の刊本の残っているのは1602年版と1603年版（『両儀玄覧図』）とに過ぎない（「坤輿」は大地、「両儀」は天地の意）。西洋での流儀にとらわれず、太平洋を中央に置く構図としているのが一大特色である。「墨瓦蠟泥加《メガラニカ》」の輪郭その他からして、主な資料はプランシウス系の方眼図法世界図であった可能性が大きい。メガラニカはマゼラン（マガリャエンシュ）の名に由来する南方大陸の呼称。

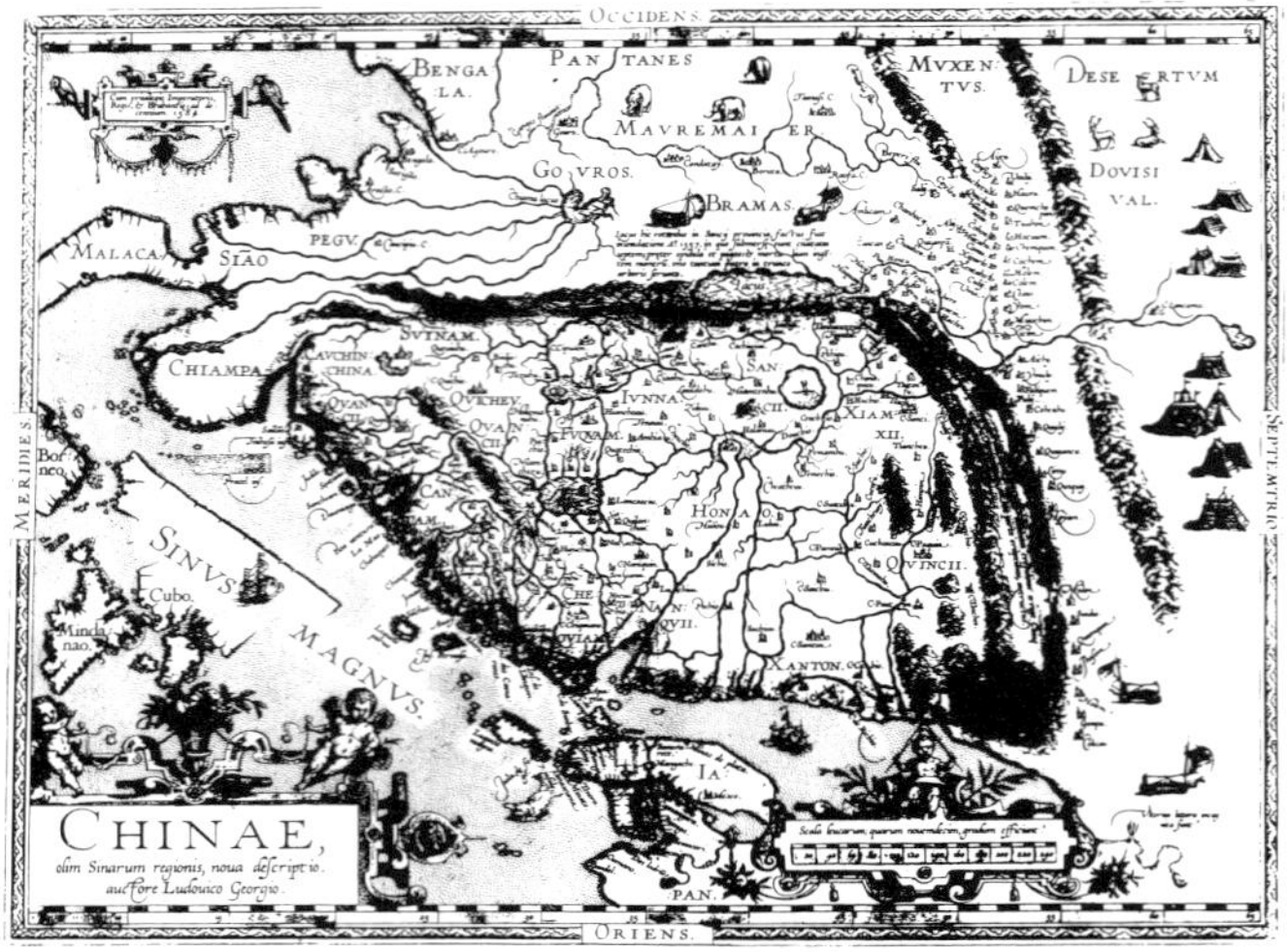

11-2　西洋最初の単独シナ図：オルテリウス『世界の舞台』1584年版所収図

シナが南北に長く、海岸線が全体として単調なのが特色で、寧波《ニンポー》（浙江省）以南の海岸線の表現には西洋人の知見が加わっている。図の作者は、図中にイタリア語表記でLudouico Georgioとあるように、ポルトガルの地理学者ルイス・ジョルジ・デ・バルブダであり、図はイタリア経由でオルテリウスに届いたようである。星宿海に源を発する黄河、洞庭《どうてい》・鄱陽《はよう》の両湖などの描示から、シナ製の地図が資料であったことは明らかだが、原図そのものが極めて粗略な内容のものであったことも、また事実であろう。（カラー口絵参照）

11-3　西洋地図学の東漸に貢献したイエズス会士　：　左からマテオ・リッチ、アダム・シャール、フェルビースト（デュ・アルド『シナ帝国全誌』1736年版より）

マテオ・リッチについては71頁および図11-*1*の説明に譲り、他の二者について言えば、シャール（湯若望）はその著『渾天儀説《こんてんぎせつ》』（1636年刊）において、地球儀製作法と共に球儀用の断裂多円錐図法世界図を紹介し、フェルビースト（南懐仁）は、1674年大小2種の平射図法世界図（『坤輿《こんよ》全図』『坤輿図説』）を刊行した。

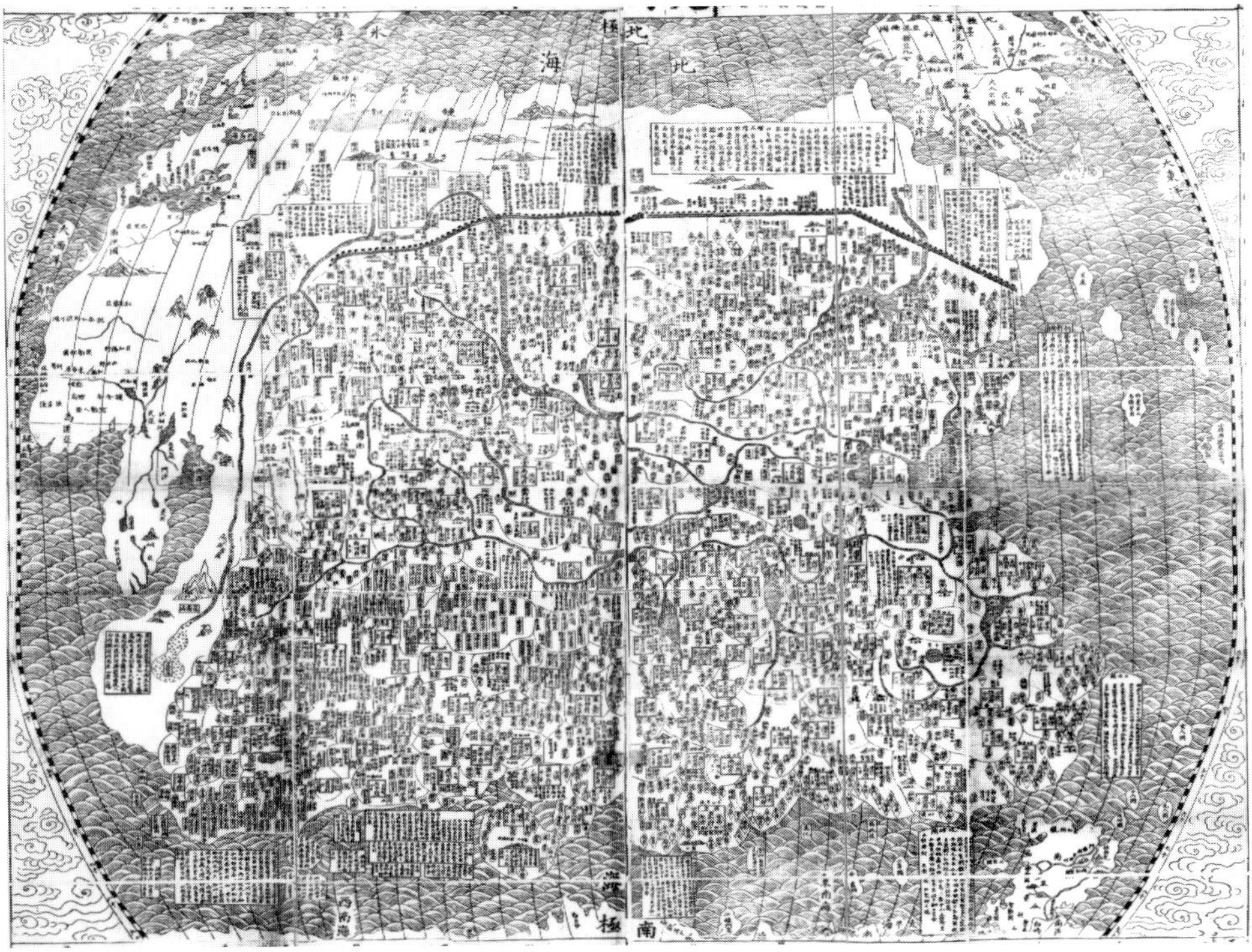

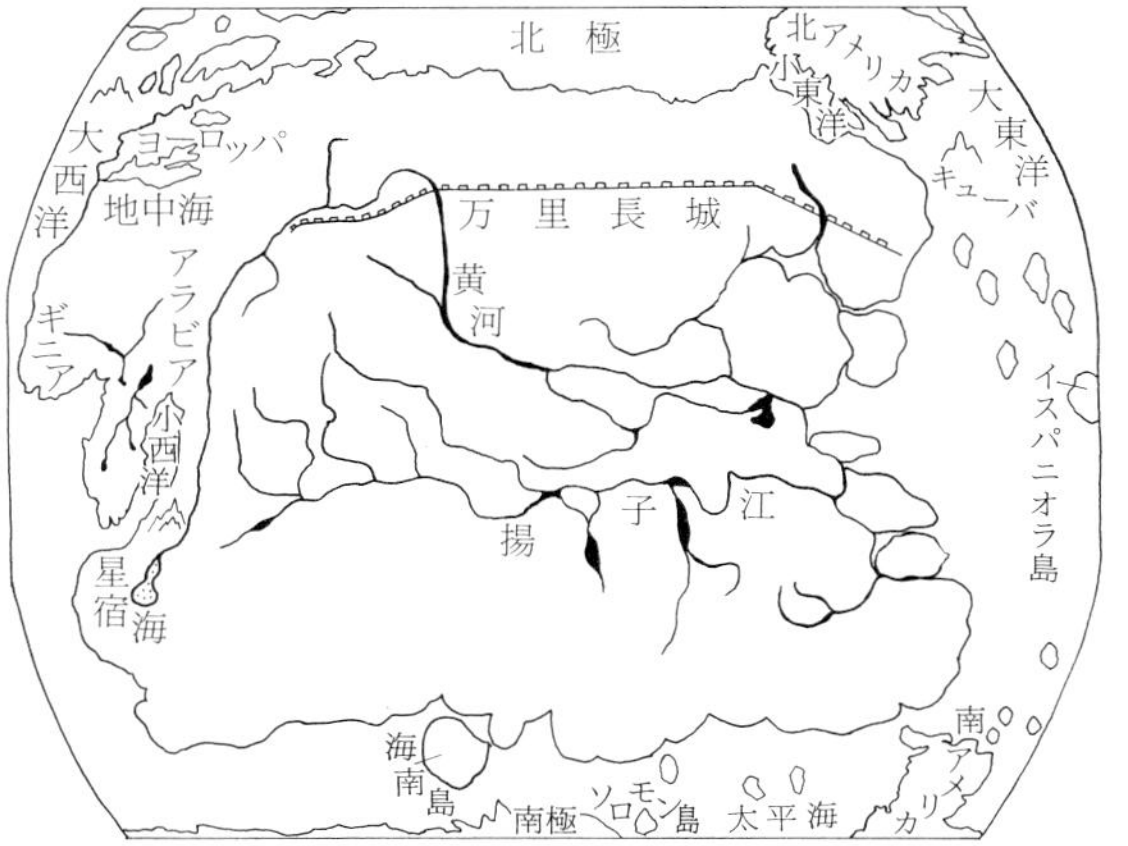

11-*4*　明末清初における「華夷図」方式の世界図の一例：『天下九辺分野人跡路程全図』曹君義　崇禎 17 年（1644）刊

かつての『華夷図《かいず》』（図 4-*3*）や『声教広被図』（48 頁）のように、巨大な自国の周辺に、西洋系世界図の内容を分割矮小《わいしょう》化して配置する、という方式をとっている。図中の経線もここでは単なる装飾でしかない。（図の周囲の各種記事部分は割愛）

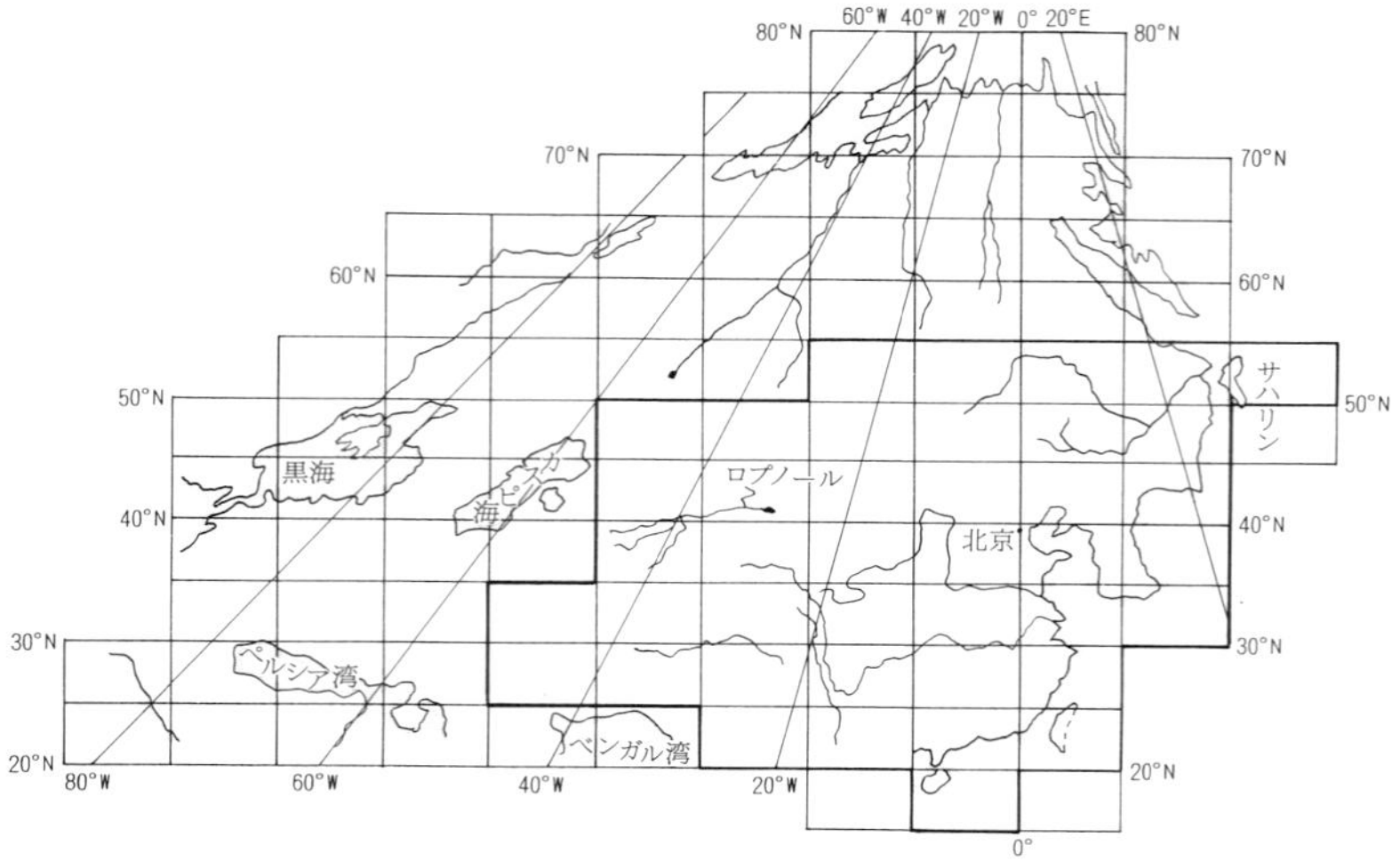

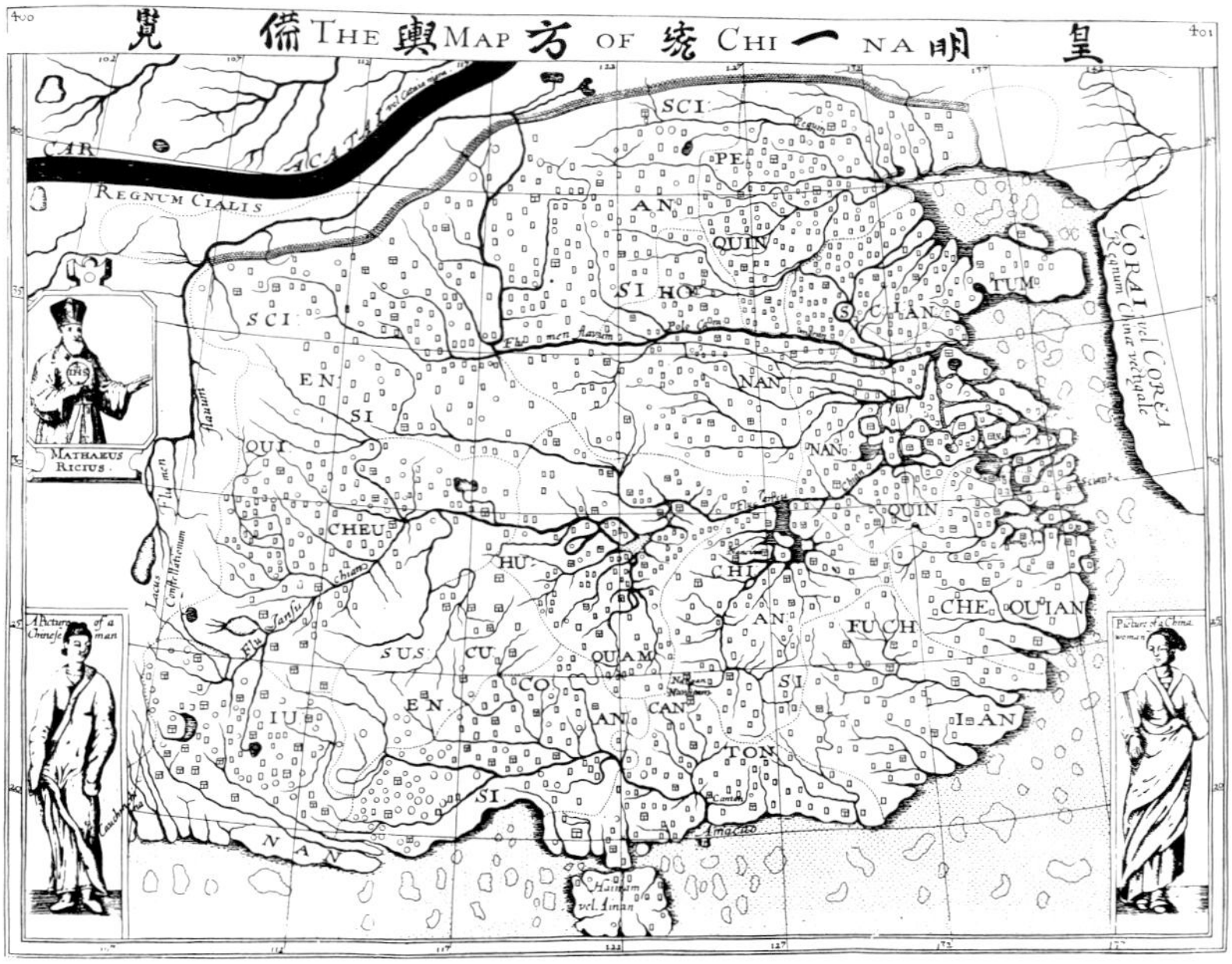

（下）II-*6*　『パーチャスの巡礼者たち』所載シナ図（皇明一統方輿備覧）　1625 年刊

パーチャスによると、シナ原刊本は、平戸にイギリス商館を開設したセーリスが、ジャワのバンタムで入手したもので、地図の一辺は１ヤード４インチ（101.6 cm）であったという。漢字表題および図形は、かなり忠実な模写であり、新たに加えられたのは、マテオ・リッチおよびシナ男女の像、経緯線といった程度である。図の内容から見て、『広輿図』を資料とした一面図であるが、原刊本は１点も現存していない。

（右）11-5　清初における官撰洋式国土全図２種：康熙《こうき》図と乾隆《けんりゅう》図　（概略）

連接可能な全41葉から成る銅版康熙図と、同じく全103葉の乾隆図それぞれの描出範囲を示したもので、太線で囲んだ部分が康熙図である。個々の矩形が原図の各１葉であり、内陸の図形は乾隆図に拠った。康熙図の塞外には空白部分がかなりある。乾隆図は国土全図の域を越えて、南・東南アジアを除くアジアの全域を描出している。用いられている梯《てい》形《けい》図法とは、平行直線の緯線、北極で１点となる直線の経線から成る投影法のことであるが、原図各葉における経線の記入は厳密ではない。

西洋では、オルテリウスが、その地図帳『世界の舞台』の一五八四年版に、ポルトガル人地理学者ジョルジ・デ・バルブダ作のシナ図を収めたが、これは西洋最初の単独シナ図である（図11-2）。その解説記事には、前述のバーロスの著書からの引用もあり、バーロスがシナ資料によって作製していた地図の流れを汲むものと考えられる。なぜなら、星宿海および主要水系の表現は、シナ製地図なくして描けるものではないからである。この図は以後六〇年以上にわたって西洋の地図界に生命を保ったが、『広輿図』の翻訳とも言うべきマルティーニの『新シナ図帳』が一六五五年にヨアン・ブラウによって刊行されてから、それにとって代わられることになった。砂漠を散点記号によって地図に描示するという漢民族社会の流儀が、西洋に知られるきっかけを作ったのは、この地図帳であった。

一方、リッチをはじめとするイエズス会士によって、西洋地図学が紹介された明末清初の漢民族社会では、地球説ひいては経緯線の観念が、一部の知識人に受け入れられたに過ぎず、一般には、巨大なシナの周辺に西洋系地理知識をちりばめる、という極めて主観的な世界図が好まれた（図11-4）。

西洋地図学の本格的摂取は、満州族出身の清朝皇帝の出現を待たなければならなかった。康熙《こうき》帝の英断によって開始された洋式国土全図作製事業は、イエズス会士指導のもとに行われた経緯度観測の結果を生かして、一七一八年『皇輿全覧図《こうよぜんらんず》』として結実した。それは北京を本初子午線とする梯形《ていけい》図法によって描かれている（図11-5）。一七三五年刊のデュ・アルドの『シナ帝国全誌』所載の全図・分域図は、右の事業に参画していたレジス（雷孝思《らいこうし》）から送られてきた図を、フランス王室地理学者ダンヴィルが翻訳・製図したものである。『皇輿全覧図』と同じ方式の国土全図は、乾隆年間にも版《はん》図《と》拡大を機として作られ、一七七〇年に完成している（『皇輿全図』）（図11-5）。

アジアにおけるヨーロッパ人の測量は、ほとんどが海岸地方に限られていたので、内陸部分については土着の地図や地誌を利用せざるを得なかった。英領インドの総測量技師として正確なインド全図（一七八二年）を作ったレネルですら、土着地図が役立ったことを率直に認めている。

12. 大縮尺図の時代

既述（六三頁）のニコラ・サンソンにはじまったフランス地図学は、王室の学術振興政策を受けて発展を遂げ、一八世紀を通じてヨーロッパにおける指導的地位を占めた。まず発展の基礎となった政策について見ると、一六六六年に王立科学アカデミー、翌年にパリ天文台がそれぞれ開設の決定を見ている。そしてこれら両機関の質的向上のために、イタリアのボローニャ大学天文学教授カッシーニが、一六六九年に招かれている。カッシーニについて学んだドゥリールは、一七〇〇年以降世界図・大陸図をはじめとする精細な作品を数多く発表した。それを受けてさらに地図の科学性を高めたのは、先にも触れたダンヴィル（七七頁）であり、大型の各種地図を世に問うたが（図12-*1*）、圧巻はアジア図・インド図である。

そもそも、これら両機関の設立は、天文学者ピカールの提唱に負うとされているが、彼の意図は子午弧一度の地上距離の精密な測定にあった。そのため一六六九–七〇年の三角測量においては望遠鏡を用い、五万七〇六〇トゥワーズ（約一一一キロメートル）という結果を得ている。なお、三角測量による子午弧の測定は、すでにオランダのスネリウスが試みていたところであり、一六一七年刊の自著にそれを紹介していた。三角測量が地図の精度の飛躍的向上をもたらしたのは、言うまでもないことであるが、最初の凱歌はフランスにおいてあがった。

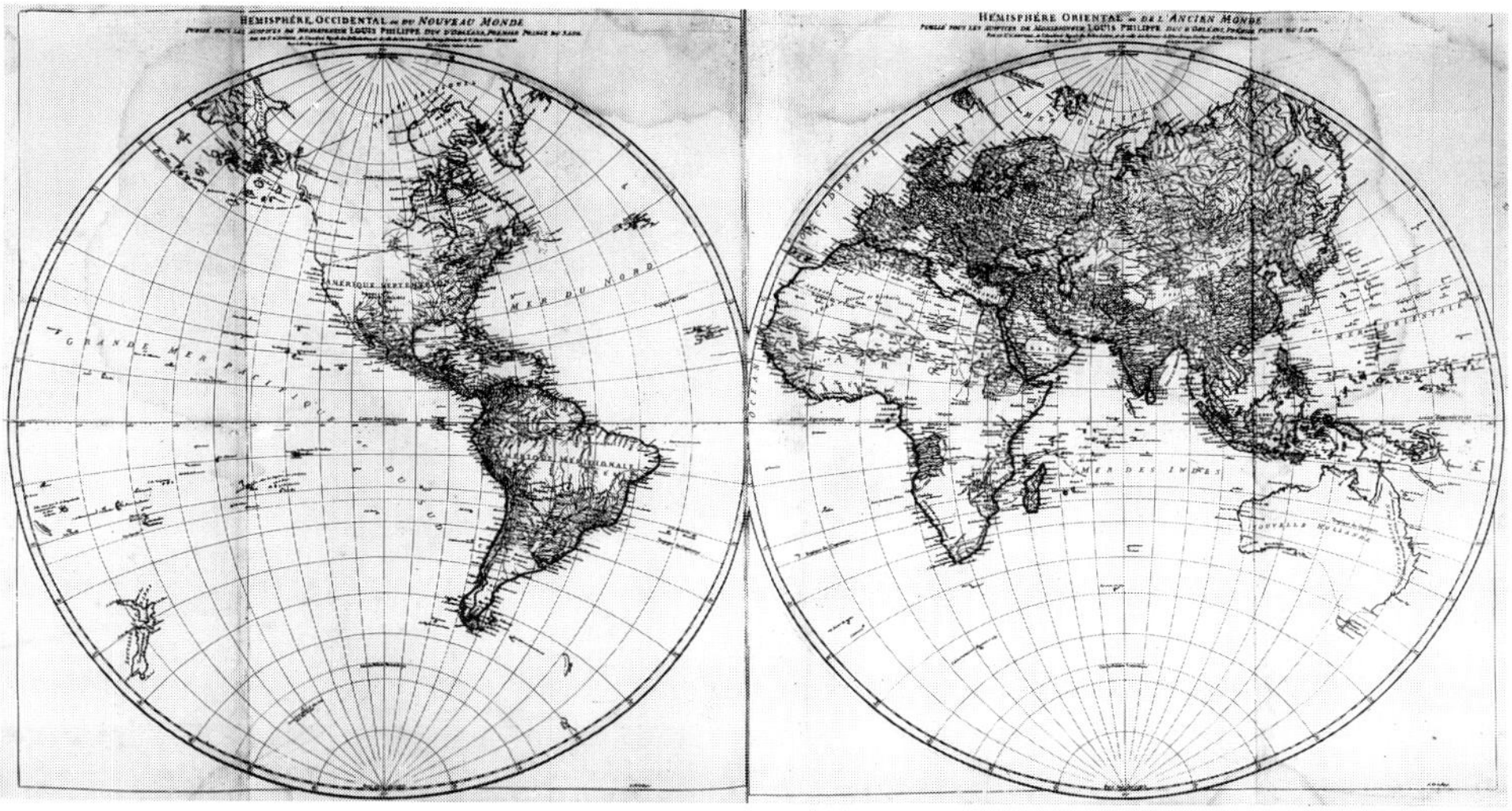

12-1　ダンヴィルの世界図　1780年頃刊

原則として確認済みの陸地に限定しており、かつての地図に見られた広大な南方大陸は姿を消している。またフランス学派の作品らしく絵画的要素を加えていない。ニュージーランドにクック海峡がある半面、サンドウィッチ（ハワイ）諸島がないところからすると、クックの第2回航海（1772-75年）の成果までは確実に利用されている。18世紀後期においてもなお、オーストラリア東南部、北米西北部、カラフト・北海道方面の情報が、ヨーロッパでは不十分であったことを、この図は雄弁に物語っている。

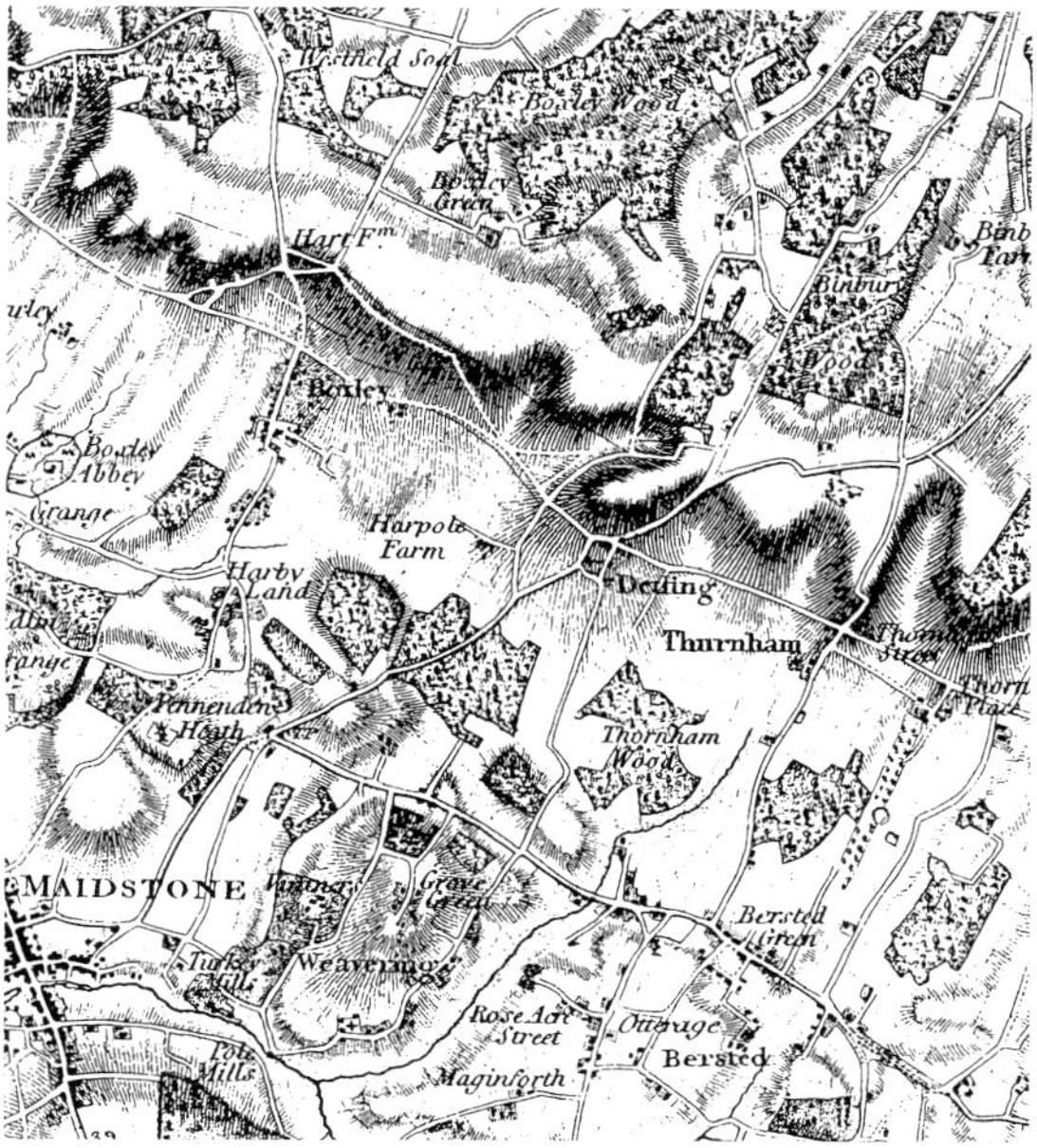

12-2　イギリス測量部最初の1インチ1マイル図：ケント図（部分）　1801年刊

1791年創設のイギリス軍需廠《ぐんじゅしょう》測量部が目標としたのは、1インチ1マイル（6万3360分の1）図の作製であり、1801年に発行された最初の4葉は、ケント、エシクス（Essex）両郡、およびロンドンを内容とするものであった。ここに掲出の部分はケント郡のほぼ中央部で、左下にメイドストーン（Maidstone）の町の一部が見える。山地を毛《け》羽《ば》で表現した図としては初期のものである。

父カッシーニを継いで天文台長となったジャックは、一七三三年からパリ天文台を通る子午線に沿う地域の測量を行い、一七四五年一リーニュ一〇〇トゥワーズ（八万六四〇〇分の一）図一八葉を完成した（図12-3）。この測量事業は三代目のセザール・フランソワ、四代目のJ・ドミニクへと引き継がれ、フランス全土を覆う一八二葉が揃ったのは、フランス革命の真最中の一七九三年であった。

この事業の過程において行われた一七八七年の仏英共同三角測量は、イギリスにとっての刺激となり、一七九一年には陸軍の一施設としてのオードナンス・サーヴェイ（軍需廠《ぐんじゅしょう》測量部）が誕生した。一インチ一マイル（六万三三六〇分の一）図の最初の四葉が発行されたのは、一八〇一年であった（図12-2、0-3）。地図学におけるイギリスの貢献としては、精細な海図の発行があり、特にアロースミスのメルカトル図法による大型の作品は、国際的に高い評価を得た。また一七五九年のハリスンの精密時計クロノメーター製作も、イギリスの誇るべき成果であり、経度測定における永い間の懸案を解消させた意義は大きい。

一方、測定の基準となるべき本初子午線は、当時、国によって異なっており、その調整が新たな問題として登場した。グリーニッジ天文台を通る子午線（図12-4）を零度とすることが国際的に承認されたのは、一八八四年の国際子午線会議においてである。

地図における水平位置の精度が高まるにつれて解決を迫られたのは、垂直位置つまり土地の高低起伏の扱い方であった。一七二九年のオランダのクルキュースの河川図における等深線が、等高線法発想の端緒とされているが、陸地に広く適用された最初の作品は、一七九一年刊のフランスのデュパン・トリエルのフランス全図である。土地の傾斜を示す短い線すなわち〝毛羽《けば》〟（hachures）は、カッシーニ図に見るように、かねてから台地の急斜面の表現に用いられてはいたが、一七九九年オーストリアの軍人レーマンが、傾斜度に応じて毛羽の密度に差をつけるという科学的方法をその著書において明らかにしたことにより、複雑な地形の描示にも使用が可能となって普及した。

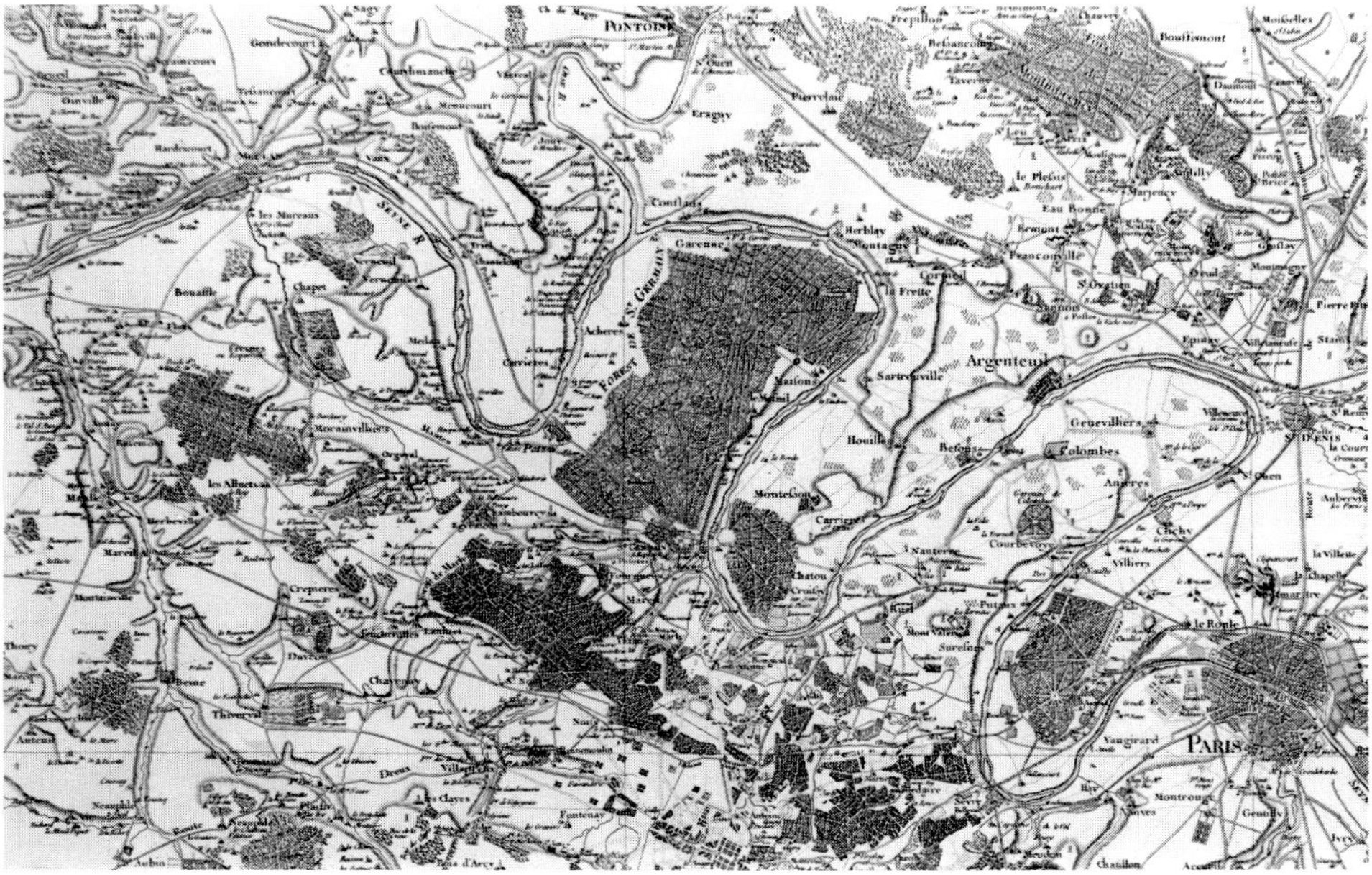

12-3　カッシーニ、フランス地図第1号図幅（部分）　1736年刊

縮尺は8万6400分の1で、各図幅は東西80 km、南北50 kmの範囲を含んでいる。第1号図幅は、パリをほぼ中心とする近郊一帯を収めており、この図版では右下にパリが見える。中央の黒々としたところはサン・ジェルマンの森で、セーヌ川の蛇行も明瞭にあらわれている。毛羽《けば》の使用は台地の急斜面に限られている。

12-4　グリーニッジ天文台構内の本初子午線標識　1987年著者撮影

ロンドン橋の東南方直線距離にして7 km余、テームズ河畔に近い小高い丘の上に、グリーニッジ天文台（正式名称：旧王立天文台）はある。本初子午線に該当する地面に真鍮板が細長くはめこんであり、その先の建物は壁も屋根も子午線に沿って開く構造になっている。室内にはその線上に望遠鏡が設置されている。この標識の向って右が西経、左が東経であることを、真正面の壁面に掲げられる説明書きによって知ることができる。

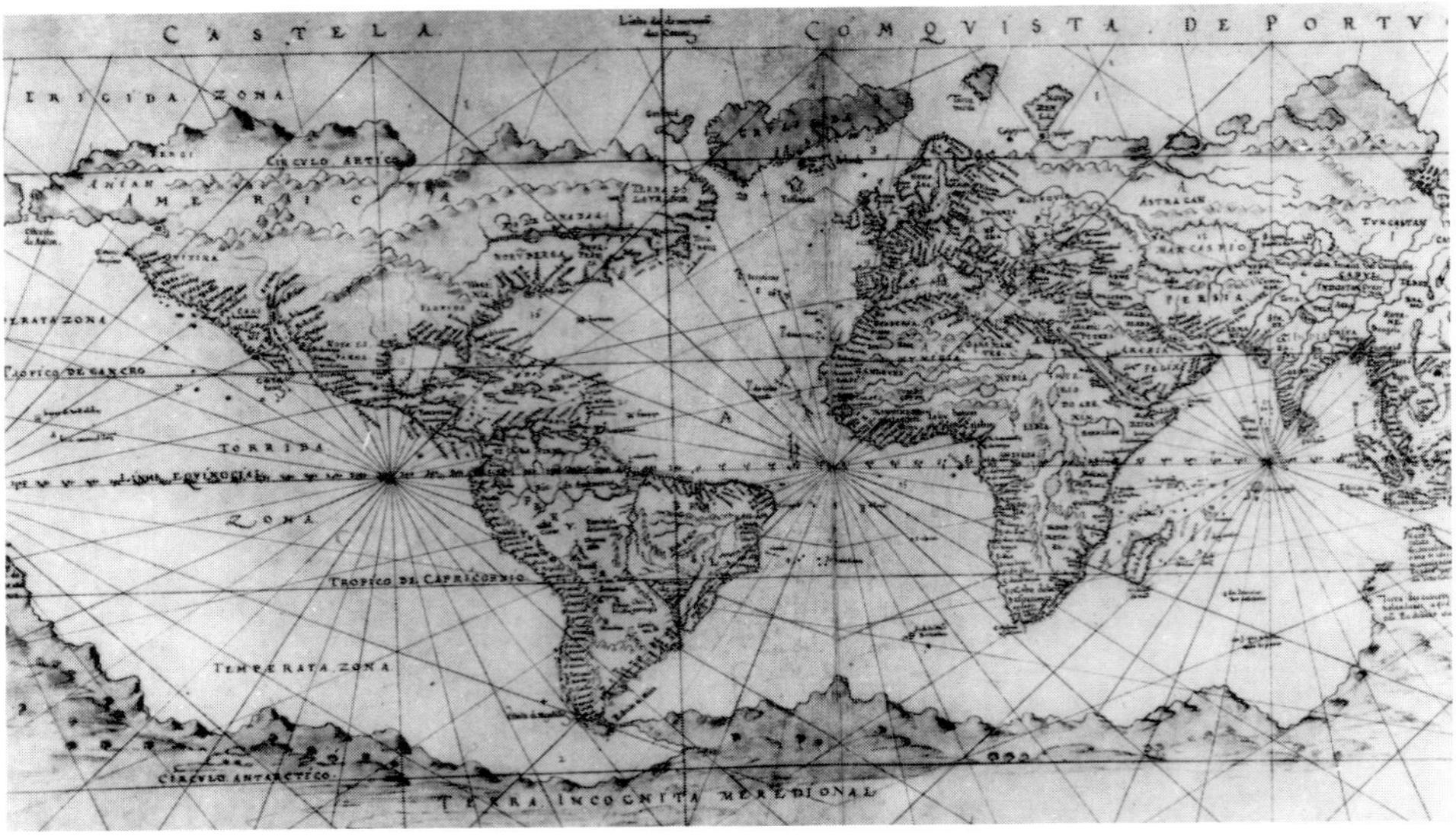

12-5　トルデシーリャス領土分割線を本初子午線とする地図の一例：ヨアン・テイシェイラの世界図（周囲割愛）1630年　手書　ワシントン、国会図書館

グリーニッジ天文台を通る子午線が、世界共通の本初子午線として承認される以前においては、年代により国により、さまざまであった。プトレマイオスが0°としていた‘福《ふく》島《とう》’（カナリア諸島）は近世においても踏襲されていたが、ほかにアゾレス諸島、ヴェルデ岬諸島なども使われた。フランスは、カナリア諸島の鉄《フェロ》島をパリ天文台の西20°にあるものとして、経度を計算した。

地図の文化史

日本の部

南方渡海朱印船

13. 古代における地図

『史記』『漢書《かんじょ》』に続く正史『後漢書《ごかんじょ》』の東夷伝によると、紀元五七年および一〇七年に倭《わ》の使節が朝貢している。一方、『古事記』の国生み神話における島々の中には、知訶島《ちかのしま》（五島《ごとう》）や両児島《ふたごのしま》（男女群島）のような本州からはほど遠い東シナ海の島嶼《とうしょ》の名も挙げられている。こうした内外双方の事例からすると、倭の航海民の間では、かなり早い時期から、東アジアの海図を脳裡に収めていた可能性が高い。現存最古の地図らしきものは、鳥取県倉吉市の六世紀頃と推定されている古墳（上神《かずわ》四八号墳）の壁画に見ることができる。朱を塗った平たい巨石の表面に、家屋・道路・橋・鳥居（？）・樹木その他が線刻されている（図13−*1*）。

地図を意味する言葉が文献に現れる最初は、『日本書紀』巻九の仲哀天皇九年（三九一？）一〇月の条であり、新羅王が降服のしるしとして〝図籍《しるしへふむた》〟すなわち地図と戸籍を差し出したとある。当時はまだ地図のみを指して呼ぶ特定の言葉がなく、〝しるし〟の語で代用されていたことを示している。しかし、のちには〝かた〟という呼称が地図に与えられるようになる。『日本書紀』巻二五の大化二年（六四六）八月の詔《みことのり》には、「宜シク国々ノ壃堺《さかひ》ヲ観テ、或ハ書《ふみにしる》シ、或ハ図《かたをか》キ」（原漢文）云々として、国単位の地誌と地図の提出を命じている。なお、これは記録に見えるわが国最初の国土地図撰進の政府命令である（図13−*5*）。

13-1　倉吉市上神《かずわ》48号古墳の線刻壁画（拓本の模写）　6世紀頃

全長34 mの前方後円墳の石室の奥壁をなす巨石の朱を塗った表面（260×224 cm）を釘のようなもので引掻いて描かれている。高床らしい家屋が2棟、そこに通ずる道路・橋、鳥居様の建造物が2基、そのほか杉のような樹木、2羽の鳥（左上部）などが確認できる。被葬者の生前の村の情景であろうか。なお、この壁画の存在が明らかになったのは、1974年の調査であった。

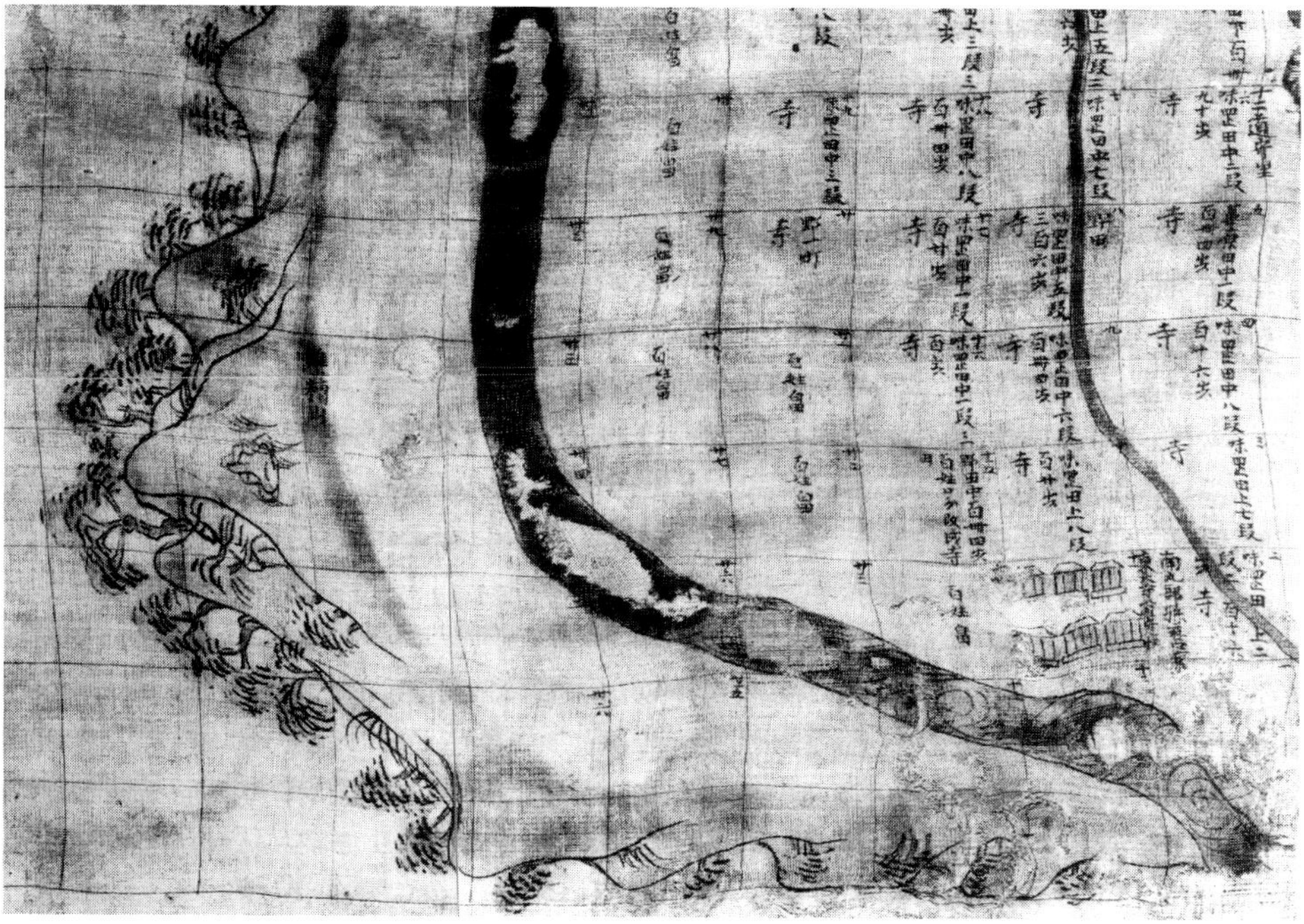

13-2　古代田図の一例：東大寺越前国足羽郡《あすはごおり》道守村《ちもりむら》開田地図《かいでんちのず》（部分）　天平神護2年（766）頃　麻布　正倉院宝物

正倉院には8世紀に作られた田図が20種残っているが、成立の最も早いものが751年、最も遅いのが767年である。うち3点を除くと、他はすべて麻布に描かれている。条里を示す方格の枡目（毎方1町）には坪番号と東大寺所有地の面積が記入されている。方格が山地を越えて図面全体に及んでいるということは、条里なるものが土地の起伏に関係なく地表面の水平位置を統一的に把握するための座標であったことを物語っている。

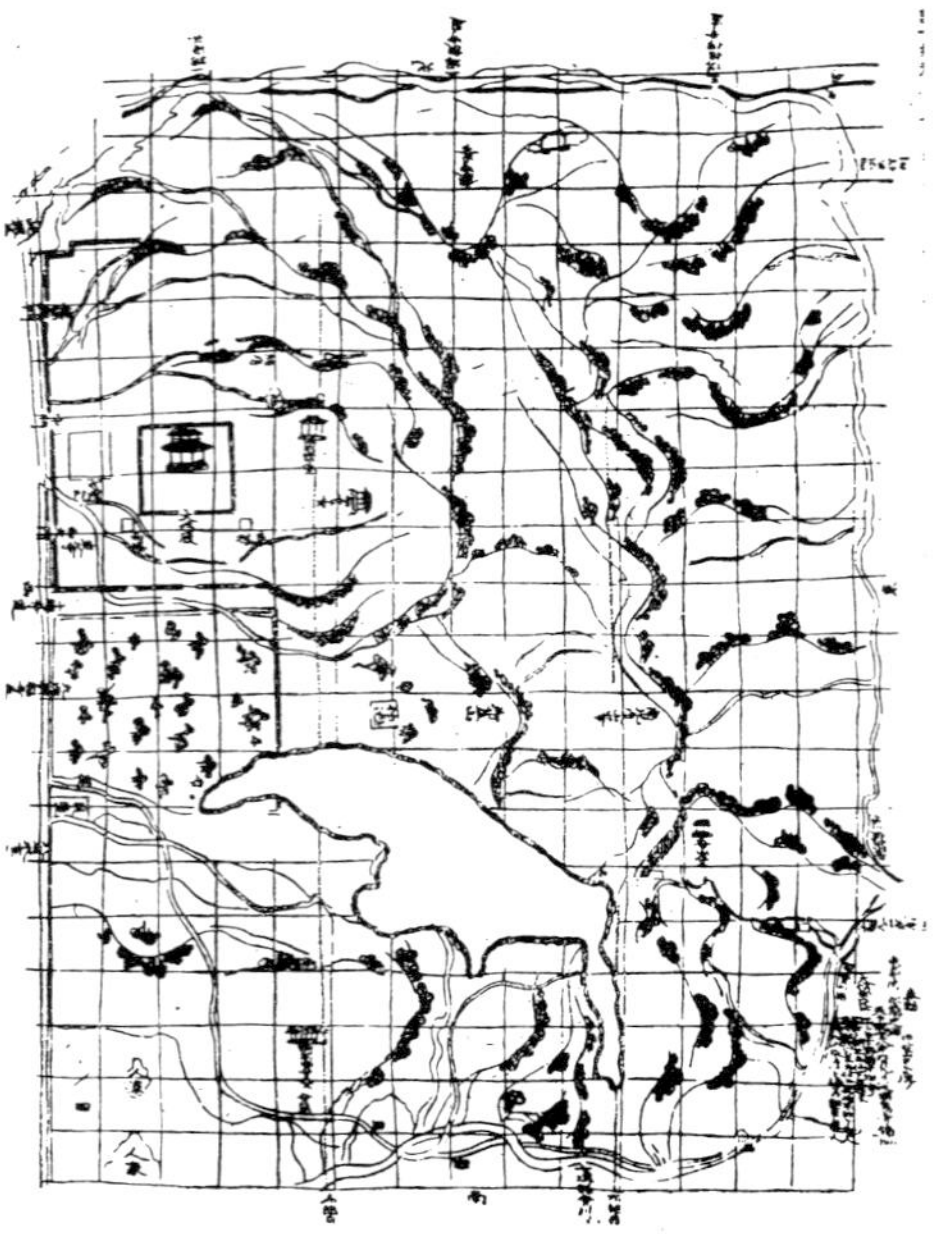

13-*3*　東大寺山堺四至図（概略）　天平勝宝 8 年（756）　麻布　正倉院宝物

勅命を受けて寺域を確定した際に作られたもので、右下にその旨の記載と担当者の連署がある。図面を覆う方格は朱をもって記入されており、河流や道路は平面形であるが、山峯や建物はさまざまな方向からの側面形となっている。図の四辺に記される東・西・南・北の文字は頭部を内側に向けて書かれており、地図の天地は意識されていなかったと言える。中央下部の空白は破損箇所。

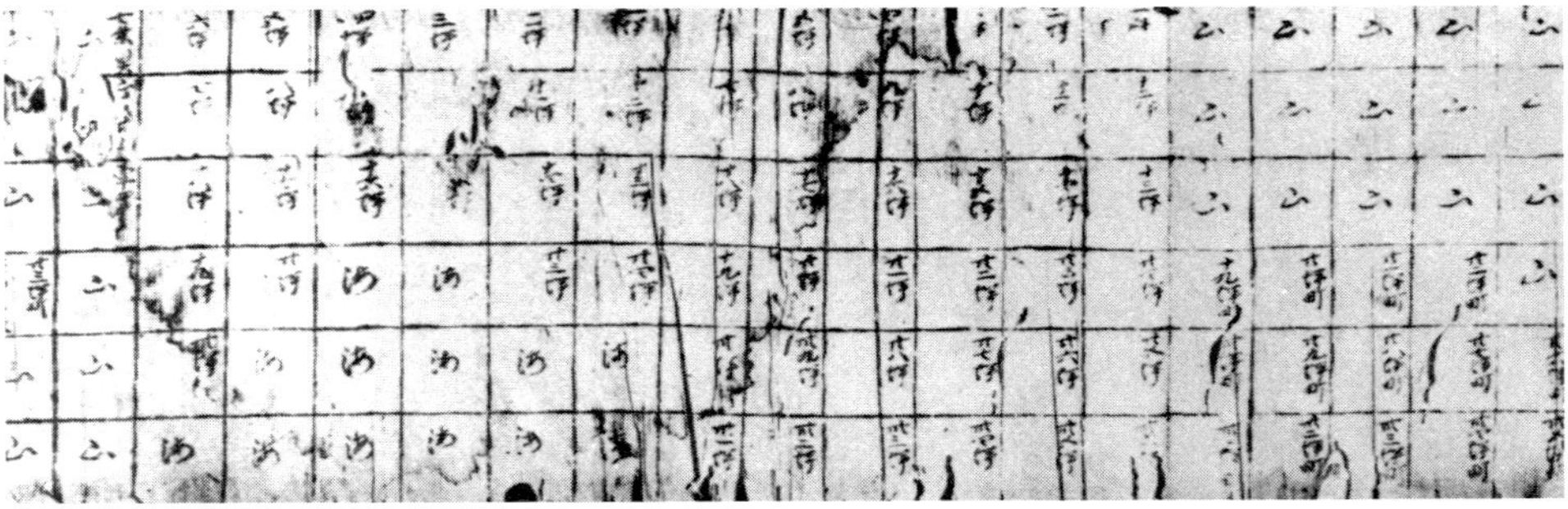

13-*4*　「白図」の一例：摂津国八部《やたべ》郡《ごおり》奥平野村条里図（部分）　応保 2 年（1162）

8 世紀の文書類には「田畠白図」「田白図」「野地白図」などという用語が散見される。これは条里方格に加えて山川・道路・家屋などを描いた図を「絵図」と呼ぶようになって生れた言葉であり、地形・地物を描示しない単純な内容の条里方格図に与えられた呼称であると考えられる。この図では山地・海域にあたる坪の部分に、‘山’ ‘海’ の文字が記入されている。

地図に関する記事として、年代的にこれに次ぐものは、『日本書紀』巻二九の天武天皇一〇年（六八一）の条で、その二年前に派遣された使節が「多祢国《たねのくに》（種子島）ノ図《かた》」を持ち帰っている。東アジア国際航路の要衝の一つとしての種子島の実情を把握するための調査であったにちがいない。その三年後には、地勢調査を命じられた三野王《みののおほきみ》らが、「信濃国《しなののくに》ノ図《かた》」を作っている（図13-5）。

その頃の地図作製技術がどの程度のものであったかは明らかでないが、推古天皇一〇年（六〇二）に百済の僧観勒《かんろく》が、暦本および天文・地理・遁甲《とんこう》（卜占）・方術（神仙術）の書を奉呈している（『日本書紀』巻二二）ので、この場合の〃地理〃が土地占い的な性格のものであったにせよ、測量・製図の技術が含まれていた可能性もある。ややのちの文献であるが、『令義解《りょうのぎげ》』（八三三年）に記載される大学寮の数学教科書の中には、九章（九章算術）・海島（海島算経《さんけい》）・周髀《しゅうひ》（周髀算経）の名が見える。これらはいずれもシナ古代の数学書で、前二者は相似直角三角形の原理を応用した測量術に言及し、後者には天地構造論や測地術に関する記述があるので、大宝令《だいほうりょう》（七〇二年）施行当時から、かなり水準の高い測量術が講義されていたと考えてよいであろう。また八九一年頃に編纂された『日本《にほん》国見在書目録《こくげんざいしょもくろく》』には、裴秀《はいしゅう》の「制図六体」（二八頁参照）の記事を収める『晋書《しんじょ》』一三〇巻（六四六年頃）も著録されているので、その記事によって地図の科学性に着目させられた知識人もいたはずである。

それはともかくとして、今日われわれが見ることのできる古代の地図は、いずれも八世紀以降のもので、その多くは「開田地図《かいでんちのず》」、「墾田地図《こんでんちのず》」などと呼ばれる農地の図である。麻布または紙を素地とするそれらは、条里方格・山地・水路・道路・家屋などを、かなり克明に描示している（図13-2）。また、方格は現存最古の寺域図である『東大寺山界四至図《とうだいじさんがいししのず》』（七五六年）にも記入されており（図13-3）、当時すでに大陸の方格法が伝来していたことを物語っている。

八世紀にはまた国単位の地図提出の命令が、天平一〇年（七三八）および延暦一五年（七九六）の二度にわたって政府から発せられている。後者の場合、「郡国ノ郷邑、駅道ノ遠近、名山大川ノ形体ト広狭トヲ具《つぶ》サニ録シテ漏ラスコト無カラン」（『日本後紀』巻五、原漢文）と指示されているので、もし、これがそのまま実行に移されていたとすれば、決して単なる見取り図の如きものではなかったはずである。

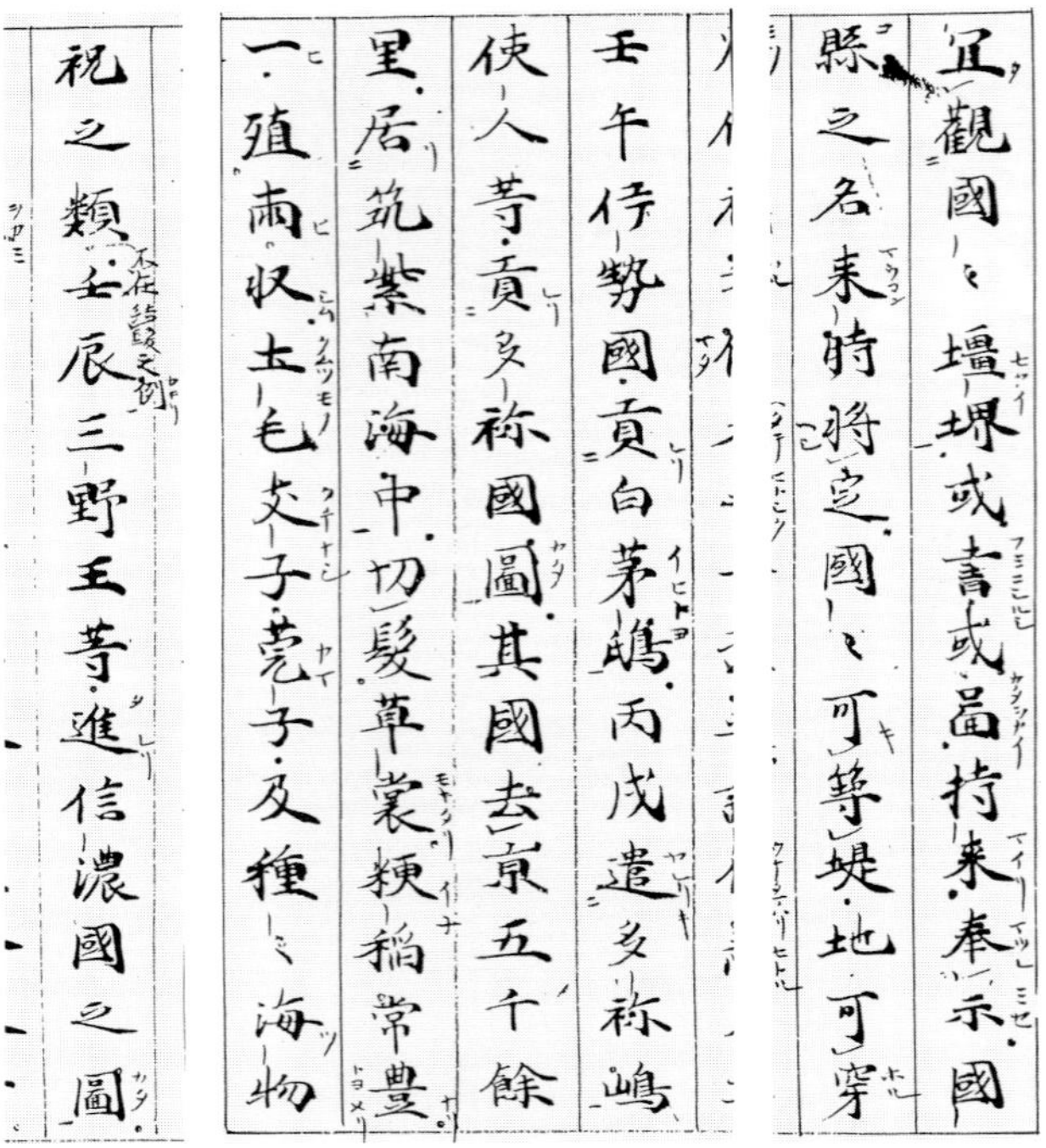

13-5　卜部兼右書写『日本書紀』（天文 9 年〈1540〉）における「図」の読み方：右より巻 25（大化 2 年 8 月の詔）、巻 29（天武天皇 10 年 8 月の条）、同巻（天武天皇 13 年閏 4 月の条）

　ふりがながあり、かつ神代巻を除いては欠巻のない『日本書紀』として、卜部《うらべ》兼右《かねみぎ》書写本（天理図書館所蔵）は最古のものである。また参照し得る限りの伝本について校合を行っているので、信頼度は高い。活字本のなかには「かたち」「かた」を混用しているものがあるが、ここではすべて「かた」に統一されている。

14．行基図の源流と末流

前項で記したように、古代には少なくとも三回、国ごとの地図が作られており、そのたびに国土全図が編集されたであろうが、今ではその片鱗すらも残存しない。しかし、国土像についてはおよその見当がつく。東西五ヶ月南北三ヶ月という倭人の説明が『隋書《ずいしょ》』東夷伝にあり、『延喜式』（九二七年）巻一六の追儺《ついな》の祭文は、国土の四極を東方陸奥、西方遠値嘉《とおちか》（五島）、南方土佐、北方佐渡としているから、湾曲しない本州を主体として、東西に長く伸びる国土が描かれていたにちがいない。時代はくだるが、『源平盛衰記』（一三世紀中期）巻七にも、東西二七五〇里、南北五三七里という東西に長い国土像が示されている。こうした観点に立つとき、本州の湾曲の度合いが少ないものほど、成立年代の古い日本図と言うことができる。事実、年紀の早い延暦二四年（八〇五）の『輿地図《よちず》』（江戸時代の模写）や嘉元三年（一三〇五／〇六）の仁和寺所蔵図における本州の湾曲は明瞭でない（図14－*1*、*2*）。

　ところで、平滑な曲線であらわされる海岸線や国界、山城を起点とする諸国への経路の記入を特色とする簡略な日本全図が、行基図《ぎょうきず》と総称されるのは、この種の図の大部分に僧行基（六六八－七四九年）の作品である旨の記載があることによる。しかし、それが後世の仮託であることは、彼の伝記として最も信頼できる『行基年譜』（一一七五年）に地図作製に関する記事がなく、また経路の起点を、

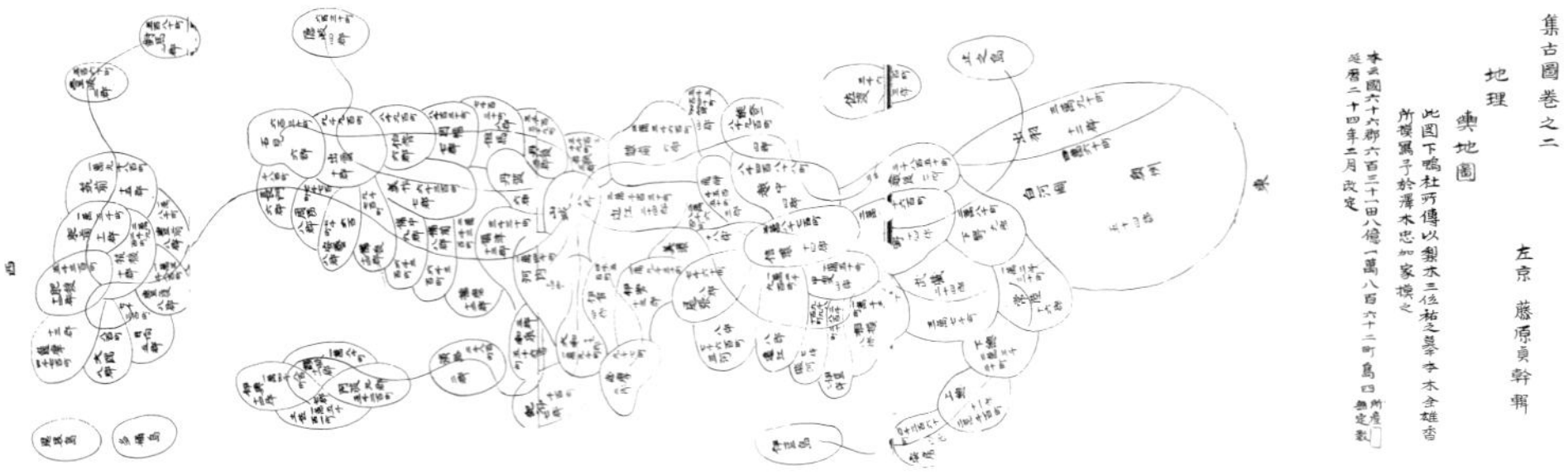

14-*1*　藤原貞幹『集古図』所収輿地図（延暦 24 年〈805〉）　寛政 8 年（1796）　手書

下賀茂神社に伝わっていた図を、江戸時代に入って梨木祐之《なしのきすけゆき》、木全雄香《きまたゆうこう》、藤原貞幹《ふじわらさだもと》が順次模写したものであるという。「延暦二十四年」の文字はあるが、弘仁 14 年（823）建置の加賀国があり、平家残党の追討によって広く世に知られるようになった「鬼界島」が描示されているので、祐之模写の図が 12 世紀末期の作品であったことは疑いない。たとえ源流が延暦年間の図にあったとしても、のちの改訂が加わっている。

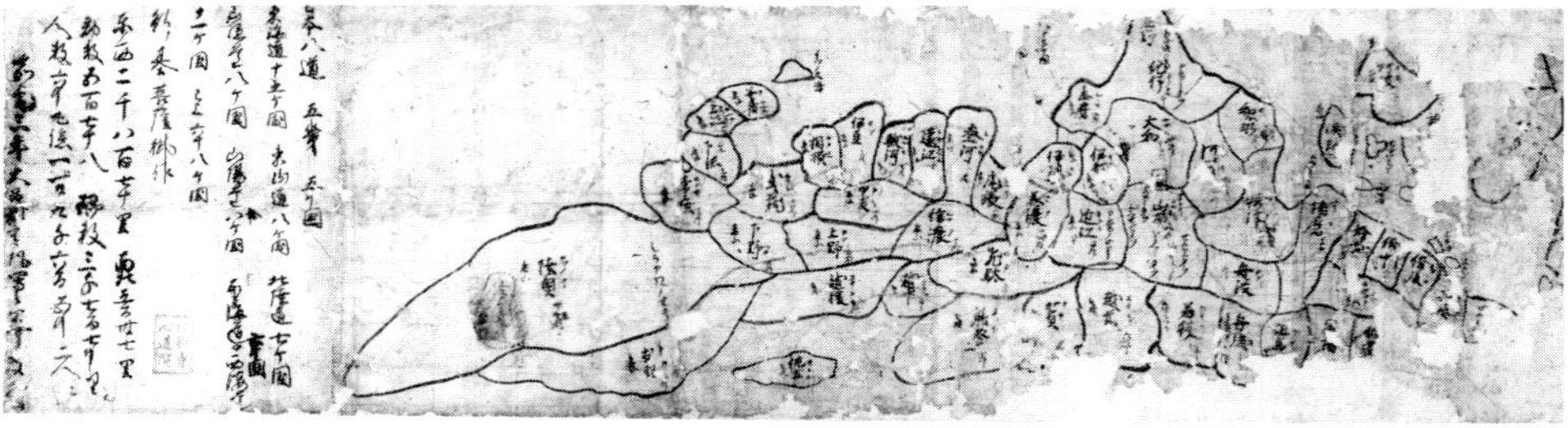

14-*2*　仁和寺所蔵日本図　嘉元 3 年 12 月（1305/06）

南を上にし、山城を起点とする諸国への経路は朱で示されている。陸奥の先端が細くとがり、熊野の地名をもつ紀伊半島が明瞭であり、かつ四国が異常に大きく描かれている点に特色がある。図の左側には「行基菩薩御作」「東西二千八百七十里、南北五百卅七里」その他の記事があり、末尾に「嘉元三年大呂」云々と記されている。本州西端・九州の部分が欠落しているのが惜しまれる。

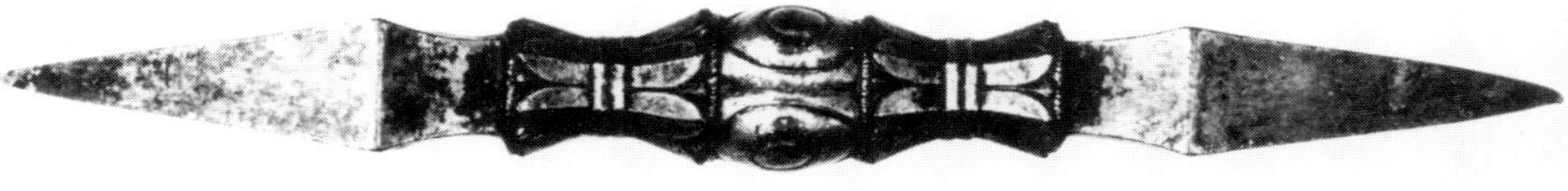

14-*3*　独鈷杵《とっこしょ》の一例：高野山、金剛峯寺所蔵品　9 世紀　長さ 25 cm　金銅

独鈷杵は元来インドの修行僧が野外での護身用に所持していた武器であったとされるが、のちには金剛力を象徴する密教の法具として尊ばれ、装飾的要素が加わって行った。鈷は‘きっ先’の意味で、両方の先端が一つのものを独鈷杵と言い、先端のわかれたものは三鈷杵・五鈷杵などと呼ばれる。金剛杵はこの種の法具の総称である。

行基在世時の国都（平城京ないしは大和）に置く図も伝存しないことからして明らかである。

行基の名を日本図に結びつけたのは、ほかならぬ悪鬼を払う追儺《ついな》の儀式であったと考えられる。根拠の一つとして挙げられるのは、行基の作であることが明記される仁和寺所蔵図（図14-2）に「嘉元三年大呂《たいりょ》（一二月）寒風ヲ謝シテ之ヲ写ス。外見ニ及ブ可カラズ」（原漢文）とあって、書写という行為における自己強制と図そのものの非公開性が強調されていることである。その第二としては、行基を開基とする山崎（山城国）の宝積寺《ほうしゃくじ》の縁起に、追儺のはじまりが慶雲三年（七〇六）の行基の奏上にあるとしていることである（『和漢三才図会《わかんさんさいずえ》』巻四　儺《おにやらひ》の項）。かつて追儺が朝廷における大晦日の行事であったことは、『延喜式』の記事からも明らかであるが、のち広く寺院でも行われ、その際疫鬼《えきき》が入ってはならない国土の範囲を視覚に訴えるため、日本図が用意されたものと思われる。仁和寺所蔵図の書写の時期すなわち一二月は、この推定を裏付ける有力な証拠である。

行基図が寺院ないしは仏教と密接な関係にあったことを物語るものとして、行基図のいくつかに見える「此土ノ形独鈷《とっこ》ノ頭ノ如シ。仍《よ》リテ仏法マスマス盛ンナリ。ソノ形宝形《ほうぎょう》ノ如シ。故ニ金銀銅鉄等ノ珍宝アリテ五穀豊カニ稔ルナリ。」（原漢文、『拾芥抄《しゅうがいしょう》』所載図ほか）とする国土への讃辞を挙げることができる。独鈷《とっこ》（杵《しょ》）は両端のとがった金属製の短棒であり（図14-3）、宝形とは宝珠《ほうじゅ》の形すなわち上方がとがった円球（仏塔の相輪の先端や宝形造りの屋根の頂点）を意味している。独鈷の先端というのは、恐らく仁和寺所蔵図（図14-2）に見られるような奥州の鋭いとがりを指しているのであろうが、宝珠の形というのは、国土のどの部分についての形容なのか定かでない。いずれにせよ、こうした国土礼讃もしくは願望と言うべき語句に、仏教色が濃厚であるのは、行基図が地理的情報源であるよりは、むしろ寺院での儀式用品の一つであったことを示唆している。もし、これが事実だとすれば、図の内容が正確詳細である必要はない。時代を重ねても行基図にほとんど進歩がなかったのは、こうした理由からであったと考えられる。

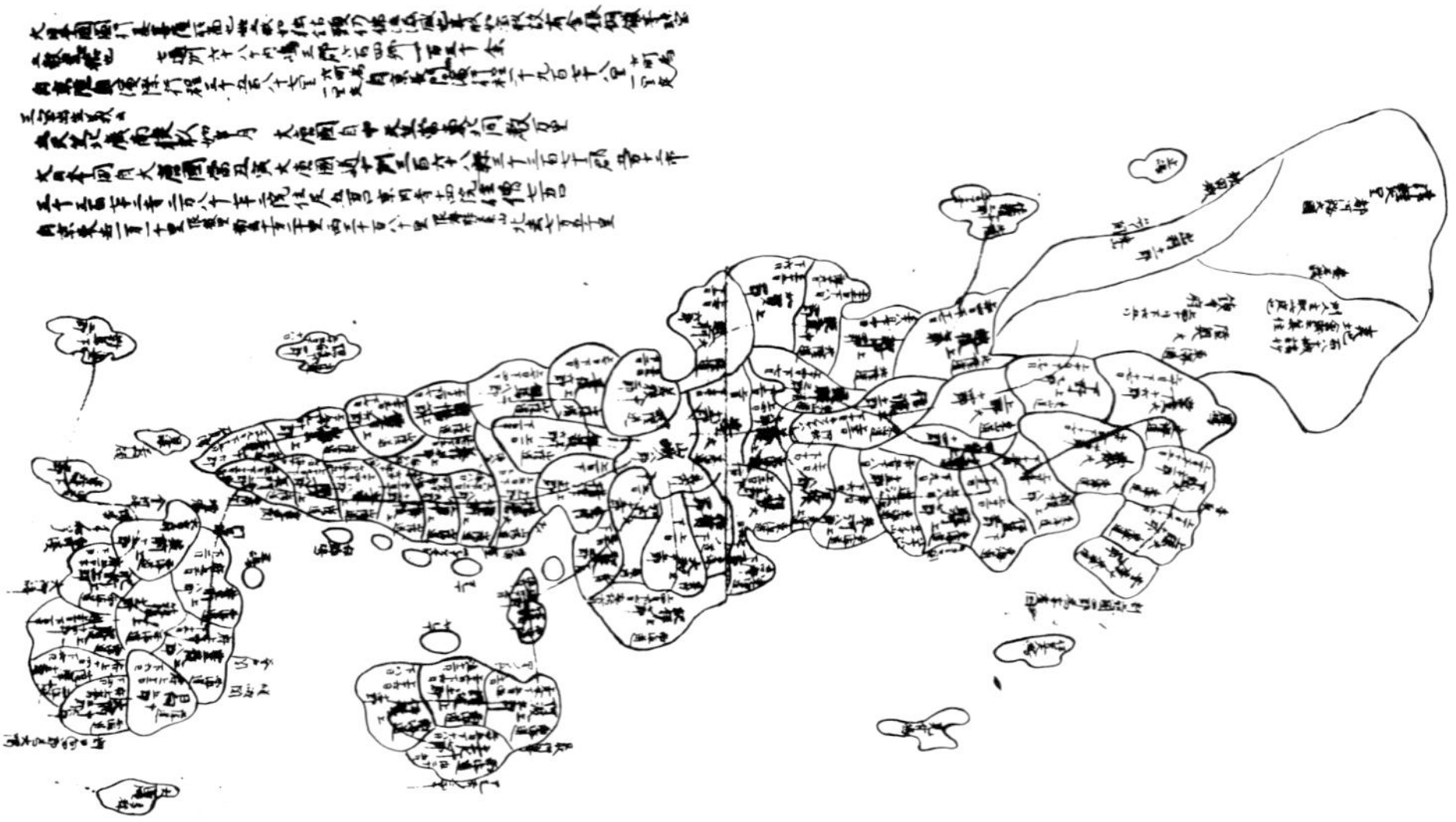

14-4 『拾芥抄《しゅうがいしょう》』所載大日本国図 （天文17年〈1548〉書写本）

『拾芥抄』は永仁2年（1294）書写の『本朝書籍目録《ほんちょうしょじゃくもくろく》』にすでに著録されており、本文の「唐家世立部」における宋・元両王朝交替年代の記述に混乱があるので、元朝成立後間もない1280年代の編纂であった可能性が大きい。洞院公賢《とういんきんかた》はそれを補訂したに過ぎないであろう。図の左上の記事は、本文にも見えており、伝写の過程においてまぎれこんだ可能性は、図中の文字の記載方向と逆になっていることからも想像できる。「アシスリノミサキ」「キソノカケハシ」その他の交通関係の地名・土木施設名は、大型詳細の原図の名残であろう。（カラー口絵参照）

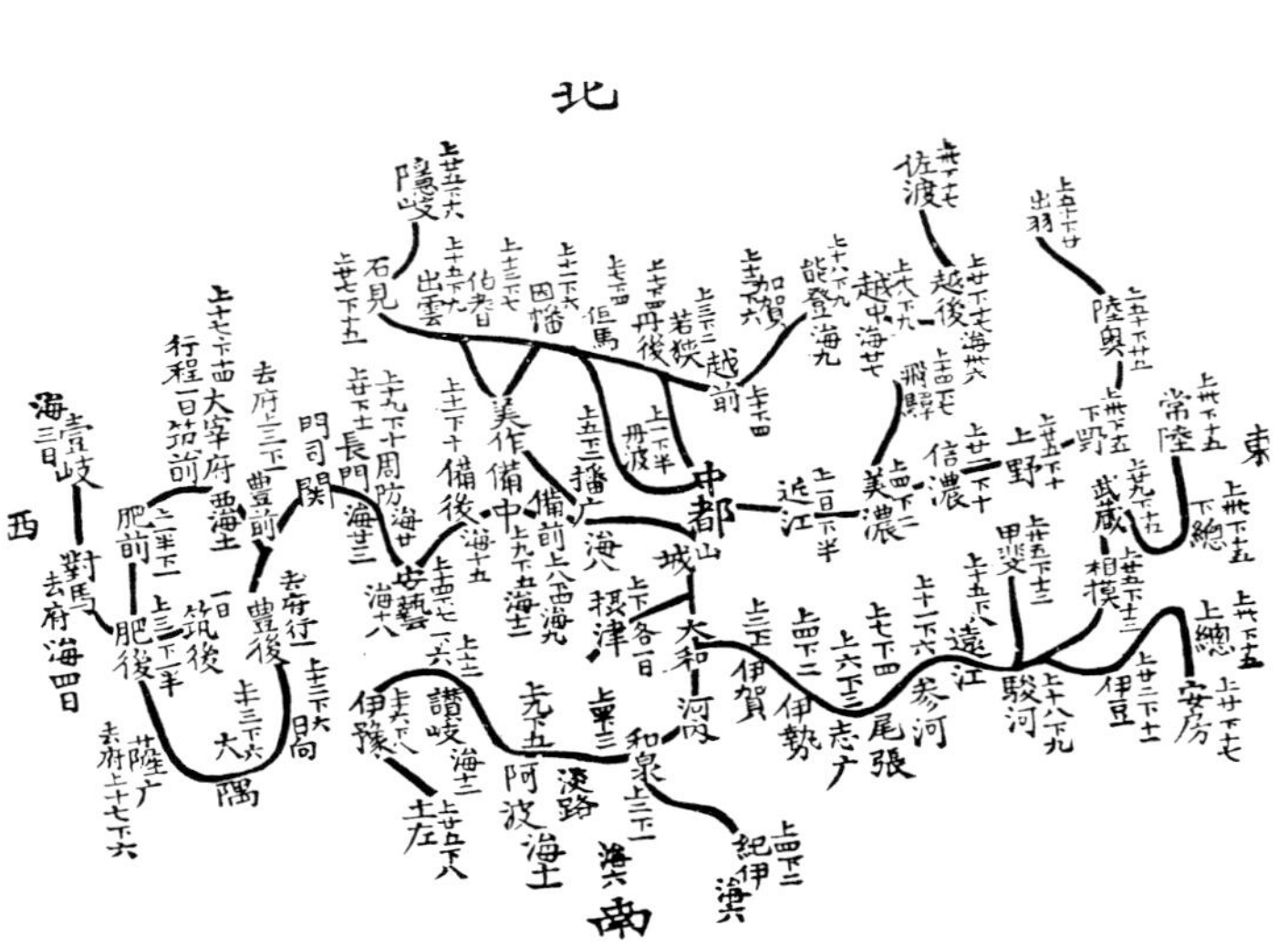

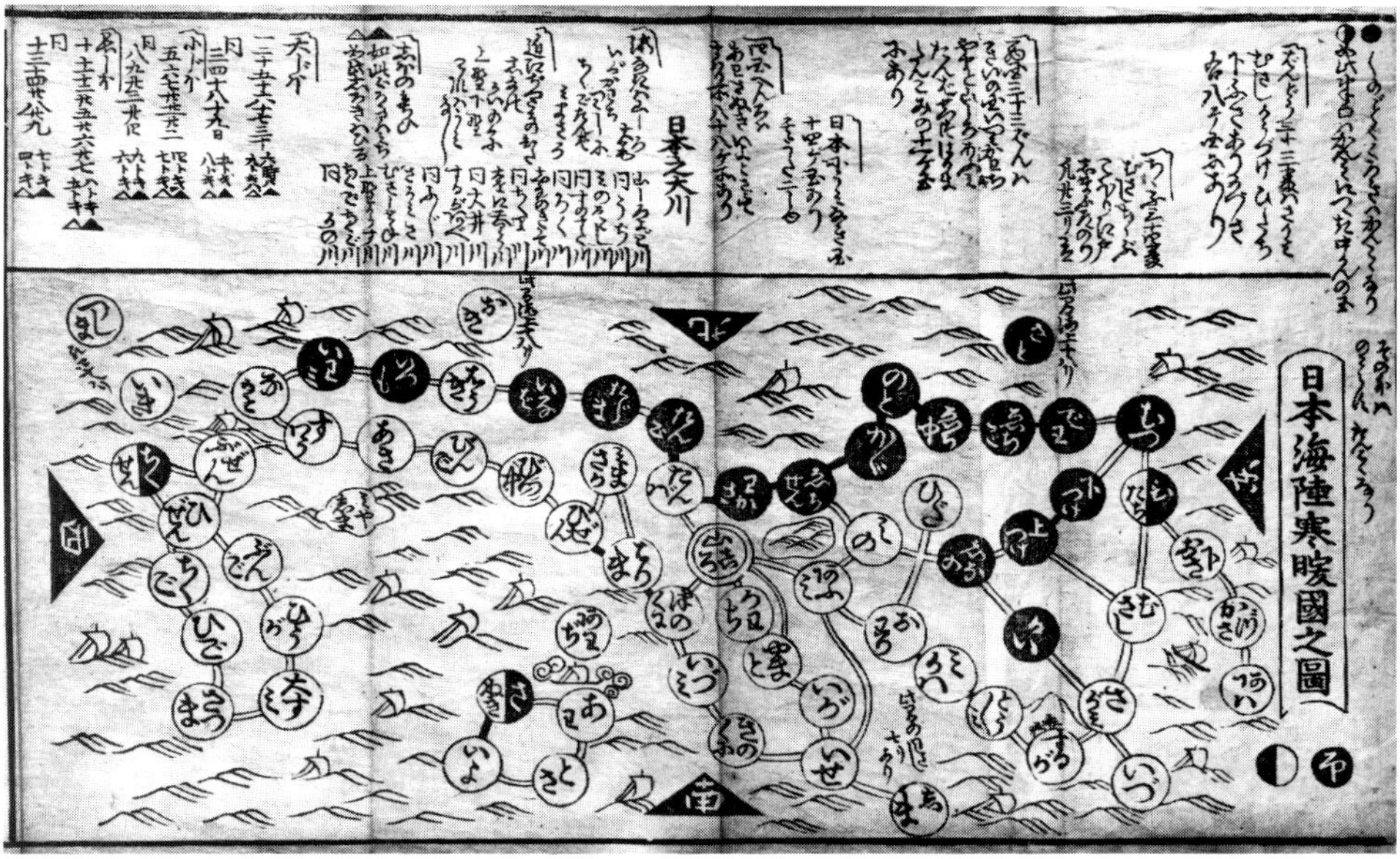

14-*6* 「六部《ろくぶ》」日本図の一例：『大乗妙典納所六十六部縁起』所載日本海陸寒暖国之図　寛政 5 年（1793）刊

刊記には元禄 3 年（1690）の文字も見えるので、1 世紀以上にわたって版を重ねてきたことが知られる。「六十六部」「六部」などと略称される修行は、本来 66 部の法華経を 66ヶ所の寺社に納めることであったが、江戸時代には単に諸国の霊場を巡拝することを意味した。「縁起」では源頼朝・源義経に「今」という修飾語を付けており、起源は鎌倉時代にまで遡《さかのぼ》るであろうが、日本図がそれと結びついた時期は明らかでない。

（前頁・下）14-*5*　『二中歴』所載日本図　13 世紀初期成立　（『改定史籍集覧』所収本による）

『二中歴』は三善為康編の『掌中歴』『懐中歴』の 2 書を合せて成ったものなので、この名が生じた。2 種の日本図が掲載されており、国名を線で結んだだけの図には「懐中歴」云々の記載があるので、調庸物運搬所要日数を記入するこの図が、『掌中歴』所載のものであった可能性は高い。「門司関」「大宰府」が記入されているのは、門司ヶ関以西の調庸物は太宰府へ納入することになっていたからである。

しかし、行基図が成立の当初から、寺院の儀式と結びついていたわけではない。そのことを雄弁に物語っているのが、古写本『拾芥抄《しゅうがいしょう》』所載の日本図の内容である。日本図を収める古写本としては、天文一七年（一五四八）本のほか二種が知られているが、それらの日本図には例外なく、国ごとの調《ちょう》庸物《ようぶつ》運搬所要日数や交通関係の地名・土木施設が詳細に記入されている（図14－4、口絵）。その調庸物運搬日数は、『延喜式』巻二四に規定されるものと共通しており、図の源流が郡界・官道などを明示した大型の官撰国土全図にあったことは想像に難くない。縮小簡略化されて便覧的地図となった段階においても、それが政府関係者のためのものであったことは、記載事項からして明瞭である。そして、一一二〇年代成立の三善為康編『掌中歴《しょうちゅうれき》』所載図を転載したと見られる『二中歴《にちゅうれき》』（一五世紀中期）の日本図（図14－5）に、調庸物運搬日数が記載されているので、『拾芥抄』所載図と同種の図はそれ以前から存在していたものと思われる。なぜなら、国界や海岸線を省いて「中都」（京都）から諸国への経路のみを示す『二中歴』図は、日本列島の輪郭をもち、かつ記載の豊富な『拾芥抄』図のような図から必要事項のみを抽出したものであって、その逆は考えられないからである。それにしても、古来、日本人の国土意識としては、都からの経路が主たる関心事であり、諸国の形状は副次的なものであったことを『二中歴』図はわれわれに語りかけてくる。五畿七道の国名の中で、例えば肥前・肥後が、「ひのみちのくち」「ひのみちのしり」という大和言葉に当てられた漢字であったことを思えば、至極当然のことであろう。ところで五畿七道の諸国名を線で結んだだけの言わば肉づけのない日本図は、『二中歴』以後跡を絶ったわけではなく、江戸時代にたびたび刊行を見た「日本回国六十六部縁起」の随伴図として存続している。諸国を寒・暖・中間（中寒）の三種類とするところから、「日本海陸寒暖国之図」と題されているが、他に類例のないものであり、「六部《ろくぶ》」日本図または数珠式日本図として区分すべきであろう（図14－6）。

さて、古代・中世の日本図における方位設定について見ると、先に挙げた『輿地図《よちず》』は西、仁和寺所蔵図は南、『拾芥抄』所載図は東が、それぞれ上に置かれている。また一六世紀半ばの作品とされている唐招提寺所蔵『南瞻部洲《なんせんぶしゅう》大日本国正統図《だいにっぽんこくしょうとうず》』では西（図14-7）、寛永初年（一六二四頃）の東京国立博物館所蔵の同名の図（屏風）では北が、それぞれ上になっている。これらの相違が年代による変遷でないことは、それ以後の行基図の例からしても明らかであり、もともと日本人には地図における上下（天地）の観念が乏しかったと言わざるを得ない。ついでに触れておくと、唐招提寺所蔵図などの題名の「南瞻部洲」というのは、仏教で言うところのインドを中心とした現実大陸の名であり、わが国の神々は諸仏・諸菩薩《ぼさつ》の化身《けしん》であるとする本地垂迹説《ほんじすいじゃくせつ》の高まりにより、「大日本国《おほやまとのくに》」を大日如《だいにちにょ》来《らい》の本国としてとらえ、「だいにちほんごく」と音読みにした段階において、インドと同じ世界の中の仏教国であることを強調しようとして国号に冠せられたものである。また「正統《しょうとう》」という語は、図そのものに対する形容ではなく、図の周囲に揚げられる諸国の郡名が、律令政治下におけるもので

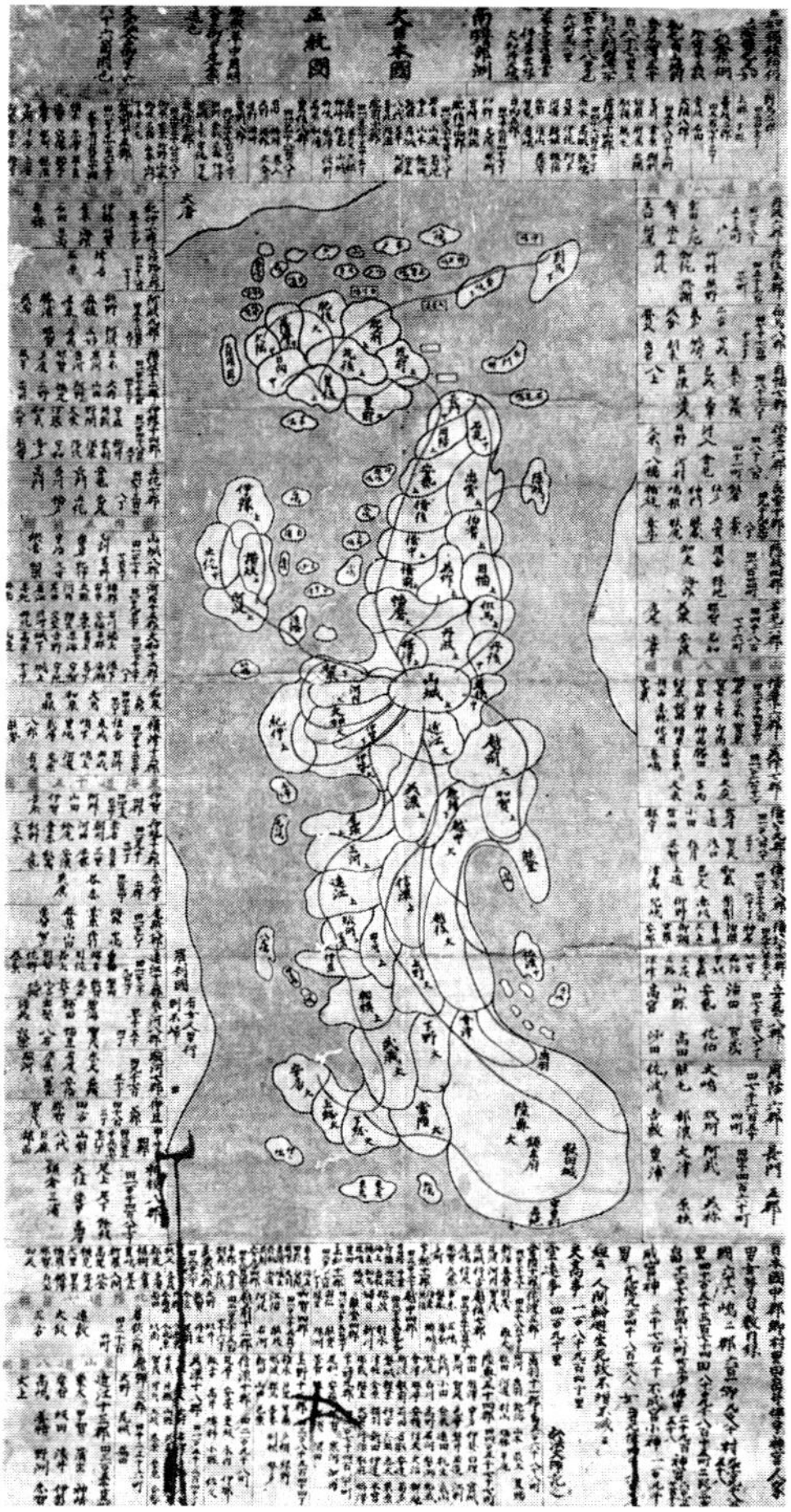

14-7　唐招提寺所蔵『南瞻部洲大日本国正統図』 1550年頃　手書

五畿七道諸国の郡名をはじめとする記事の部分が、地図以上に広い紙面を占めていることからも「正統図」が地図よりはむしろ記事を指していたことは疑いない。また「正統」でない日本図があったとは考えられないからである。西を上にした日本図に対応させて、記事も西海道諸国からはじめられている。九州付近には元寇によって知られるようになった地名が記入されており、西を上にしたのは漢土を意識してのことであったかも知れない。

あって、律令制崩壊後の私郡、私領の名を含んでいないことをうたったものである。そして、「図」という文字が、「系図」という表現からも明らかなように、古来図形ばかりでなく文字のみによって構成される一覧表をも指していたことを思えば、「正統図」の意味も明らかになるであろう。

右に挙げた現存する古代・中世の日本全図は、例外なく国土の概略を示すだけの粗略なものであるが、これは、冒頭（七頁）で述べた「精亡粗残」の好例であり、行政官庁には実務に耐える内容の大型精細な図があったはずである。なぜなら、時代はくだるが、応永八年（一四〇一）に来日した朝鮮使節朴敦之《ぼくとんし》に大内氏の重臣平井祥助が贈った日本図は、〝詳備・細密〟で閲覧に困るほどであったと『世宗実録《せいそうじつろく》』（巻八〇）に記されているからである。

それはさておき、素人でも簡単に描ける行基図は、鎌倉時代に入っては、一匹の竜（?）が国土を取り巻くという図柄の地震除けとして、新たな用途を付与され、江戸時代には「いせこよみ」や「大《おほ》雑書《ざつしょ》」の挿絵となって広く世にひろまり、民衆の人気を呼んだ。（図14-8）

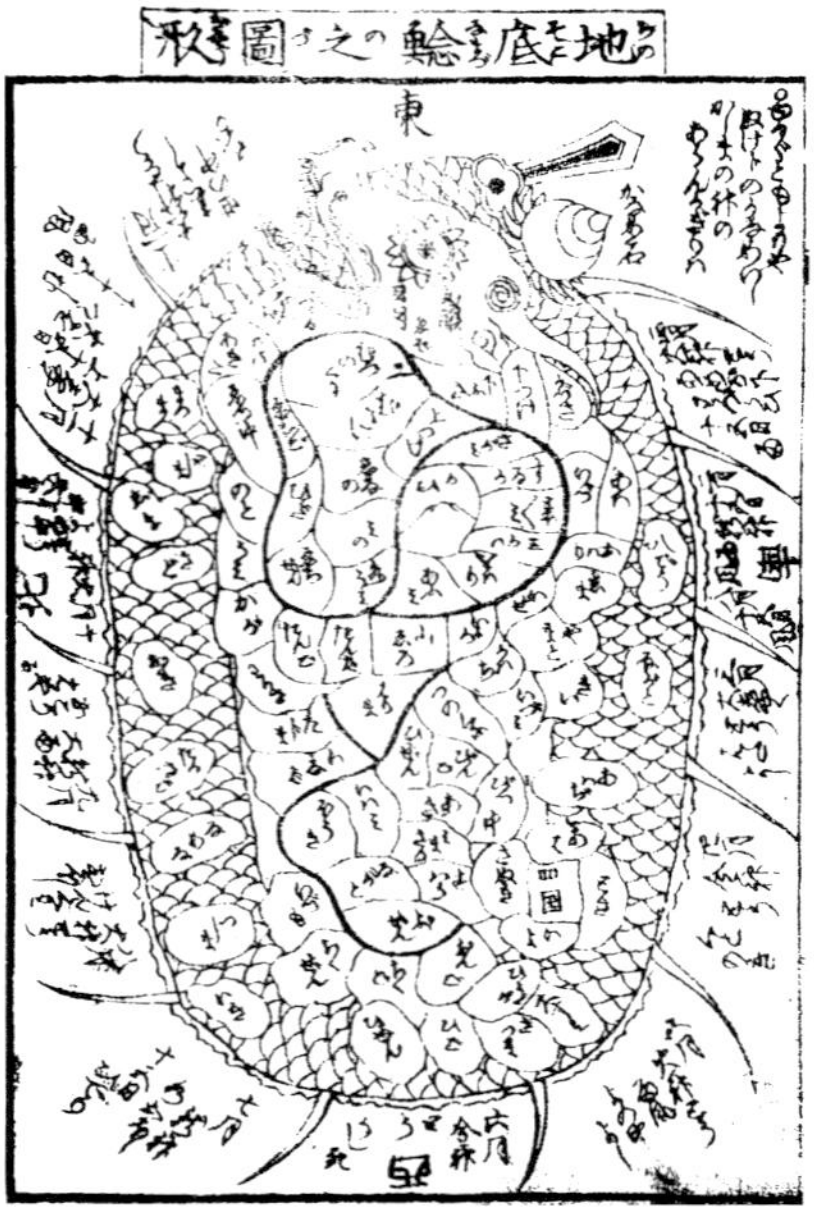

14-8 「大雑書」所載地震日本図の一例：『寿福《じゅふく》三世《さんぜ》相《そう》大鏡《おおかがみ》』所載地底鯰之《ちのそこなまずの》図形《ずぎょう》 天保11年（1840）刊

「大雑書《おおざつしょ》」とは江戸時代に流行した庶民対象の暦占いの出版物で、次第に日常宝典的要素が加味されて幕末に及んでいる。元禄6年（1693）刊の『大ざっしょ』以降の各種の大雑書に、この種の図を見ることができる。直接には貞享元年（1684）以前に刊行されていた『いせこよみ』（江戸版）の図を受け継いだものであろうが、諸国への経路が国界に埋没してしまったり、竜（?）の顔が鯰のそれに代えられたりしている。

15. 仏教と地図

高天原《たかまがはら》（天上界）・葦原中国《あしはらのなかつくに》（地上界）・根の国もしくは黄泉国《よみのくに》（地下界）といったシャーマニズム的な垂直構造の世界観は、神話の中に見ることができるが、水平的な世界のひろがりについては触れるところがない。生活地域の周囲を容易に渡ることのできない海洋に取り巻かれていて、遠い異域についての情報に接する機会が少なかったからであろう。

それはともかく、日本人の宇宙観・世界観を一挙に飛躍させたのは、伝来した仏教であった。仏教の説く壮大雄渾な宇宙像・世界像に日本人は圧倒され、たちまちそのとりことなった。なお「世界」という語は、梵語ローカダートゥ（loka-dhātu）の漢訳で「天地万有」を意味している。したがって仏教で「世界」という場合は、「宇宙」のことなのである。

ところで、仏教の「世界」は、太陽・月がその頂上付近を回るという須弥山《しゅみせん》を中心として垂直・水平両方向にひろがる。垂直方向には下方から欲界《よくかい》（生物界）・色界《しきかい》（形ある空間）・無色界《むしきかい》（形なき空間）の三層すなわち三界《さんがい》があり、水平方向には須弥山を取り巻く八重の山地があり、その七番目と八番目との間は広い塩水の大海で、東・西・南・北それぞれに大陸を浮かべている。山地と山地の間はすべて水域なので、地上世界は「四洲九山八海《ししゅうくせんはっかい》」と形容される。これは今で言う地球表面であり、金を主成分とする堅い物質から成る金輪《こんりん》に支えられており、その下には水輪・風輪の二層があるという。

ちなみに〝金輪際《こんりんざい》〟は大地の底という意味である。

わが国では六一二年に、このような須弥山の造形が百済人によって御所（大和国）の庭においてなされており、六五七年には、漂着の覩貨羅《とから》（ドヴァラヴァティ〈メナム川下流域〉）人饗応《きょうおう》のため、飛鳥寺の西に築かれている（共に『日本書紀』）。これらは、飛鳥地方に残る各種の石像の形状および先年発掘された「水落《みずおち》遺跡」の配管の状況からして、噴水装置を備えた巨大な石積みの構築物であったと考えられる。鳥獣・奇岩・人物像を配したこの種の奇抜な須弥山は、すでに四〇五年後秦《こうしん》の皇帝姚興《ようこう》によって長安に築造されている（『十六国春秋』）。

現存する須弥山「世界」図としては、東大寺大仏蓮弁《れんべん》の毛彫が最も古く（七四九年）、瞻部洲の輪郭および四大河の流れ出る無熱池が明瞭である（図15―1）。地図と呼ぶにふさわしい最古の遺品は、貞治《じょうじ》三年（一三六四）書写の『五天竺図《ごてんじくず》』（法隆寺蔵）で、逆卵形の瞻部洲の内部は、唐の渡天求法《とてんぐほう》僧玄奘《そうげんじょう》の行程と遊歴伝聞の国々とで満たされている（図15―3）。要するに玄奘の『大唐西域記』の記事の図形化であり、高僧の求法の旅を偲ぶ意図から出発した図ではあったが、結果的には仏教圏における世界図としての役割を担うこととなった。この図発祥の地がシナであることは明らかであるが（図2―6参照）、直接には高麗の官儒尹誧《いんぽ》（一〇六三―一一五四年）の「五天竺国図」の流れを汲むものであろう。簡略化されてはいるが、瞻部洲を描く『拾芥抄《しゅうがいしょう》』所載天竺図には、そのことを物語るかのように日本がなくて高麗があり、「契丹」（九〇七―一一二五年）も記入されている（図15―2）。

「五天竺図」は地理的情報源であるよりはむしろ信仰の対象であり、江戸時代においても仏僧の手になる模写本が作られている。その一方では、西洋伝来の世界図に対抗させようという試みもあり、久修園院《くしゅおんいん》（枚方市）の住職宗覚《そうかく》は元禄・宝永（一七世紀末―一八世紀初期）の頃に、西洋の地理知識を部分的に取り入れた瞻部洲図を作っている（図15―4）。仏教系世界図としては最初の刊行図である

15-1　東大寺大仏蓮弁の毛彫　天平勝宝元年（749）　200×350 cm　青銅

創建当時の花弁の外側には、このように七つの須弥山とそれらに共通する 25 層の天が彫り込まれている。大仏の正式の名は毘盧遮那仏《びるしゃなぶつ》であり、台座全体で 100 億の須弥山「世界」（蓮華蔵世界）をあらわそうとしている。ちなみに「三千世界」とは千の 3 乗すなわち 10 億の須弥山「世界」のことである。須弥山の手前にある北広南狭の大陸が贍部洲《せんぶしゅう》で、東・西・北の大陸はそれぞれ半円・円・四角だとされている。中央上方は説法する釈迦。

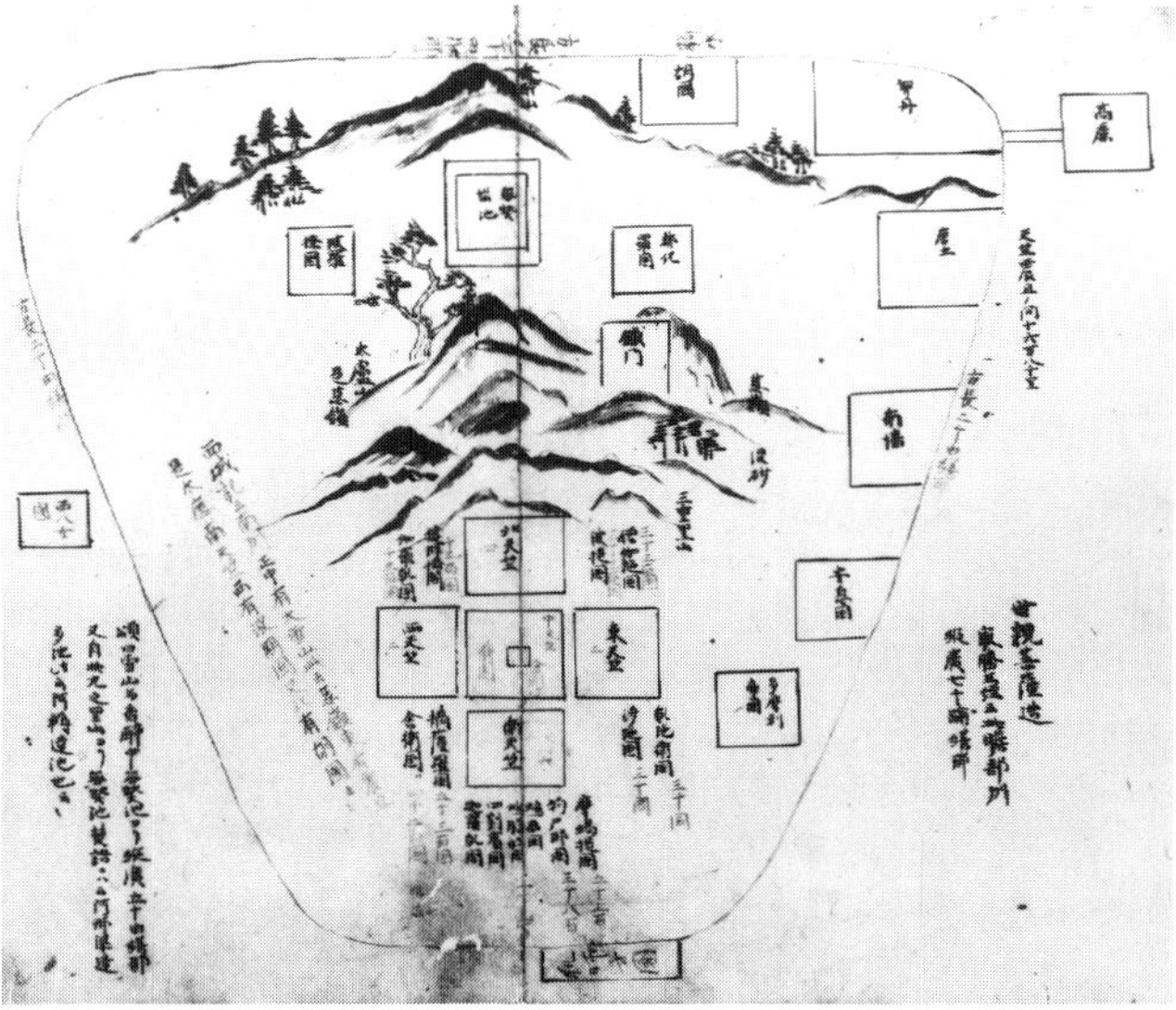

15-2『拾芥抄』所載天竺図（天文 17 年〈1548〉書写本）

五天竺のそれぞれが単に方形で示されたり、大陸西北部にあるべき「安息国」（パルティア）が東南部に、逆に東南部にあるべき「波羅捺国」（ヴァラナシ）が西北部に置かれていたり、転写の回数が多かったことを物語っている。高麗にとって一大脅威であった隣国契丹が明示される反面、日本の存在が無視されているので、元来は朝鮮において伝えられていたものであろう。

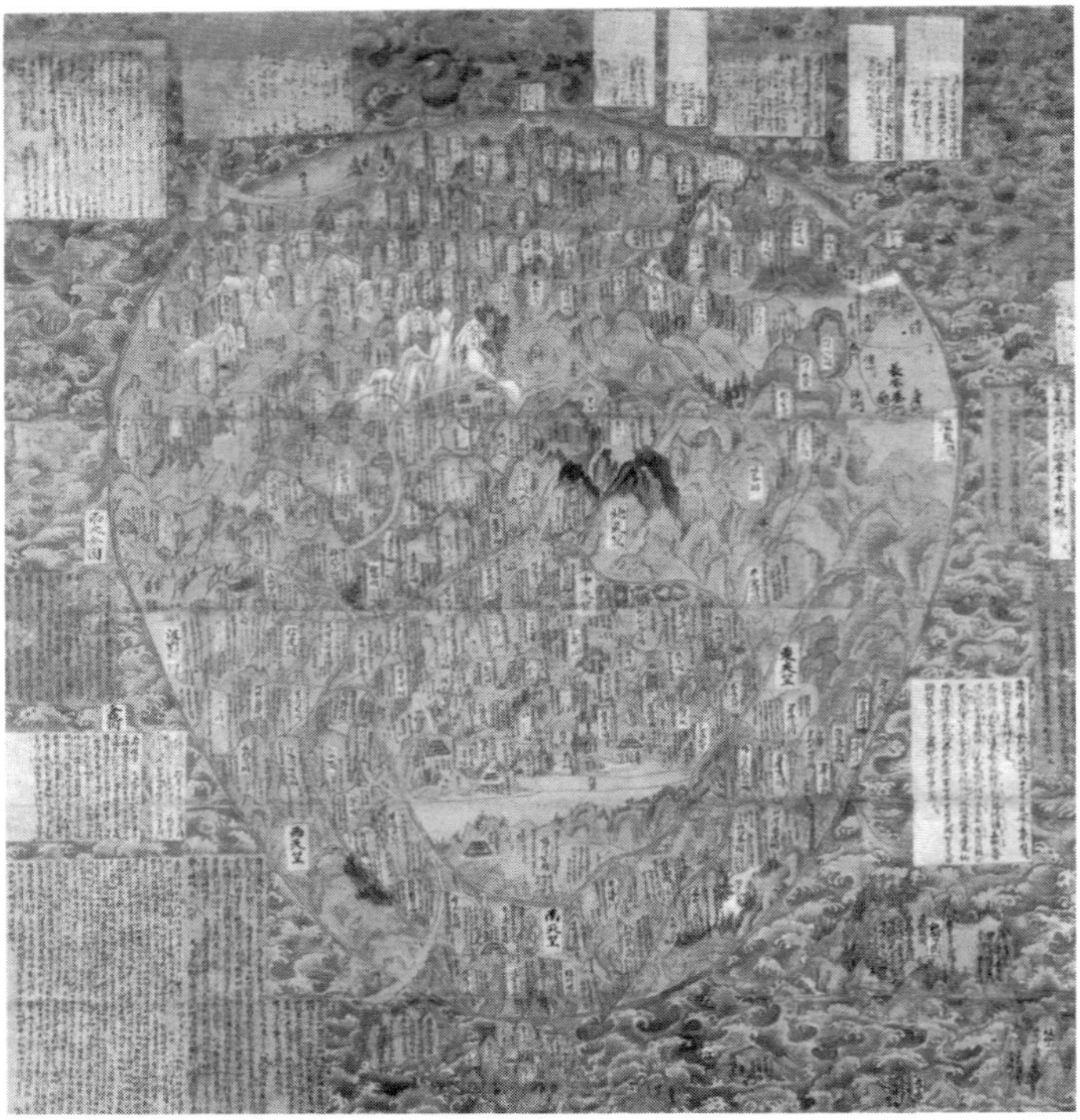

15-*3* 『五天竺図』貞治３年（1364）法隆寺

「五天竺」とは東・西・南・北・中のインドすべてという意味で、インド全域を指す呼称として古くから用いられた。確かにこの大陸（瞻部《せんぶ》洲《しゅう》）の大部分を占めてはいるが、ペルシア、中央アジア諸国、シナ、日本もあり、内容的には当時の既知世界を包含している。インドの広大なのに比して晨旦《しんたん》（梵語チーナスターナの音訳）国が小さいのは、玄奘《げんじょう》の旅の起終点としての役割に過ぎなかったからである。説明図における地名等の表記は、一部を除き現代風に改めてある。（カラー口絵参照）

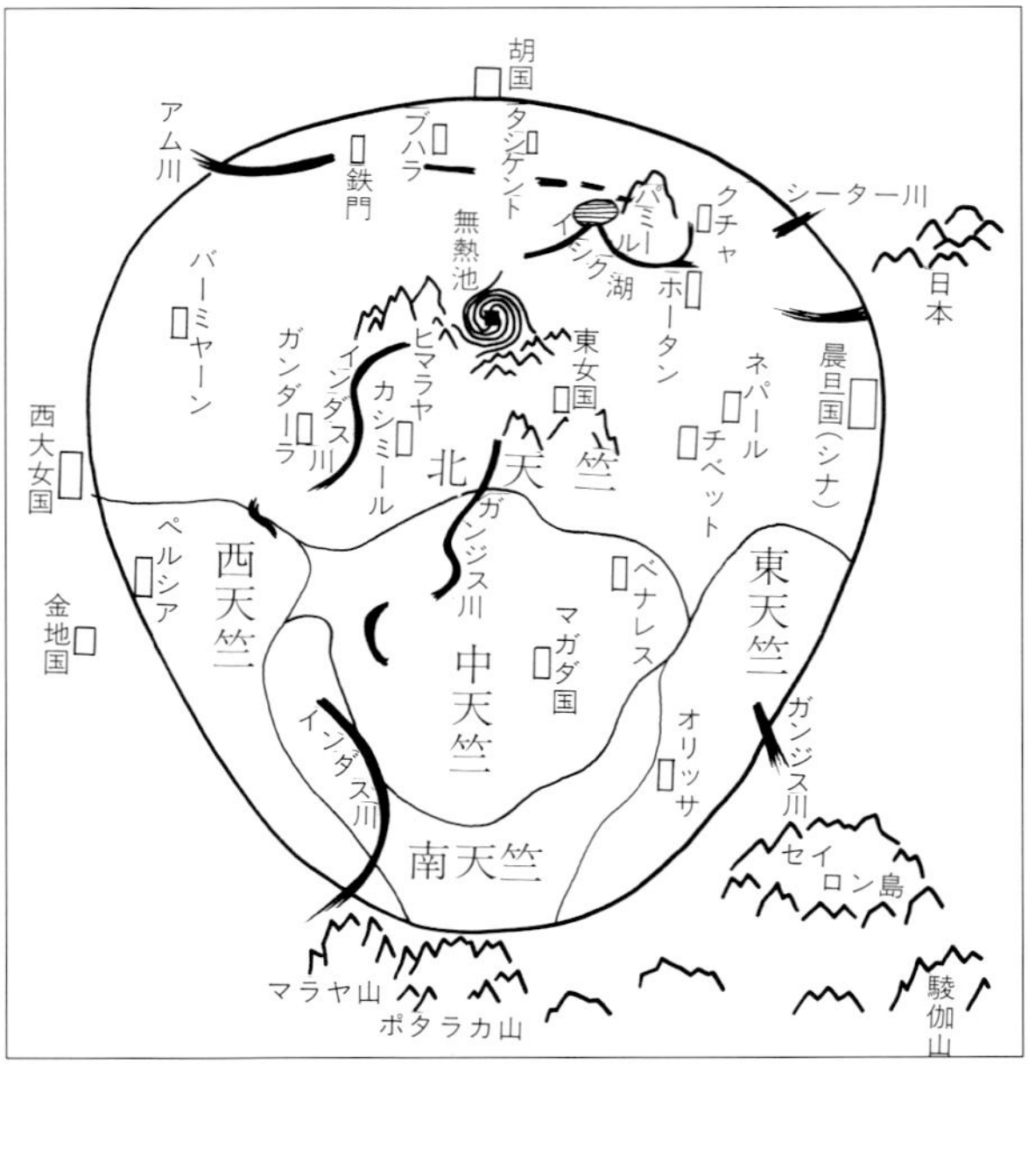

浪華子《ろうかし》（鳳潭《ほうたん》）の『南瞻部洲万国掌菓之図』（一七一〇年）は、宗覚の図を一部改訂したものに過ぎない（図15-*5*）。しかし、刊本ゆえの影響力は大きく、延享元年（一七四四）には華坊宣一《かぼうせんいち》によるかな書きの通俗版が現れている。もとより鳳潭の図も幕末に至るまで刊行を重ねており、西洋系世界図には求め得ない「三国《さんごく》」（本朝・唐・天竺）の古典的地名の豊富さが喜ばれたのであった（図15-*6*）。

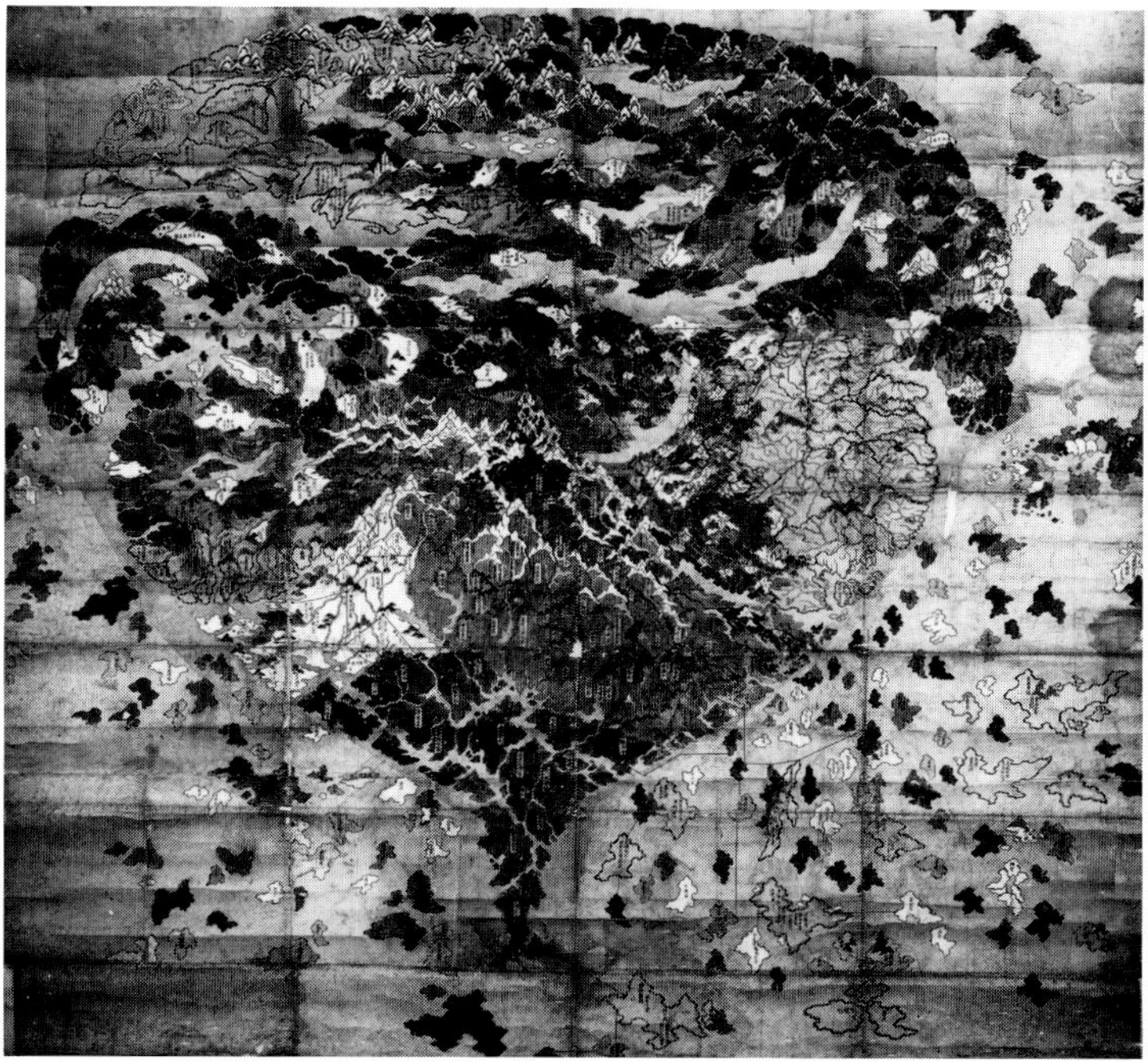

15-*4* うちわ型南瞻部洲図 ［宗覚］ 宝永６年（1709）頃 手書
神戸市立博物館南波コレクション

用いられる資料および世界像が、宗覚作の地球儀（図20-*6*）と共通し、彼の自筆とされる『五天竺国之図』『大明省図』（共に久修園院所蔵）の筆跡に類似するので、宗覚の作品と断定してよい。彼が模写した東寺所蔵の五天竺図の内容に疑問を抱いたのがその発端であったと考えられる。大陸西北部にまとめられている欧米地名は、主として宝永５年（1708）刊の西川如見『増補華夷通商考』に拠っており、シナの部分には上記の『大明省図』（1691年）が生かされている。

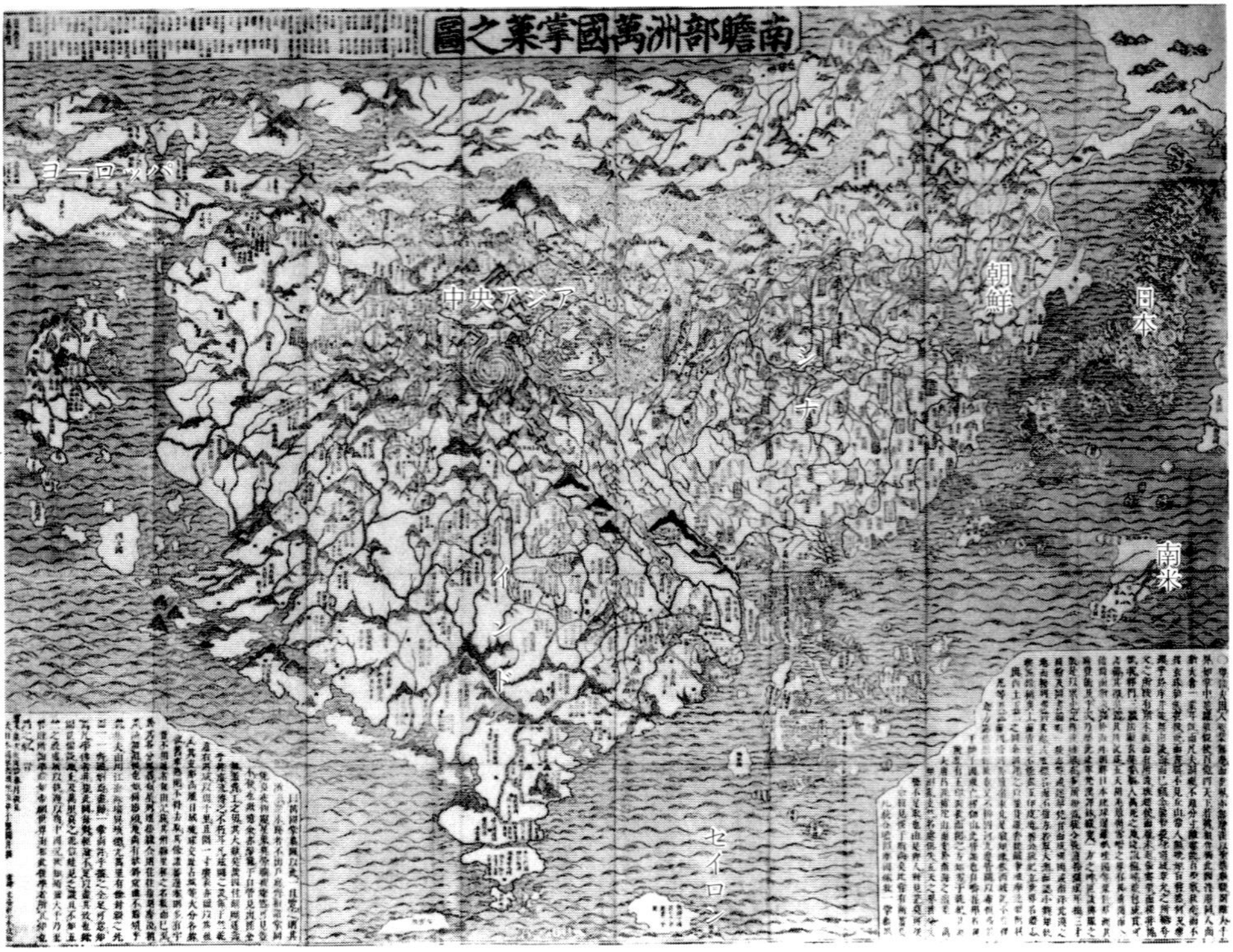

15-5　『南瞻部洲万国掌菓之図』　浪華子（鳳潭）　宝永７年（1710）刊

西洋系地理知識をとり入れた仏教系世界図として刊行を見たわが国最初のもの。鳳潭はこれに先立つ『冠註《かんちゅう》講苑《こうえん》倶舎論《くしゃろん》頌疏《じゅしょ》』（1707年刊）に自作の「南瞻部洲之図」を掲げているが、それの発展というよりは宗覚の図（図15-4）の改訂である。時代的・地理的に見て両人の間には交際があったものと思われる。図中の南米（日本南方）の表現は、すでに『天下九辺分野人跡路程全図』（図11-4）に見える。

15-6　通俗版「万国掌菓図」の一例：『万国掌菓之図』　無刊記　江戸時代後期　木版色刷

延享元年（1744）刊の花坊兵蔵（華坊宣一）の『南閻浮提《なんえんぶだい》諸国《しょこく》集《しゅう》覧之図《らんのず》』の模倣版で、版元すら明らかにされていない。表題のふりがな「ばんこくしうくのづ」の誤りに気付いたのか、これを削除した異版もある。図形は鳳潭の図（図15-5）の踏襲ではあるが、仏教臭の少ない「三国」（本朝・唐・天竺）世界図を意図している。

16. 中世の荘園図・寺社図

大化の改新にはじまる土地国有制がもたらした農地の不足を打開するため、政府は養老七年（七二三）「三世一身法《さんぜいっしんのほう》」を、天平一五年（七四三）には「墾田永代私有法」を施行して開墾を奨励した。この結果、貴族や寺院による大土地所有が生じることとなったが、開墾地の場所・面積を図面に残し、行政側と開発側の双方が確認し合う必要があった。すでに述べた（八七頁）八世紀の「開田地図《かいでんちのず》」「墾田地図《こんでんちのず》」は、そうした目的のために作られたものである。広い意味ではそれらも荘園図と言ってよいが、ここで取り上げようとしているのは、延喜二年（九〇二）のいわゆる第一次荘園整理令発布以降に作られた荘園図である。かつての農地増加政策が土地国有制そのものを揺るがし、今や逆に国家はその抑制に踏み切らざるを得なくなった極めて象徴的な年だからである。複雑にからみ合った国有地と私有地の境界を明確にし、国家から委譲された公権を主張するため、荘園領主たちは境界の明瞭な地図を作っておく必要があった。

現存する最古の荘園図は、康治二年（一一四三）に神野《こうの》・真国荘《まくにのしょう》（紀伊）が、藤原成通《しげみち》領（のち神護寺《じんごじ》領）となった際に作られたものであり、荘域を限る要所要所に境界標が記入されている。この図が所蔵されている神護寺（京都）にはまた、一一六九年の足守荘《あしもりのしょう》（備中）図、一一八三年の桛田《かせだの》荘《しょう》（紀伊）図も伝えられているが、いずれも図形の正確さよりは荘域の限界を明示することに重点

16-1　四至牓示図《しいじぼうじのず》の一例：『高山寺絵図』（部分）　寛喜2年（1230）　神護寺

尾根に当る部分に実際に立てられた境界標識が計4ヶ所描かれていて（図の下半部）、右端のそれには「高山寺丑寅牓示」と注記されている。平面形は河流・道路のみで、山地は主として右から左へ流れる清滝川に沿って視点を移動させた上空からの斜景としてとらえられている。

16-2　中世の建築工事現場：『春日権現験記絵』　延慶2年（1309）　宮内庁

絵巻全体は春日大社の由来と霊験物語を内容としており、この場面は天暦2年（948）における藤原光弘の竹林殿造営という故事を描いたものである。まがりがね・すみつぼ・すみなわ・すみさし・水ばかりの使用状況がよく理解できる。中央手前の大工が持つすみつぼは下げ振り付きのもので、鉛直線を求めている。

が置かれている。

境界を重視した地図は、荘園の場合だけでなく寺社の境域についても作られている。例えば、共に一二三〇年の神護寺・高山寺《こうざんじ》の両境内図（神護寺所蔵）は、官吏立会いのもとに定められた境界標識を記入している（図16－*1*）。付近の農民による樹木伐採や川魚漁への防止対策が、その発端であった。荘園・寺社の如何を問わず、この種の境界明示の図には、「四至牓示図《しいじぼうじのず》」の呼称が与えられている。

概して図形の粗略な「四至牓示図」とは異なり、定規を使った精細な荘園・寺社図も一方にはある。一三四七年の『臨川寺領大井郷界畔絵図《おおいごうかいはんえず》』や一四二六年（応永三三）の『応永鈞命絵図《きんめいえず》』（共に天竜寺所蔵）は代表的なものに属し、前者には区画ごとに寺院名があり、後者には各寺院の門の位置が明確に示されている（図16－*3*）。目的による地図表現のちがいである。寺社の修理・改築に際して作られた図には、設計図を含んで一層精細なものが多い。

さて、設計図に基づいて建築を行う場合に、当時どのような測量が行われたかは、延慶《えんきょう》二年（一三〇九）の『春日権現験記絵《かすがごんげんげんきえ》』の一場面によって知ることができる（図16－*2*）。そこに用いられている道具は、すべて九三五年頃の源　順《みなもとのしたごう》編『和名類聚鈔《わみょうるいじゅうしょう》』に記載されている「墨斗《すみつぼ》」「縄墨《すみなは》」（ママ）「墨笓《すみさし》」「曲尺《まがりがね》」「準縄《みずばかり》」（水準器）などである。ところで、「墨縄《すみなは》」という語は早く『日本書紀』巻一四の雄略天皇一三年（四九〇頃）の条に見えており、これを含んで大陸では古来一組のものとして扱われてきた規《き》（ぶんまわし）・矩《く》（曲尺）・準《じゅん》（水ばかり）・縄《じょう》の測量・製図用具四種（図16－*4*）が、当時すでにわが国でも使用されていたことを意味する。均整のとれた前方後円墳の容姿は、こうした器具あっての成果に相違ない。なお南北の測定は、板に描いた円の中心に棒を立て、太陽によるその影の先端が円周と交わる午前・午後の両点を結び、円の中心を通るその線分の垂直線すなわち南北線を求める方式であったはずである。大陸で使用された石製のもの（晷儀《きぎ》、日時計とは目盛が異なる）は、出土した二例が知られているのに対して、わが国に残存しないのは木製であったからであろう。

それはさておき、中世には寺社を題材とする信仰絵画が数多く生み出されたが、それらの中には地図なくしては描けない斜景図もあり、地図の応用として注目しておく必要があろう。

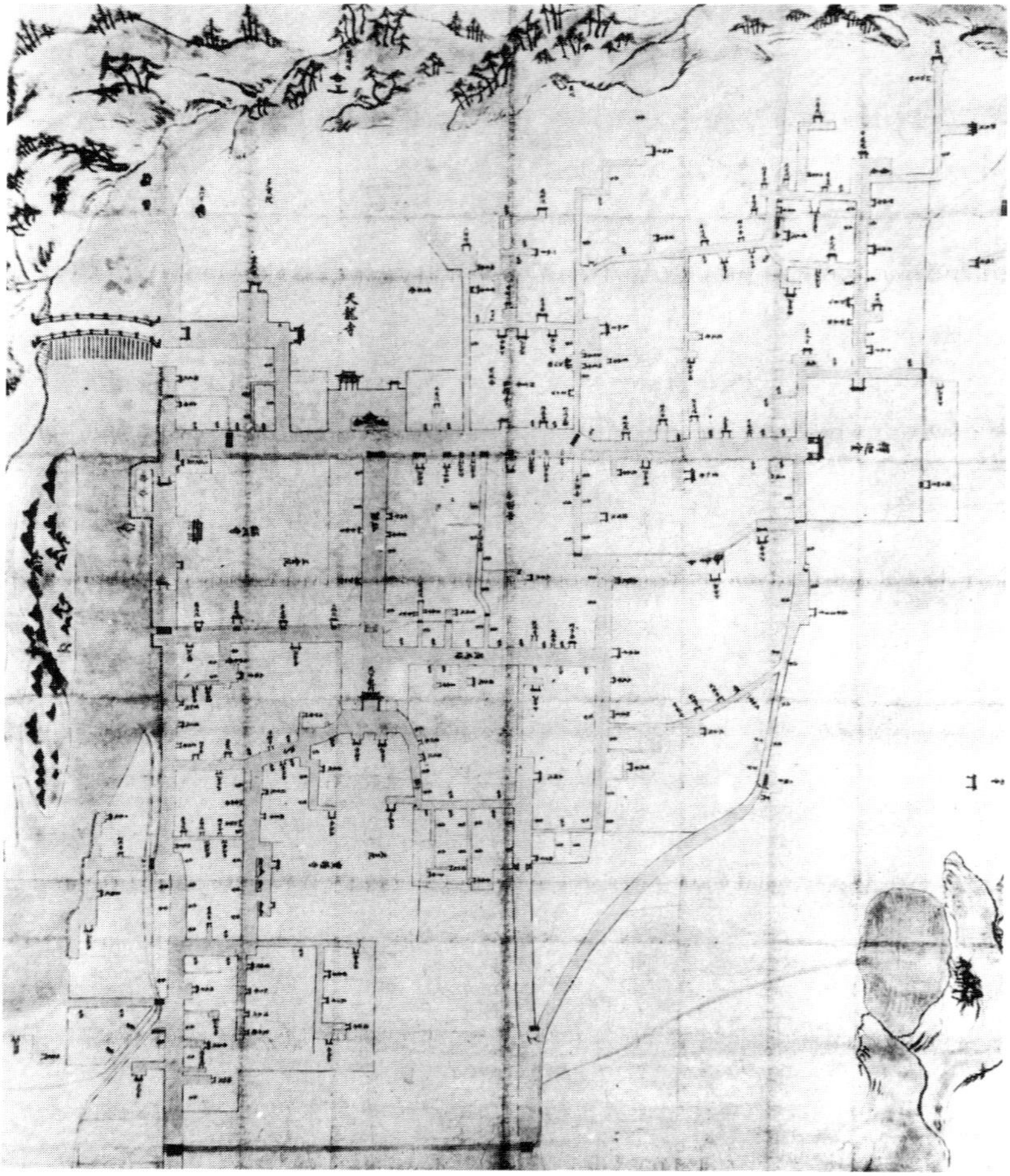

16-3　中世実測寺社図の一例：『応永鈞命絵図《おうえいきんめいえず》』　応永33年（1426）　天竜寺

図に添えられる書類に、応永33年9月ときの将軍足利義持の命により臨川寺住職月渓中珊《げつけいちゅうさん》が作った旨の記載があることから、このような名で呼ばれている。釈迦堂（右上部）・天竜寺（左上部）・臨川寺（左端中央部）をはじめとする嵯峨野の大小寺院の門（入口）の位置・大小に重点が置かれている。記入文字の方向は門内を正面としてのものである。

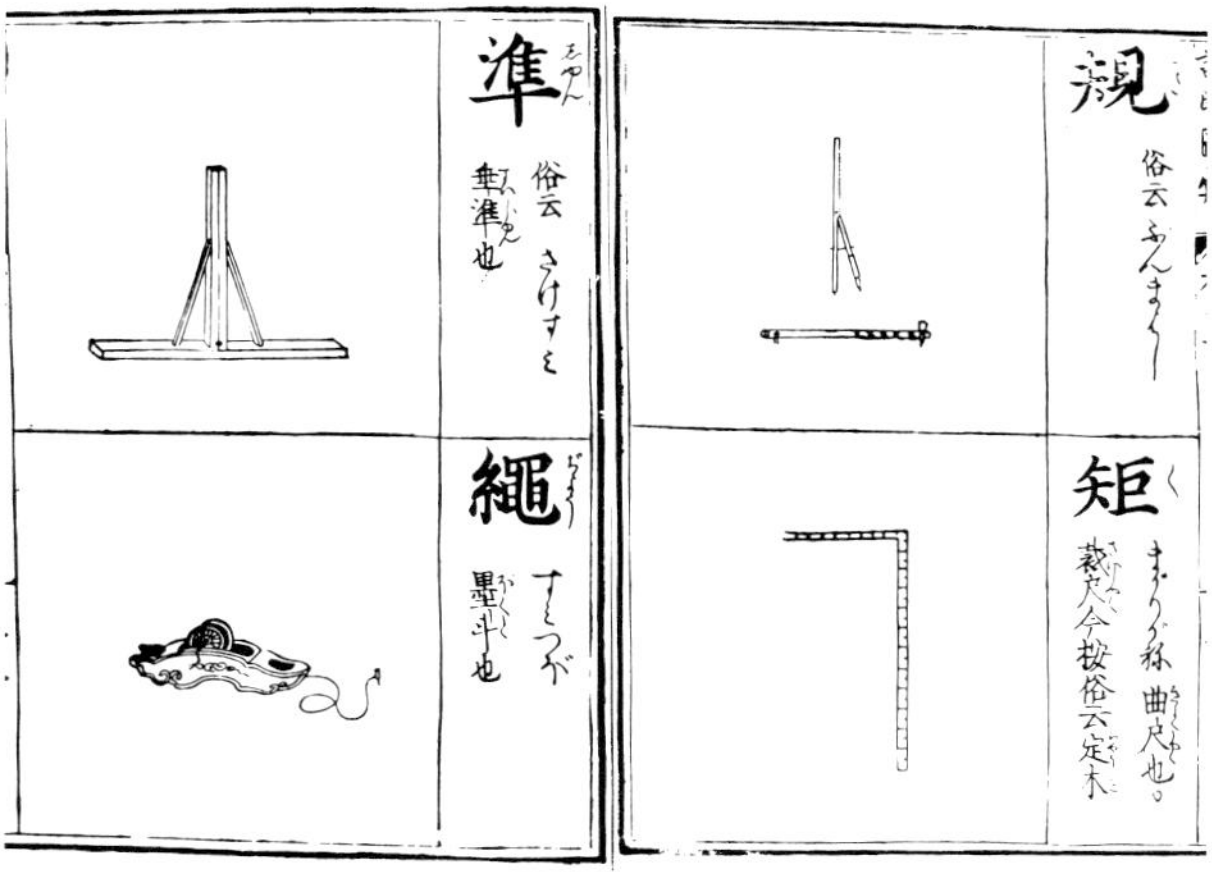

16-4　規・矩・準・縄の図解：中村惕斎《なかむらてきさい》『訓蒙図彙《きんもうずい》』　寛文 6 年（1666）刊

『訓蒙図彙』は明の王圻《おうき》編『三才図会《さんさいずえ》』（1609 年）に範をとった図解百科であるが、挿絵は新たに描かれたものが少なくない。この絵も杜撰な『三才図会』のそれとはちがって、極めて忠実な写生であり、惕斎の見識がうかがえる。「縄」が単なる縄でなく、古来直線を引くための墨縄であったことは、『孟子』（紀元前 3 － 4 世紀）巻 7 に「直」をつくるためのものとしていることによっても知られる。

16-5　『豊福寺《ぶふくじ》峊《みくまりの》図《ず》』（部分）　天正 10 年（1582）頃　根来寺

豊福寺は根来寺本来の名称であり、「みくまり」（水分）は分水界を意味する。周囲の山々は側面形であるが、寺域内の山地については「キ」の字の縦棒を長くしたような記号によって尾根が描示されている。河流の系統を知るためのものと言える。大治 3 年（1128）の地図に触れた記述があり、表現様式とも考え合せると、基本的にはその図の改訂である可能性が大きい。春秋分・両至の朝の太陽の位置を描き分けている点でも、他に類のない地図である。図版上部の円形が春秋分、右端のそれが冬至の太陽である。（カラー口絵参照）

17. 南蛮系世界図

フランシスコ・ザヴィエルが来日した天文《てんぶん》一八年（一五四九）からポルトガル船来航禁止令が出された寛永一六年（一六三九）までのほぼ一世紀に近い時代は、キリスト教と結びついた西洋の大地球体説や科学的地図学が、わが国の地図文化界に旋風を捲きおこした特筆に値する時期である。

西洋の世界図がはじめてもたらされたのが、いつであったかは明らかでないが、少なくとも天正八年（一五八〇）には地球儀が、翌九年には世界図がそれぞれ織田信長の手許にあったことを、西洋側の記録は伝えている。また天正一八年（一五九〇）に帰国した遣欧少年使節一行は、オルテリウス世界地図帳（図9-4）・海図・天地両球儀などを持ち帰っている。

現存する初期西洋系世界図には、年紀や署名がないので、正確な描作年代は不明であるが、最も古いとされている卵形図法系のものですら、朝鮮東北方に「おらんかい」の文字を記入するので、加藤清正隊からの報告によってこの呼称（部族名）が知られるようになった文禄元年（一五九二）を遡《さかのぼ》ることはない。なお、この系統の図はいずれもポルトガル・イスパニアを起点とするそれぞれの東洋航路を記入しており（図17-2）、原図がポルトガル製であったことを示唆している。

系統としてはほかに、ポルトラーノ世界図に基づいた可能性が高い太平洋中心のポルトラーノ系（発心寺所蔵図ほか）、一五九二年刊プランキウス図の翻訳と見られる方眼図法系甲種（神宮文庫所蔵図ほか）、主として同じくプランキウス図に拠りながら、太平洋を中央に置く方眼図法系乙種（東京国立博物館所蔵図〈図17-4〉ほか）、一五九八年頃刊ラングレン改訂プランシウス図を原図とする方眼図法系丙種（下郷《しものごう》共済会文庫所蔵図〈図17-5〉ほか）、一六〇九年刊カエリウス図に基づいたメルカトル図法系（宮内庁所蔵図〈図17-3〉ほか）などがある。判明している原図はいずれもオランダで刊行されたものであり、その系統のものは厳密には紅毛系であるが、江戸中期以降の双円図を主とする蘭学系世界図と区別するため、初期の西洋系世界図は一括して南蛮系世界図または南蛮屏風世界図などと呼ばれている。そして、それらがすべて鎖国前の作品でないことは、承応年間（一六五二－五四）の作であることが、その裏面の年表記事から明白な下郷共済会文庫本や益田家本（共に同系統）の存在によって類推できる。

　以上の諸系統はいずれも世界全域の図であるが、旧世界（東半球）のみを描くものとして方眼図法系丁種がある。内容的にやや異なる二群から成り、成立が早いと考えられる一群（妙覚寺所蔵図ほか）は、明らかに方眼図法系丙種からの二次的作品であり、寛永一四年（一六三七）の年紀をもつ他の一群（山口大学所蔵図ほか）は、類似の図形ながら別の資料に拠っている。新世界（西半球）が除外されたのは、付載されるわが国への産物輸出地についての一覧表的記事に対応させるための地図であったからにほかならない。

　旧世界のみの図は別として、方眼図法系、メルカトル図法系それぞれの作品の中には、世界民族図譜を伴うものがあるが、この点で軌を一にするのが、わが国最初の刊行西洋系世界図として著名な『万国総図』（一六四五年長崎刊）である（図17-1）。地名には南蛮系世界図のそれと共通するものが少なくないが、海陸の図形はマテオ・リッチの東西両半球図（図22-2参照）に基づいており、準南蛮系ないしはリッチ南蛮混合型とでも呼ぶべきものである。

　いずれにせよ、『万国総図』を含めて、南蛮系世界図の複数の系統にほぼ同種の民族図譜が随伴していて、しかもそれらに明瞭な先後関係がないということは、翻訳者・画家・書家・表具師からなる制作集団が存在したことを意味する。そして、その場所が長崎であったことは、長崎の儒者西川如見《じょけん》（一六四八―一七二四年）の言明するところである（『長崎夜話草』巻五）。

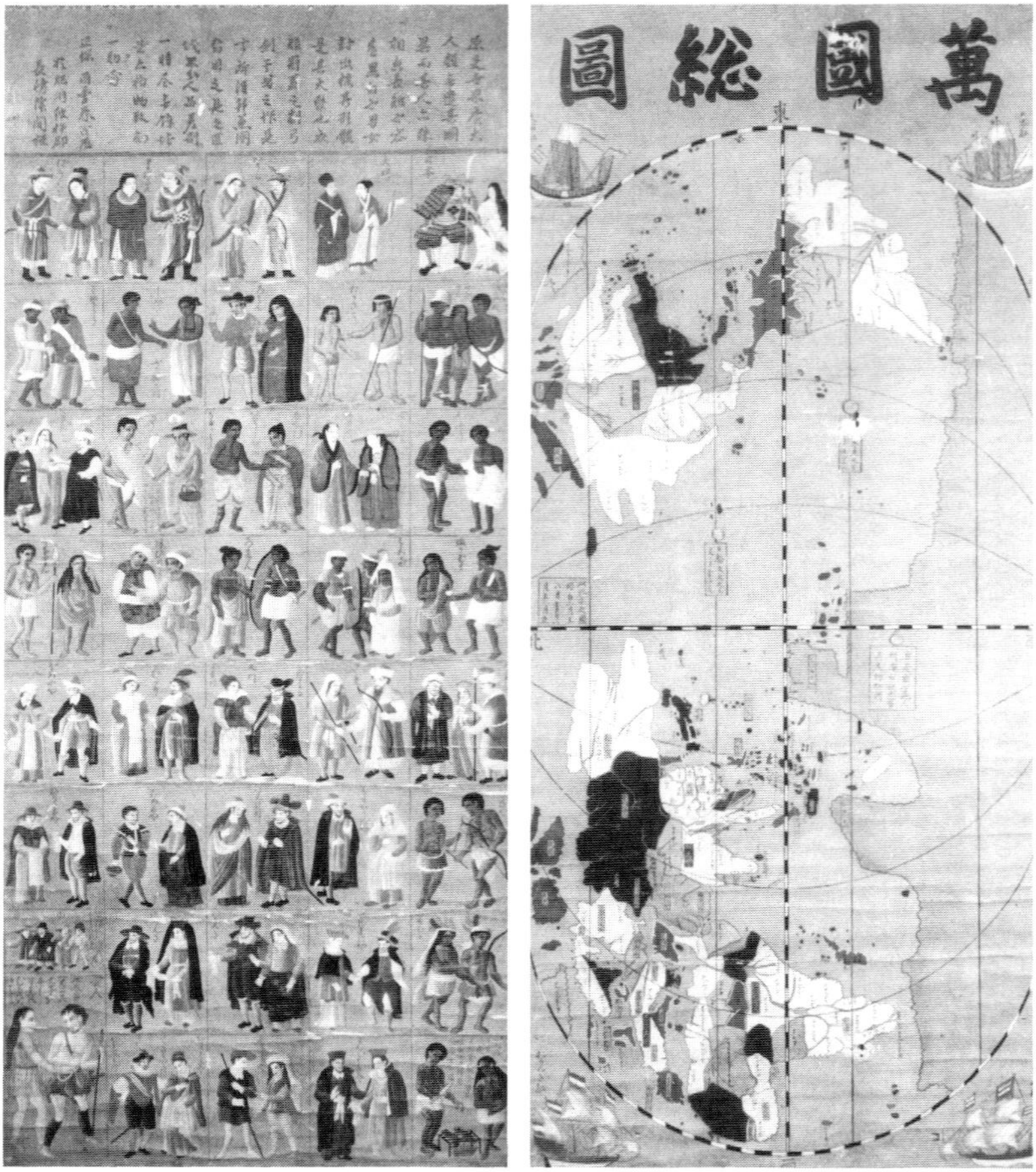

17-1　『万国総図』（世界民族図譜と一対）　正保 2 年（1645）刊　各 132×58 cm　木版筆彩　下関市立長府博物館

枠のある国名などは刷りであるが、カナ表記地名は墨書されたものであり、刷上った段階では白地図に近い。測量術修得の過程において、地名の記入、彩色の方法などを師から教わり、完成の暁には修了証書に代る品の一つとなったと考えられる。海陸の図形は『方輿勝略』（1612 年刊）所載のリッチ作東西両半球図（図 22-2 参照）によりながら、経緯線のみを卵形図法に変更したため、北極海の諸島は東西に分れたままである。「カボテボワエスペランシヤ」（喜望峰）その他、リッチ図にない地名がかなりある。

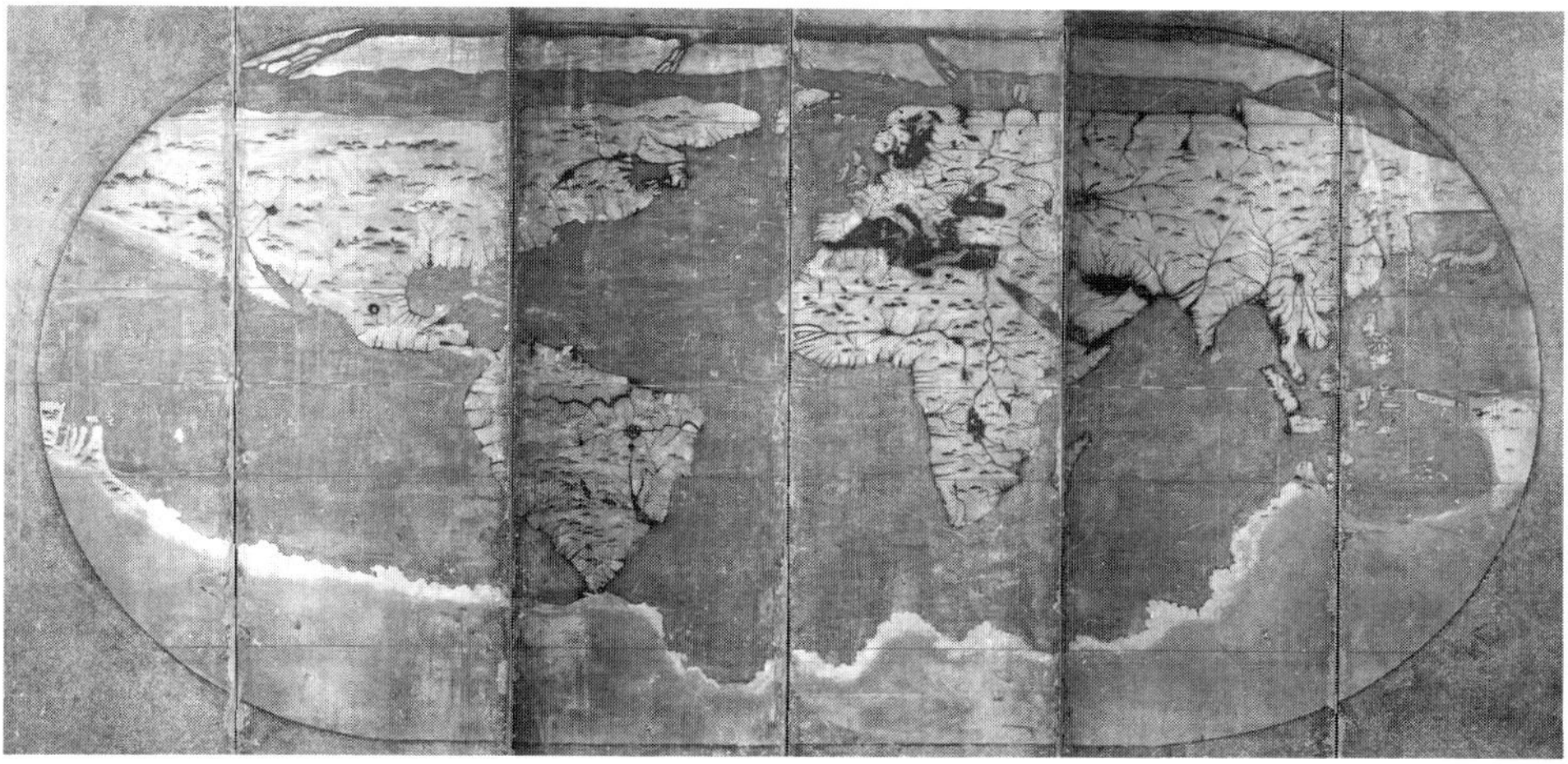

17-2　南蛮系世界図卵形図法系の一例：山本家所蔵図　17世紀初期

卵形図法系としては、ほかに浄得寺・小林家（岡山藩主池田家伝来）・河村家各所蔵品が現存する。4本すべてに共通する特色は、(1)大西洋が中央、(2)ポルトガル・イスパニアを起点とする東洋航路、(3)南米西岸の赤道以南がほぼ一直線、という3点であるが、山本家本は他の3本と異なって、北極海に1594年の探検結果によると思われる逆U字型のノヴァヤ・ゼムリャを描示するので、成立が新しい可能性もある。

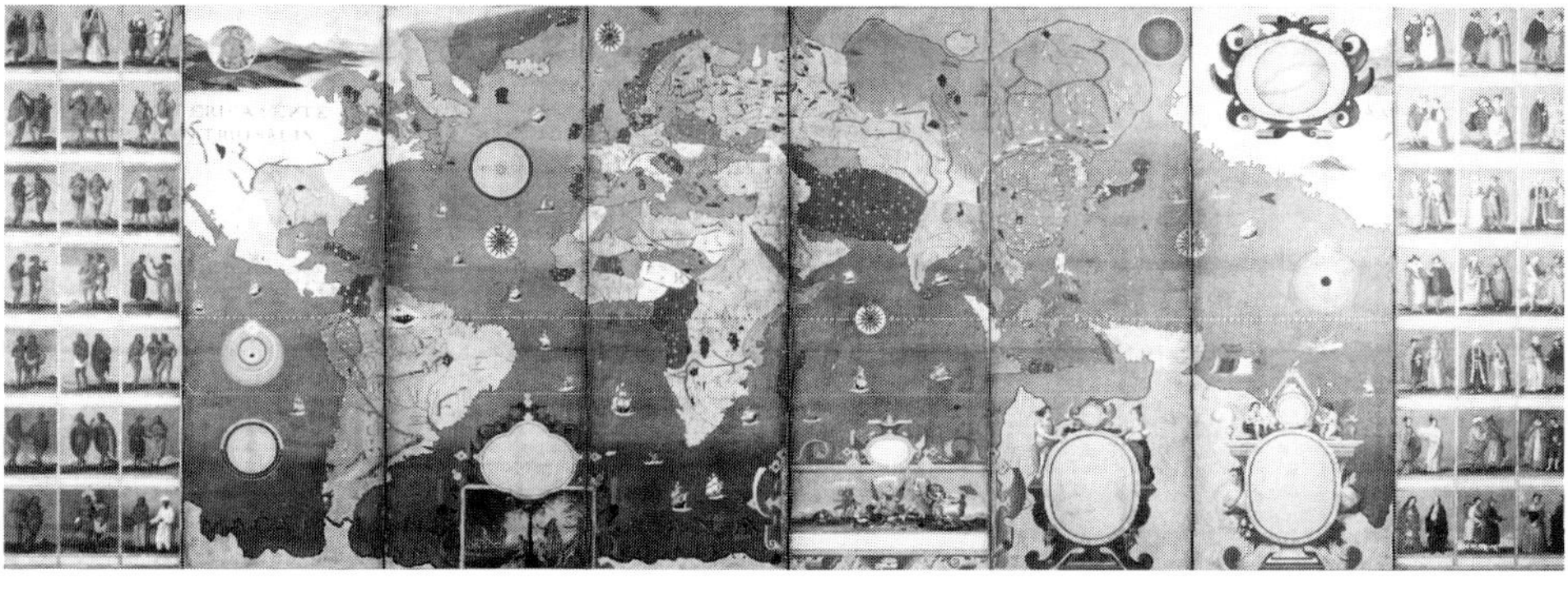

17-3　南蛮系世界図メルカトル図法系の一例：宮内庁所蔵『万国絵図』　17世紀初期　二十八都市図と一双

この図を含んで、レパント戦闘図と一双の香雪《こうせつ》美術館本、四都市図と一双の神戸市立博物館本、十二都市図併載の南蛮文化館本は、いずれも洋風画としての色合いが濃く、南蛮系世界図の中では最も後期に属する系統である。この系統の特色は、一部例外はあるものの都市図・世界民族図譜・王侯騎馬図を伴なっていることであり、それらは原図のカエリウス大型世界図の四周を飾っていたものなのである。（カラー口絵参照）

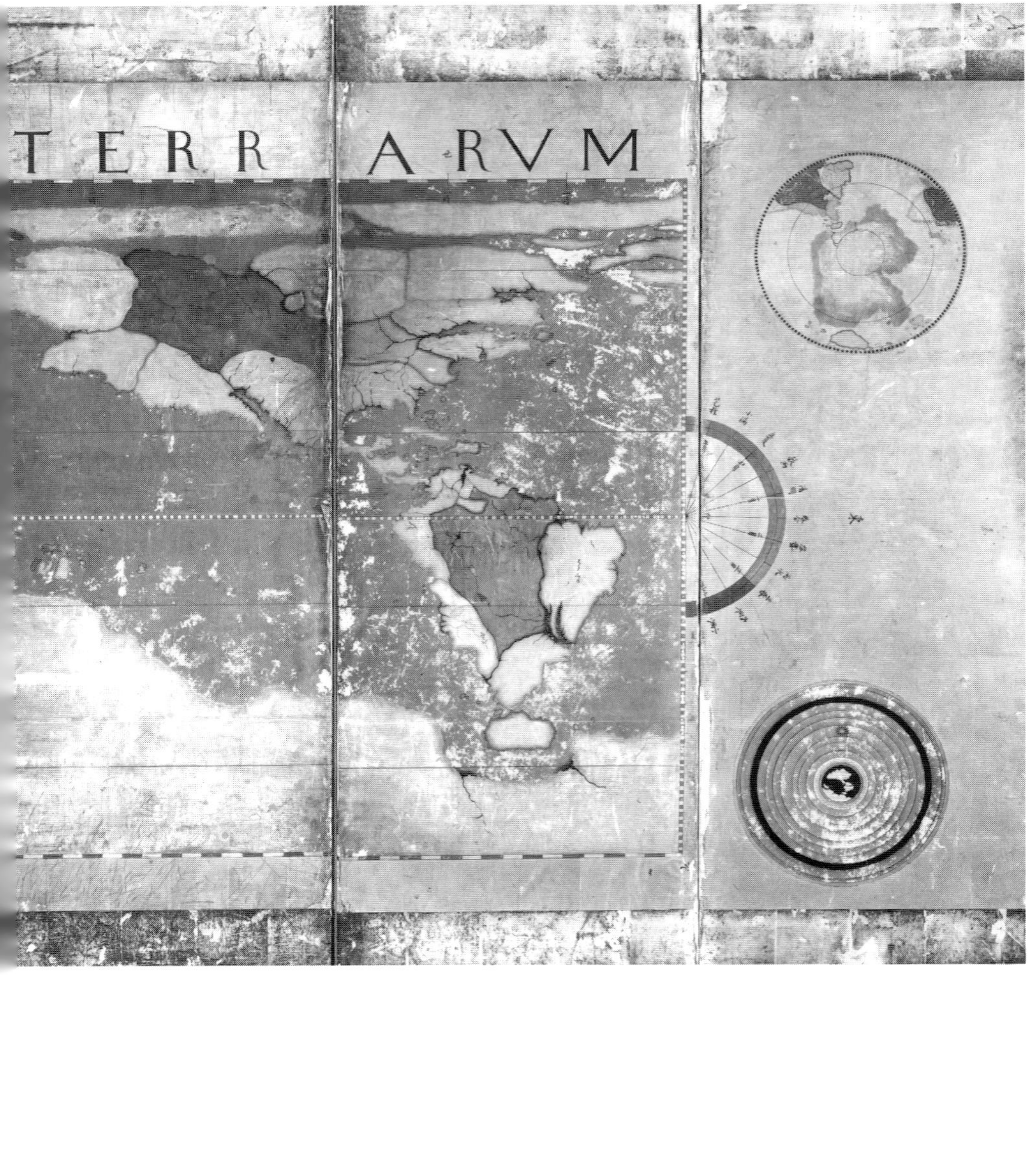
TERR ARVM

17-*4* 南蛮系世界図方眼図法系乙種の一例：東京国立博物館所蔵図 寛永元年（1624）頃 『南瞻部洲大日本国正統図』と一双

(1)太平洋が中央、(2)テラ・デル・フエゴ、ニューギニアを南方大陸から分離、(3)南北両半球図・天動地球説説明図を添えるなどの点で、この図は南蛮文化館本（日本図〈図 18-*6*〉と一双)、カリフォルニア大学本（三井文庫旧蔵）と共通している。ただし後者にはTYPVS ORBIS TERRARVM（世界の姿）という表題はない。東博本の成立年代が明らかとなるのは、対の片双（日本図）に併載の古代以来の年表の最後が「寛永」とあるのみで、年次の記載がないことによってであり、寛永改元後間もない頃に描かれたことは疑う余地がない。

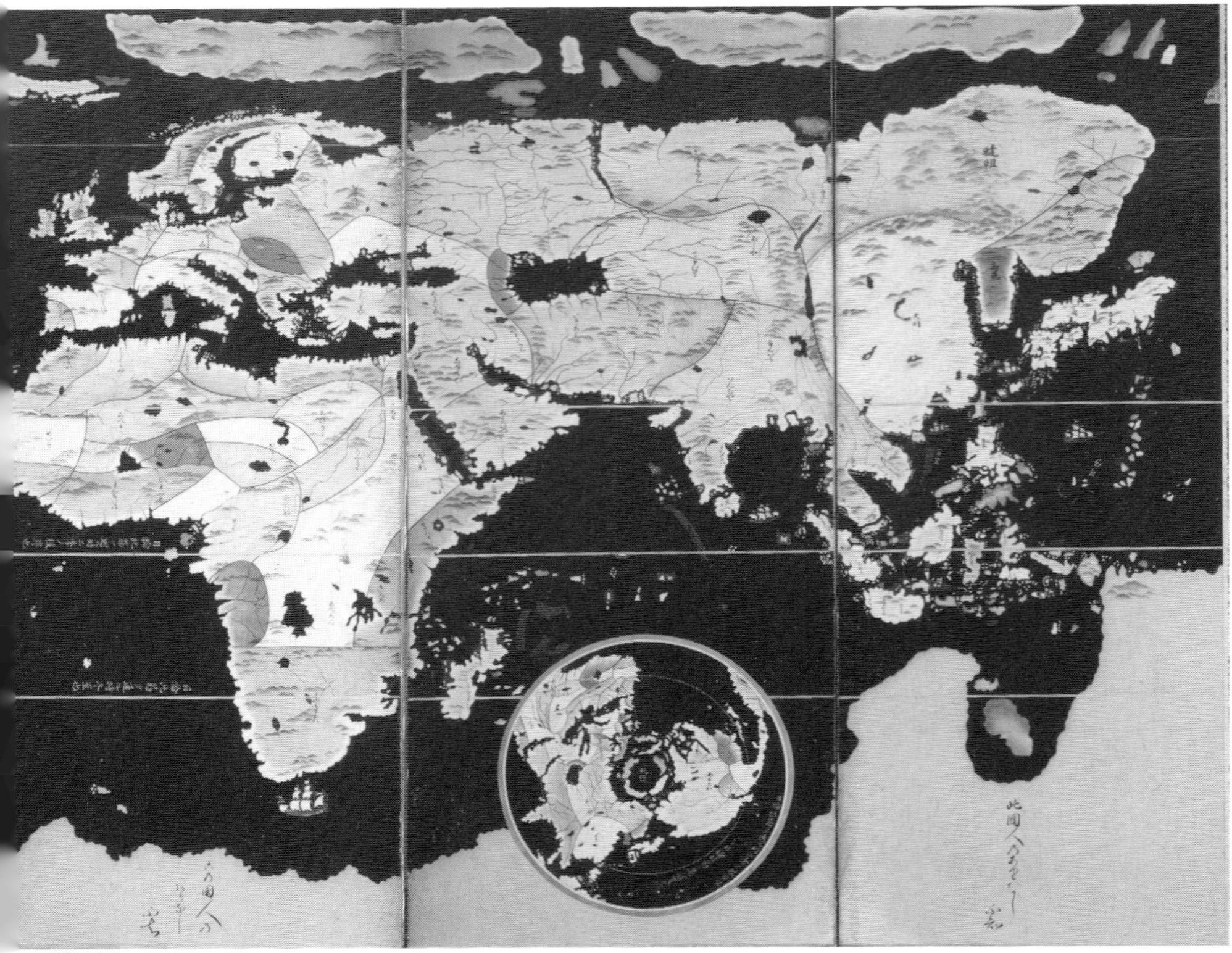

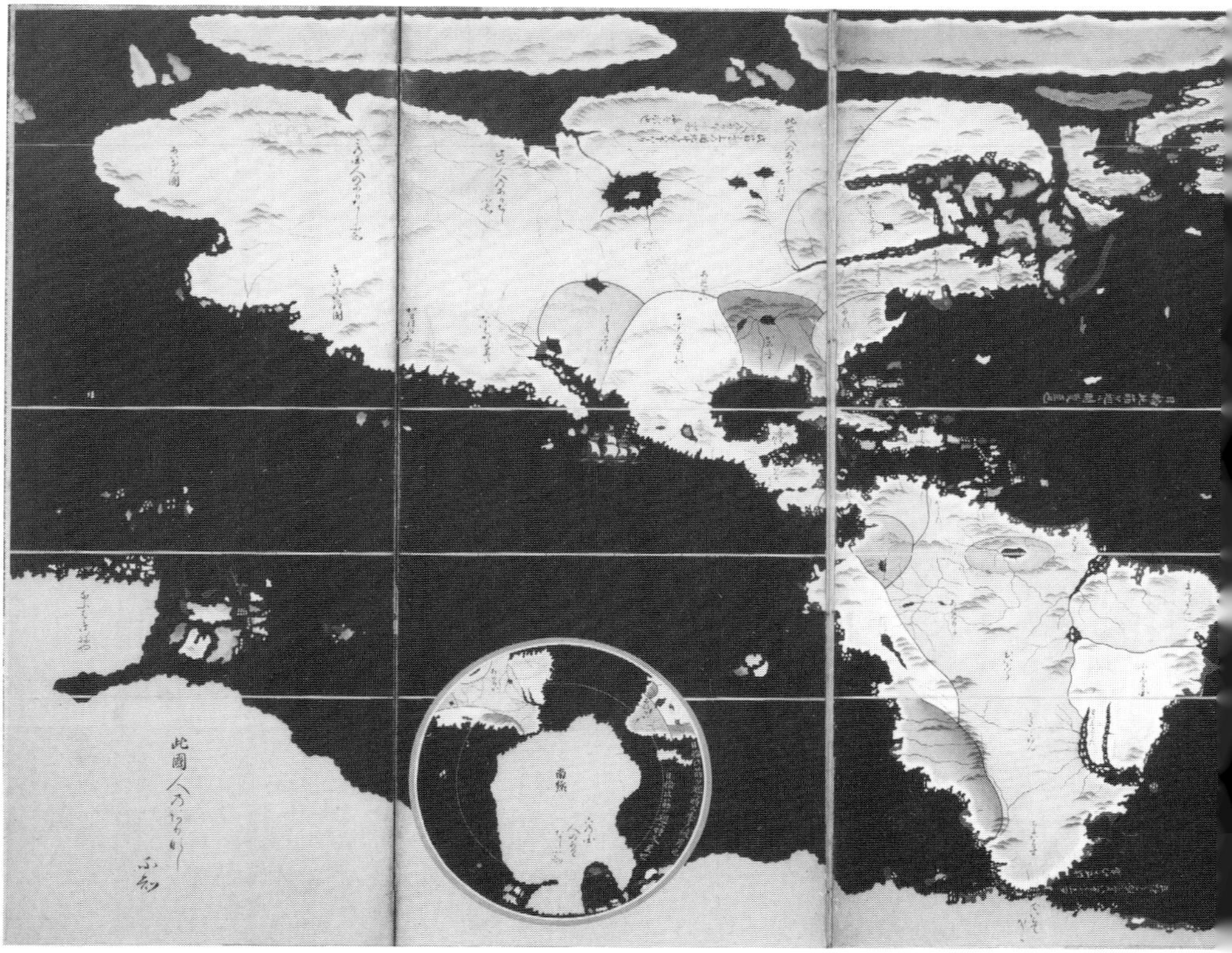

17-5　南蛮系世界図方眼図法系丙種の一例：下郷共済会文庫所蔵図　承応年間（1653年頃）　日本図と一双

この系統の図の特色は、(1)大西洋が中央、(2)ノヴァヤ・ゼムリャ（北極海の島）の表現が1596年の探検結果による、(3)南北両半球図を掲げるなどの諸点である。同じ系統の図としては、ほかに益田家本・日光護光院本その他が知られているが、対の片双の日本図が官撰の慶長日本総図の系統であることでも共通している。世界図屏風の裏面に記載される「異朝暦代皇統図」の最後に「弘光元年、当本朝正保2年」とあり、日本図屏風裏面の「本朝皇統暦数図」ではのちの書込みを除けば「承応」が最後の年号となっているので、屏風成立の年代はおのずと明らかになる。益田家本にも同様の記載があり、ほぼ同じ時期に描かれたものと思われる。

18. 新型日本図の登場

前項で扱った南蛮系世界図は、メルカトル図法系のものを除いては、そのほとんどが日本図と一対をなしている。そして、それらの日本図の様式は一様でなく、古めかしい行基図《ぎょうきず》もあれば江戸幕府撰慶長日本図（図23-2参照）の流れを汲むものもある。そうした中にあって、卵形図法系世界図と対をなす日本図は、国土の基本的構図、国界、諸国への経路の表現などにおいて行基図と大差がないにもかかわらず、海岸線のみが著しく屈曲に富むという新機軸を打ち出している。ことに九州の海岸線は、他の部分とは比較にならないほど現実的である（図18-1、2）。今かりにこのような特徴を備える日本図を、早くから知られている浄得寺所蔵図（卵形図法系世界図と一対）をもって代表させ、浄得寺型と呼ぶならば、それは果たして日本人の手になるものか、それとも元来は西洋人の作品なのか、吟味を要するところである。なぜなら、対の世界図がいずれも舶載の西洋原図に基づくものなので、単純に日本人の作品と決めつけるのは危険だからである。

まず、浄得寺型日本図成立年代の上限を考えてみると、卵形図法系世界図と対をなす三本（浄得寺、小林家、河村家各所蔵品）に、一五九一年に着工された朝鮮出兵の渡航基地名護屋が「名越」として記入されているので、これを遡《さかのぼ》るものではなく、また既述のように対の世界図の内容が、一五九二年以降の状況を示すので、同じ屏風の片双である日本図もまたこれ以降の成立と見なければならな

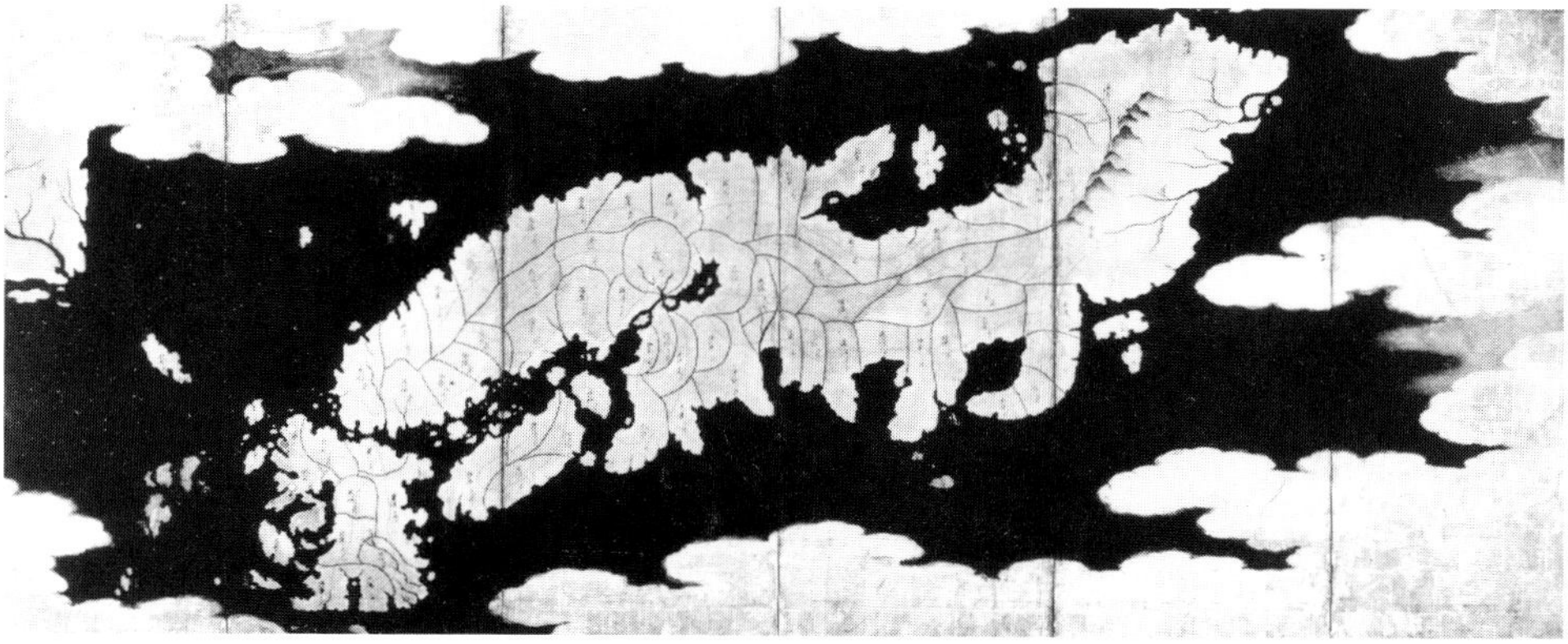

18-*1* 浄得寺型日本図の一例：小林家所蔵品 文禄 4 年(1595) 頃 世界図と一双

屈曲に富む海岸線とは不釣合いの平滑な国界ならびに山城から諸国への経路が、行基図から出発した作品であることを物語っている。国土全体の輪郭にひずみがあるのも行基図の名残である。この屛風一双は岡山藩主の池田家に伝わっていたもので、慶長 5 年（1600）池田輝政が岐阜城（織田秀信）を攻略した際の分捕品であるという。

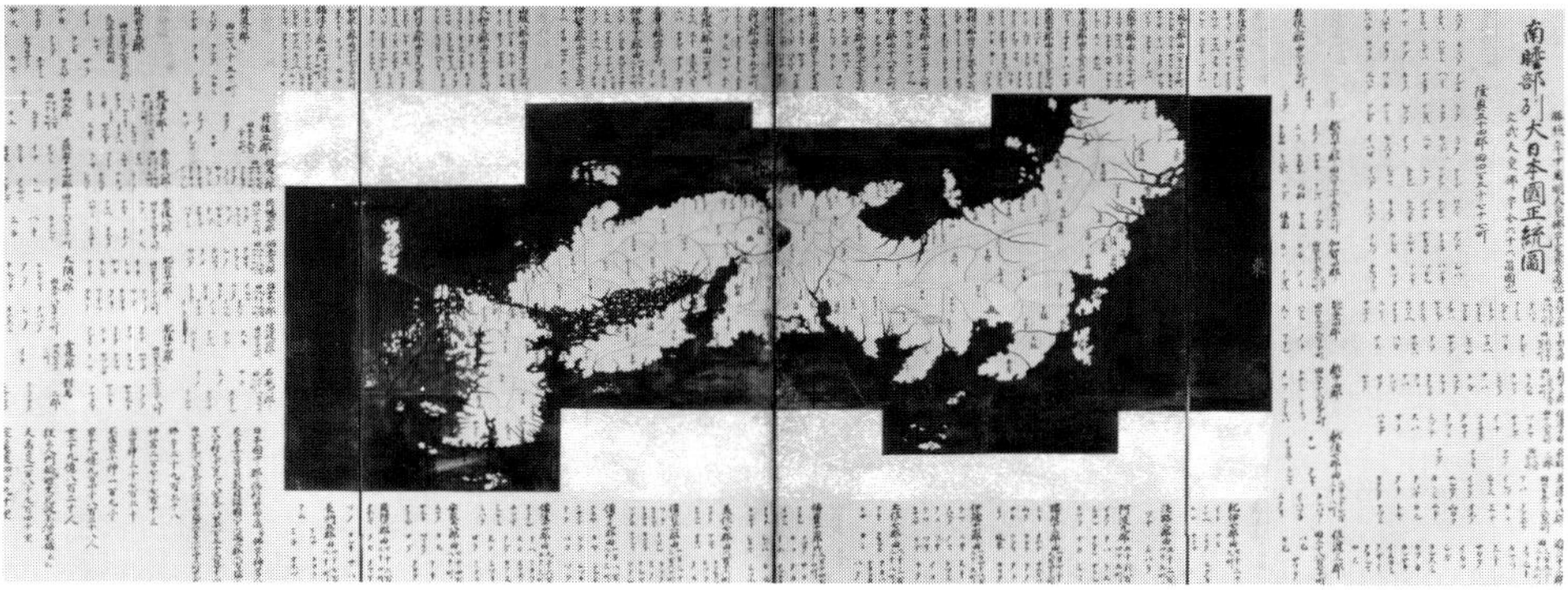

18-*2* 地名の豊富な浄得寺型日本図：河盛家所蔵『南瞻部州大日本国正統図』 寛永 4 年(1627) 頃 ‘旧世界’ 図と一双

文字の記入はないが、江戸の位置にあたるところに城の絵を描くので、この図自体の成立は江戸幕府が開設された慶長 8 年（1603）を遡《さかのぼ》るものではない。描かれた年代は、本文に述べたように対の ‘旧世界’ 図の貿易関係記事が寛永 4 年（1627）頃のものなので、おのずと明らかになる。こうした地図描作年代とは不釣合いの旧地名「ナゴヤ」（肥前）が明記されており（図 18-*3*)、図の源流が 16 世紀末期にまで遡ることを示唆している。

い。

　右の三本には地名が極端に少ないので、判断の材料としては地名の豊富な方眼図法系丁種に属する河盛家本の片双の同型の日本図（図18−2）が適当である。河盛家本世界図は一六二七年頃の対日産物輸出地に関する一覧表的記事を伴っているので、日本図共々おのずからそのおよその成立年代が知れるわけであるが、既述の名護屋が「ナゴヤ」として記載されており、原図が他の浄得寺型日本図と異なるものでなかったことを示している。諸国名を別にして約一六〇種という地名の豊富さもさることながら、最も注目されるのは、九州西方海上に「ハ子（ネ）ラス」「サンタカラ、」という西洋人命名の島嶼《とうしょ》名が記載されていることである（図18−3）。「ハネラス」はPannellasの、「サンタカララ」はSancta Claraのカナ表記であり、前者は男女群島（図18−4）の男島《おしま》、後者は宇治諸島のことである。このようにたとえ二例であっても、西洋系地名がわが領土内の島嶼に与えられているということは、浄得寺型日本図の成立に当って西洋製地図の関与があったことを意味するであろう。

　そこで、西洋製日本図の中に、浄得寺型の図形を備え、右の島嶼名を記入するものを探し求めてみると、天理図書館所蔵のいわゆるイタリア古写日本図がそれに該当する（図18−5）。この図には年紀・署名がないが、同じ型の日本は、一六一七年刊のブランクス図、一六四一年刊のジンナーロ『東洋のザヴィエル』所載図その他の西洋製地図に見えるので、遅くとも一七世紀初頭の作品に相違ない。

　このように見てくるとき、日本に来て日本製の地図を素材として日本図を作った西洋人がいなければならないが、その候補に挙げられているのが、一五九〇−九二年日本に滞在したポルトガル人モレイラである。日本で行動を共にしたイエズス会士ヴァリニアーノの証言やモレイラの「日本図説明」の内容からして、ほぼ誤りない判断である。要するにモレイラは、既存の行基図の海岸線に修正を加えただけであって、平滑な国界や経路、非現実的な四国・奥州北端の図形がそのことをよく語っている。ただし、九州については、既述の『海東諸国紀』所載図（図4−8）のような角張った図形の九

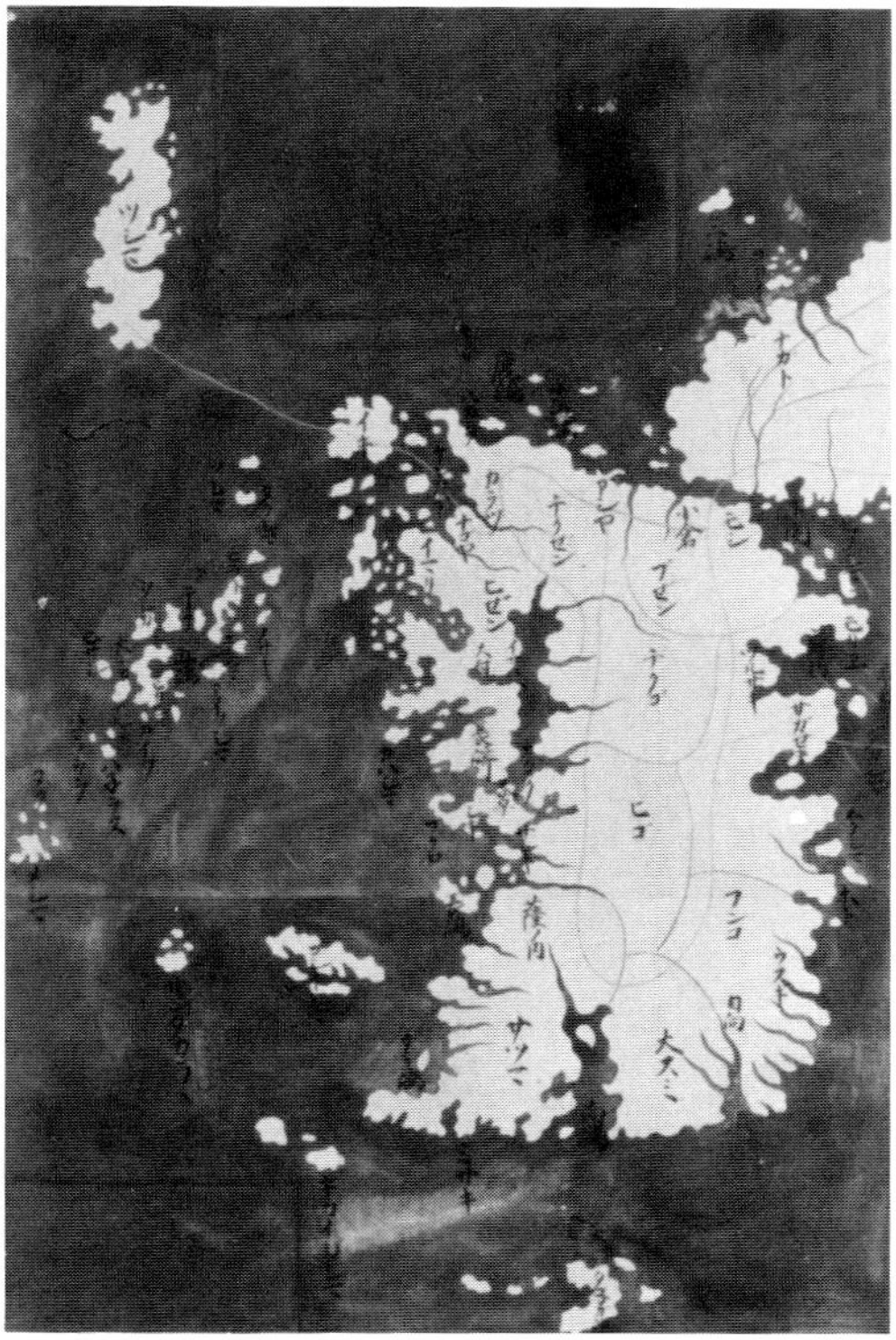

18-*3* 河盛家所蔵日本図（図18-2）の九州

海域一面に塗られた濃い藍色の上に墨書されているので、図版では読み取りにくいが、五島列島の中の島に「ハ子（ネ）ラス」、コシキ島の西方の島に「サンタカラヽ」と注記されている。ポルトガル船は1545年以降たびたび九州の各港に来航しているので、その都度行われた海上からの測量結果が生かされているものと思われる。

18-*4* 上空から見た男女群島

男島《おしま》・女島《めしま》を含んで5島から成る延長約10 kmの男女群島は、鹿児島県阿久根市の西約170 km、五島列島最西端の福江島の南南西約70 kmの位置にある。この写真では手前が女島、最後方が男島で、島内の最高地点は前者で283 m、後者で217 mとなっている。このため、かなりの遠方からも位置が確認できるので、古来朝鮮・琉球・東南アジアを結ぶ国際航路の重要な目標であった。来航ポルトガル船の航海士が、日本人に島名を聞く以前に男島をパネラス、宇治諸島（女島の南東約135 km）をサンクタクララと命名したこと自体、目標としての島の価値の大きさを物語っている。

州図を土台にした可能性が大きい。なお、天理図書館所蔵図は、地名の記載に筆写の際の誤りと見られるものが少なくないので、モレイラ自身の手に成る地図そのものではない。

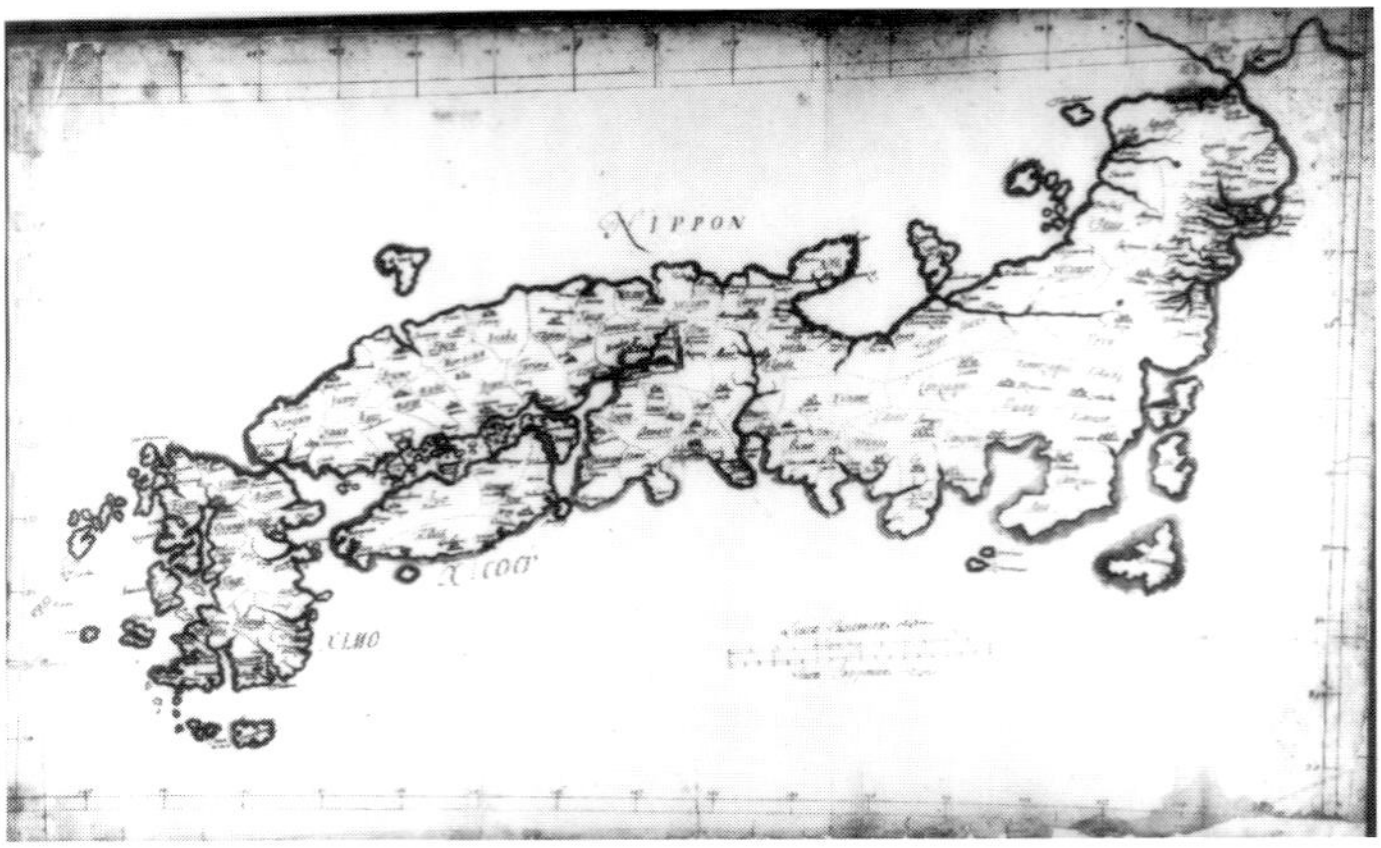

18-*5*　天理図書館所蔵イタリア古写日本図　16世紀末期

第2次世界大戦前にローマに駐在していた日本の一外交官が現地で購入したもので、地名表記にはポルトガル語・イタリア語が入り混じっている。図の周囲の経緯度目盛によると、日本は北緯約30度から約39度に及んでいるが、この数値はモレイラの言うところと一致する。縮尺物差の2種の目盛の一つがルシタニア（ポルトガル）の尺度（他は日本里）であることもモレイラがポルトガル人であったことと関係があろう。九州西方海域には南から北へS.Clara、Mexima（女島）、Panelasの島々が描示されている。なお九州をXimo（下）と称しているのは、イエズス会が九州を「しも教区」として統括していたことによる。

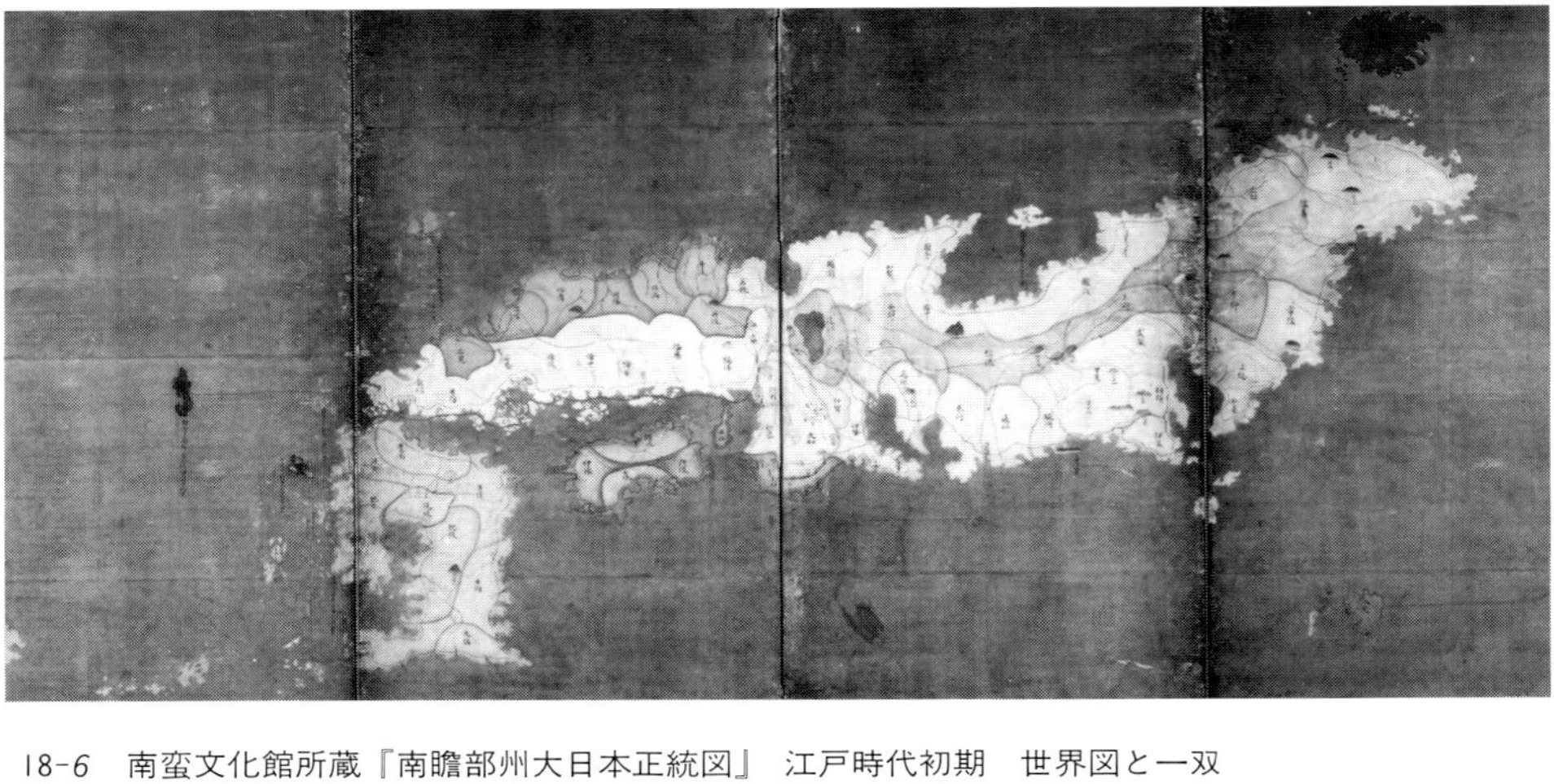

18-*6*　南蛮文化館所蔵『南瞻部州大日本正統図』　江戸時代初期　世界図と一双

平滑な国界・道路（単一の経路ではなく複数）の表現、屈曲に富む海岸線などは浄得寺型と共通するものの、四国や三河湾の海岸線は極めて現実的であり、日本カルタのそれを彷彿させる。また沖縄本島の真に迫る輪郭は、慶安2年（1649）完成の薩摩藩による琉球図（図21-*2*参照）に基づいた可能性がある。かりに日本カルタが参照されたとすれば、寛文10年（1670）頃以降の作ということになるが、何故部分的な採用にとどめたのか、疑問が残る。図形の類似するカリフォルニア大学バークリー校所蔵（三井文庫旧蔵）図（対の世界図は共に方眼図法系乙種）と共に解明が待たれる。

19.「カルタ」と洋式測量術

鎖国前に西洋からもたらされた地図としては、世界図のほかに航海用のポルトラーノ（平面海図）がある。同じく地図と言っても、これは市販されていたものではなく、むしろ軍事機密ないしは企業秘密としてその当時すなわち大航海時代の西洋諸国では慎重な取り扱いがなされていた。したがって、実用に耐えるポルトラーノを日本人が入手することは、容易ではなかったはずである。恐らく、東南アジア貿易に従事する事業主や船頭は、日本近海の高度な海事情報を提供する見返りとして、辛うじて模写の許可を得たにちがいない。第1表に示すように、現存する南洋「カルタ」が、一点を除いてすべて一つの原図から派生していることからも容易に想像できる。さて「カルタ」とは、当時のわが国でのポルトラーノに対する呼称であり、地図を意味するポルトガル語にほかならない。呼称だけでなく、図中の洋文字地名が例外なくポルトガル語表記であり、領有地に立てられている国旗がポルトガルのそれであることからしても、原図がポルトガル製であったことは確かである（図19-*1*）。オランダ語表記の地名をもつカルタは発見されておらず、たとえ「紅毛」の名が冠せられている場合であっても、それは後世の誤解か故意の歪曲であるに過ぎない。

ポルトガル人航海士の誰から、日本人としてはじめて、誰がいつ、その使用法や作図法を学んだのかは明らかでないが、四国、琵琶湖、奥羽太平洋岸の表現が、初期南蛮系世界図（卵形図法系、一〇

第1表　南洋カルタの系譜

＊印は獣皮紙であることを示す。△印は洋文字表記地名のあるもの、◎印は現存模写本の原本を意味する

- ポルトガル製A
  - ［日本を日本カルタにより改訂］
    - △南波氏所蔵図（司馬江漢模写　左端、アフリカ西岸）
- ポルトガル製B
  - ［左端、アラビア海］
    - ＊△林原美術館図（池田侯旧蔵　左端、アラビア海）
    - ◎△糸屋図（鷹見泉石模写　左端、アラビア海）
      - ＊末吉図（図19-1）（左端、アラビア海）
      - ◎『装剣奇賞』図（図19-2）（一七八一年刊　左端、マライ半島）
        - ［長崎奉行所保管］
          - 『波丹人絵巻』図（県立長崎図書館所蔵　一六八〇年　左端、マライ半島）
          - 天線地方之図（森幸安　一七五二年　左端、マライ半島）
          - 盧高朗図（県立長崎図書館所蔵　左端、マライ半島）
        - 清水氏所蔵図（図19-3）（左端、マライ半島）
        - 神宮文庫図（左端、マライ半島）
        - 小加呂多（東北大学所蔵　左端、マライ半島）
      - ＊角屋図（左端、マライ半島）
      - 渾円天度合体図（森幸安　一七五二年　左端、マライ半島）
        - 紅毛加留太図（長久保赤水　左端、マライ半島）
    - ◎△紅毛夷海路図（一八四五年模写　左端、セイロン島）
    - ◎和蘭針路図（益田家所蔵　左端、アラビア海）
  - ＊東洋諸国航海図（東博所蔵　左端、アフリカ東部）

〔第1表説明〕

系譜作成のための判断材料としては、図形・地名は勿論のこと、方位盤の形状・記入位置、縮尺物差の記入位置・装飾などを用いたが、その考証の過程は、紙幅の関係から割愛せざるを得なかった。考証内容については、拙稿「わが国におけるポルトラーノ海図の受容」（有坂隆道・浅井允晶編『論集日本の洋学』Ⅴ〈二〇〇〇年〉、拙著『東西地図文化交渉史研究』〈二〇〇三年〉に所収）を見られたい。

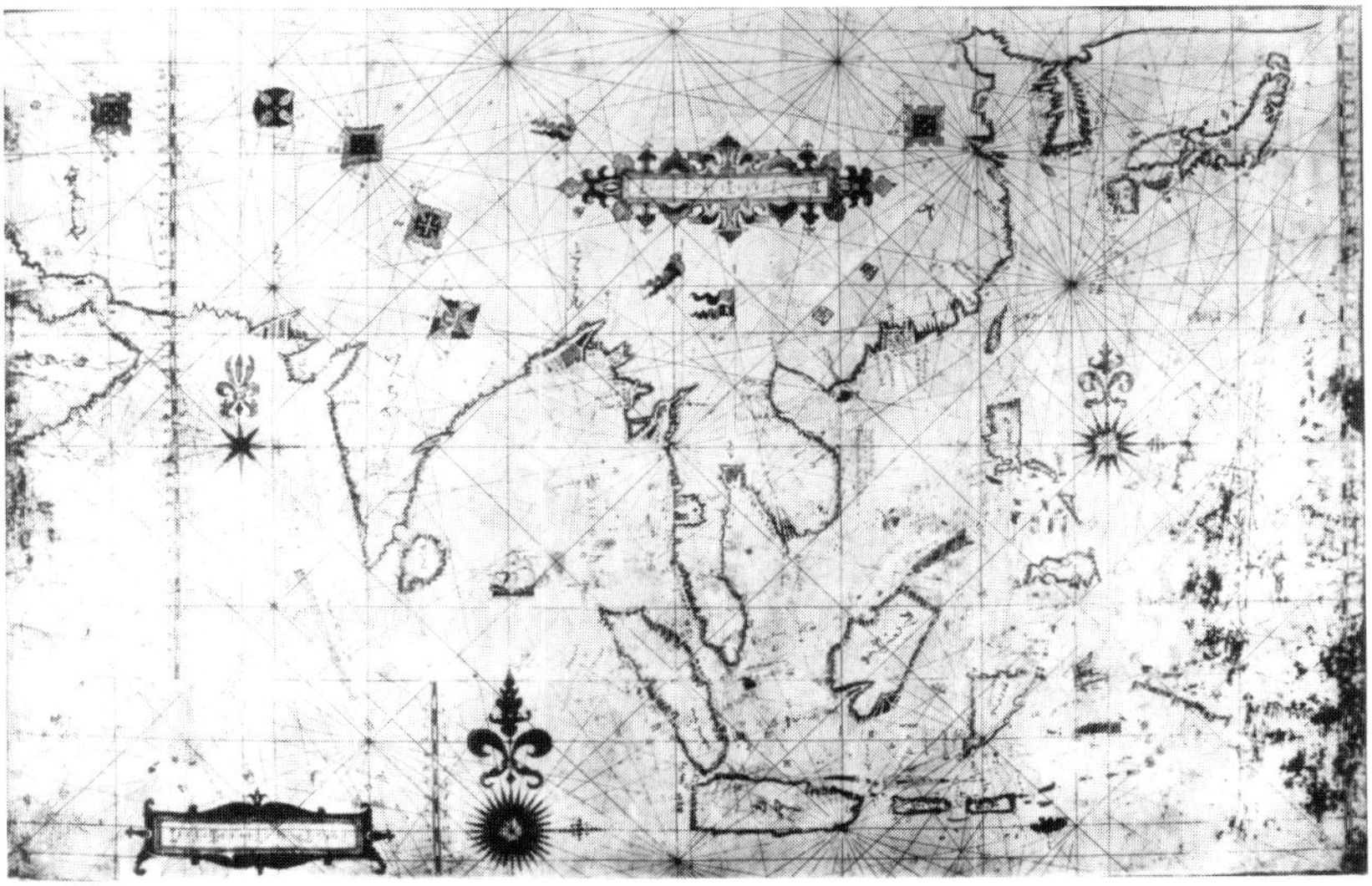

19-*1*　南洋カルタの一例：末吉家所蔵図　17世紀初期　犢皮紙《とくひし》

慶長9年（1604）以降東南アジア貿易に従事した末吉孫左衛門使用の品と伝えられる。「エド」と並んで「スルガ」を記入しており、家康の駿府隠居（1607年）以前には遡《さかのぼ》らない。地名の洋文字表記はなくなっているが、ポルトガル領有地を示す各種の旗に西洋製原図の名残を留めている。この図版は、天明7年（1787）の長崎通詞本木良永による漢訳地名の付箋をはがした状態である。

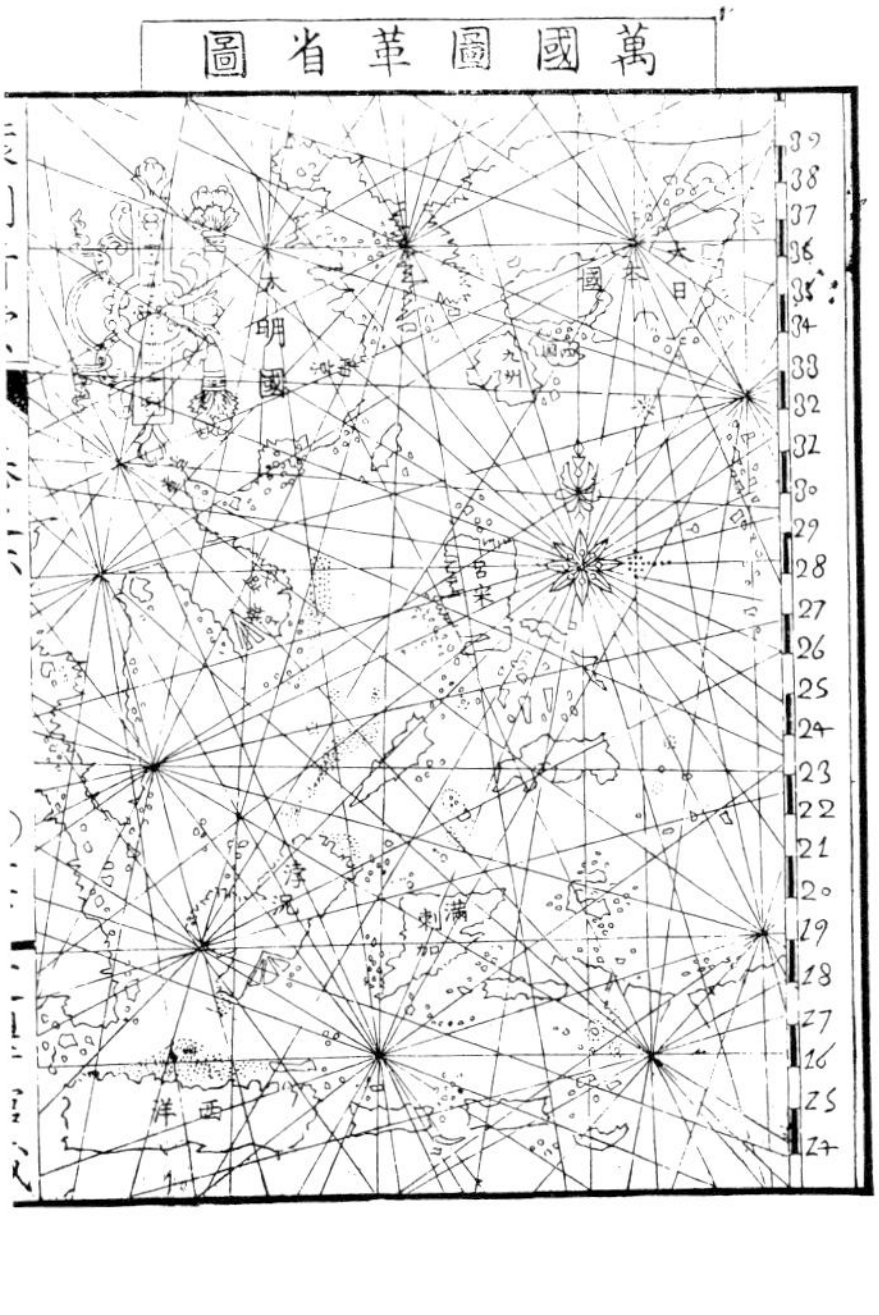

19-*2*　稲葉通竜『装剣奇賞』所載万国図《ばんこくのず》革省図《かわしょうず》
天明元年（1781）刊

「省図」は略図の意であり、原図は約1尺7寸（51.5 cm）四方の牛皮製のものであるというから、左右が圧縮されていることは図形にもあらわれている。地名のいくつかには訳が付けてあるとの説明からすると、洋文字表記の地名も含まれていたはずである。縮尺物差の装飾、方位盤の位置・装飾は糸屋図、日本北方の表現は末吉図（図19-*1*）とそれぞれ共通しており、系譜関係はおのずから明らかとなる。

19-3　'屏風板' 付きの南洋カルタ：清水家所蔵品　延宝5年（1677）頃　手書

寛文11年（1671）の水戸藩の洋式航海儀器受取証文には、「しやがたら迄かるた」に付随して「右之屏風板」と「右之板ぬり賃」の項目がある。一方、清水家所蔵品は昭和28年（1953）9月の台風による洪水の際、約8時間水につかり、貼ってあった色紙類がはがれてはじめて地図であることが判明したという経緯を辿っているが、図面には水による何らの損傷もなく、その塗料のすぐれた防水性がはからずも立証されたわけである。板の塗料は柿渋であるが、図面に施された無色透明の防水塗料が何であるのかは明らかでない。図中には延宝3年（1675）の島谷市左衛門の探検によって位置・大きさが明らかとなった小笠原諸島が「辰巳島《たつみじま》」として正確に描示されている。

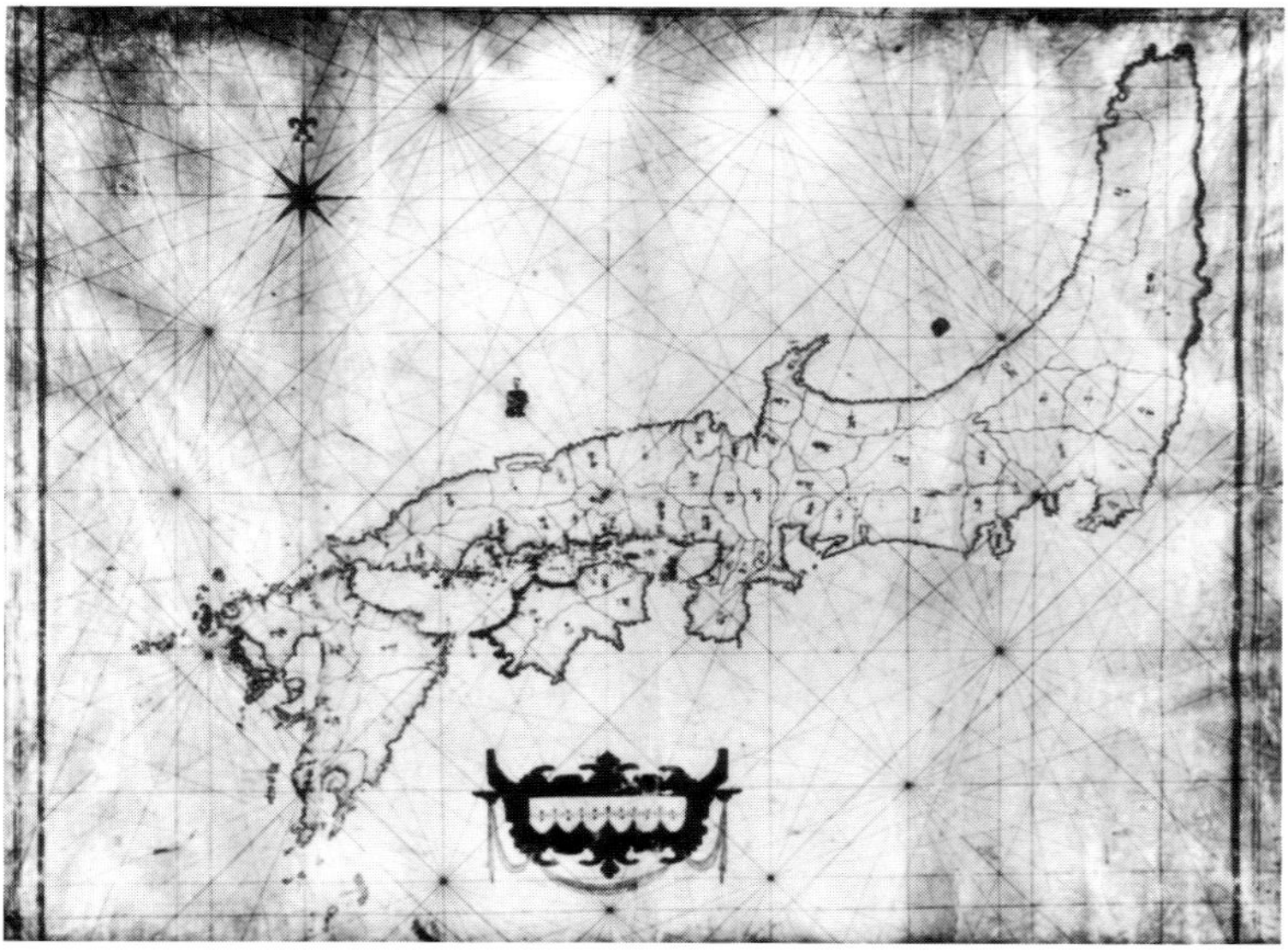

19-4　初期日本カルタの一例：東京国立博物館所蔵品　寛文11年（1671）頃　犢皮紙《とくひし》

現存する日本カルタのうち、獣皮紙に描かれているのは本図と三井文庫所蔵品の2点のみで、両者は描法・筆跡・縮尺目盛（48町＝1里）の諸点で共通しており、大きく異なるのは本州北端の緯度のみである。三井文庫本には万治3年（1660）完成の丸亀城が描かれてはいるが、陸図的要素は全面的に慶長日本図の踏襲である。奥羽地方が約39度半止まりの短躯なのもそのためである。これに対して本図の奥羽地方は北端のみ約1度半北へ引延ばされている。太平洋岸に比べて日本海側が不出来なのは、寛文10－11年（1670-71）の幕命による島谷市左衛門の「見分」が、太平洋側に限られていたためと思われる。

八頁参照）のそれと共通しているので、文禄の役開始後間もない一五九三年頃には、すでにポルトラーノが日本人の模写するところとなっていた可能性がある。

いずれにせよ、長崎がカルタ作製において独占的地位を占めていたことは、寛文一一年（一六七一）水戸藩がカルタを含む洋式航海儀器一式を、長崎の航海士島谷《しまや》市左衛門に発注し、受け取っていることからもうかがえる。このときの受取証文には「しやがたら迄かるた」（図19―3参照）のほかに「日本かるた」なるものが含まれているが、これは日本列島のみを描いたポルトラーノのことである。現存するポルトラーノ式日本図について見てみると、そのいずれの日本列島も南洋カルタにおける図形とは共通性がなく、また縮尺表示の尺度がわが国の〝里〟になっている。このことは、その成立が南洋カルタよりも遅く、しかも日本人による案出であったことを意味するであろう。

ところで、島谷市左衛門は寛文一〇年（一六七〇）頃幕命を受けて二ヶ年にわたり、船による日本列島の沿岸・離島の調査を行っているので、日本カルタそのものも幕命によるものと考えられる。しかし、全く新たに作図されたものではなく、その基図は明らかに官撰の慶長日本総図であり、陸図的要素を留めている（図19―4）。現存する日本カルタが一つの原図から出発していることは、相互の比較から疑いないところであり、その系譜は第2表に示す通りである。

日本カルタの誕生が鎖国後三〇年後のことであるように、南洋カルタへの関心が鎖国によって失われたわけではなかった。細井広沢《こうたく》の『秘伝地域図法大全書』（一七一七年）によると、測量術修得完了に際して、南洋・日本両カルタは、「南蛮暦」（航海暦）・「万国総図」と共にその証明として終業生に手渡されている。土地の測量を主たる任務とする測量家の資格証明に、航海術関係の品が使われたのは、わが国の洋式測量術の出発点が西洋の航海術にあったからにほかならない。わが国洋式測量術の開祖を長崎の樋口謙貞《ひぐちけんてい》（小林義信、一六〇一―八四年）とする点で、江戸時代の測量術関係文献は一致しているが、彼は島谷市左衛門を凌ぐ洋式航海術の達人でもあった。そうした測量術関係文献に見える西洋語が、例えばピロート（航海士）・イスタラヒ（全円儀）（図19-*6*）・シヤネロ（一月）のように、いずれもポルトガル語であるのも、航海術の伝授が鎖国前の出来事であったことを物語っている。

第2表　日本カルタの系譜　＊印は獣皮紙使用、○印は十二支方位採用であることを示す。

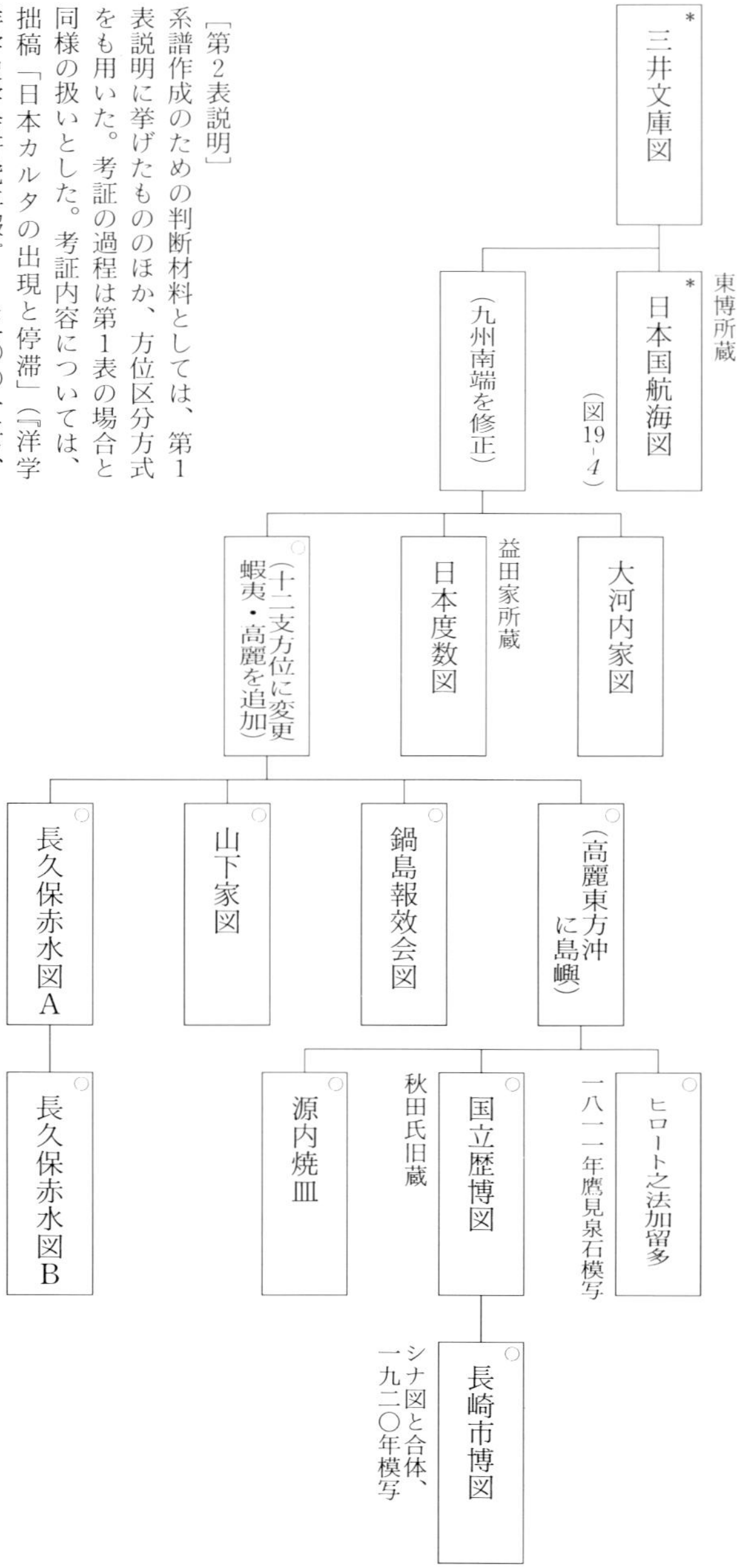

〔第2表説明〕
系譜作成のための判断材料としては、第1表説明に挙げたもののほか、方位区分方式をも用いた。考証の過程は第1表の場合と同様の扱いとした。考証内容については、拙稿「日本カルタの出現と停滞」（『洋学史学会研究年報』9〈二〇〇一年〉、拙著『東西地図文化交渉史研究』〈二〇〇三年〉に所収）を見られたい。

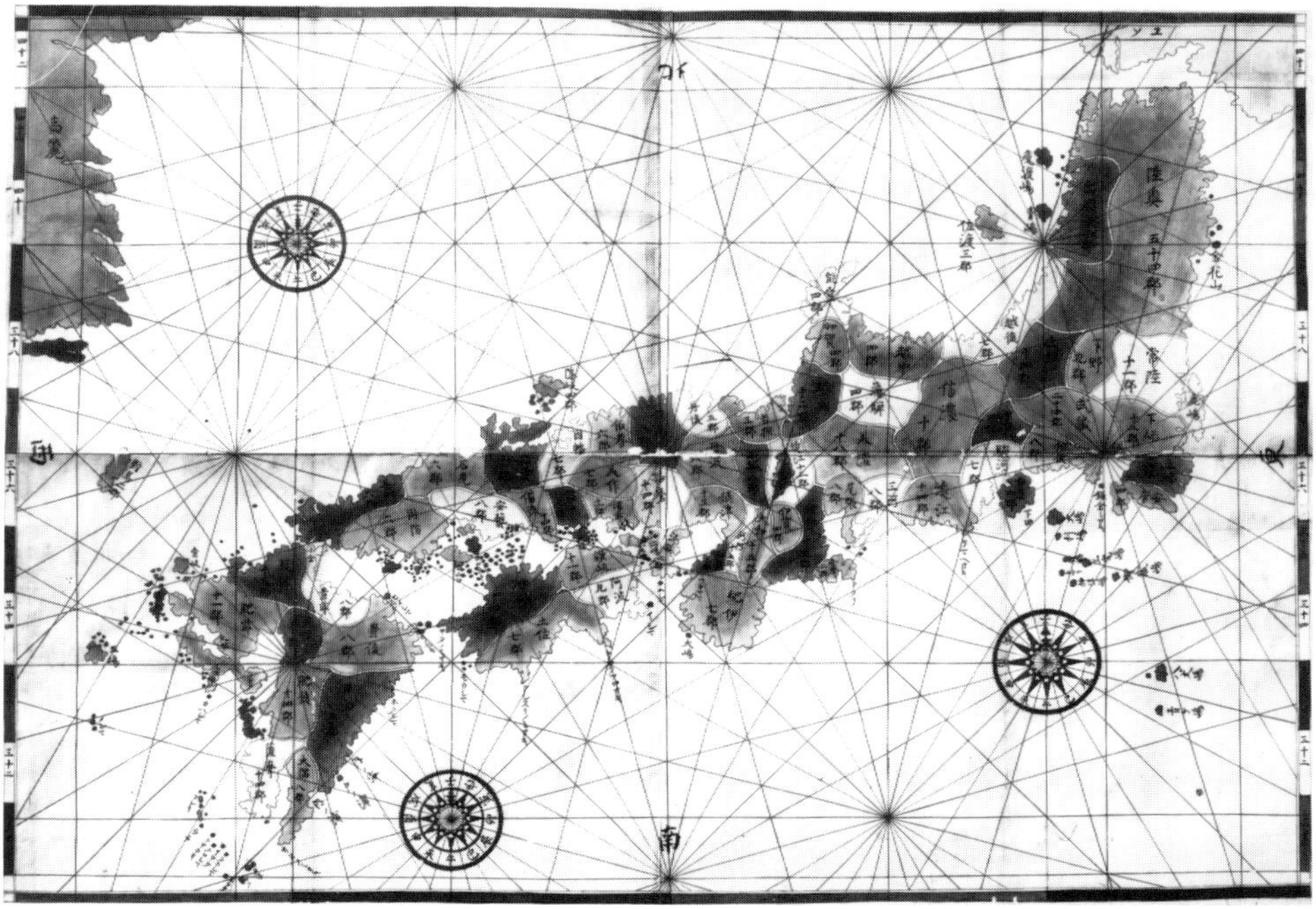

19-*5*　十二支方位日本カルタの一例：鍋島報效会所蔵品　天明末期（1788 年頃）　手書

日本カルタとしては初期の東京国立博物館本（図 19-*4*）と比べると、方位区分が十二支による 24 方位になっているほか、高麗・エゾが加わり、大隅半島が薩摩半島よりも南へ、すなわち実際に近づいている。五畿七道の諸国を色分けして郡数を注記するなど、陸図的性格を一層濃くしている。海上での使用は全く考慮されておらず、陸上での単なる地理的情報源であったことは明白である。

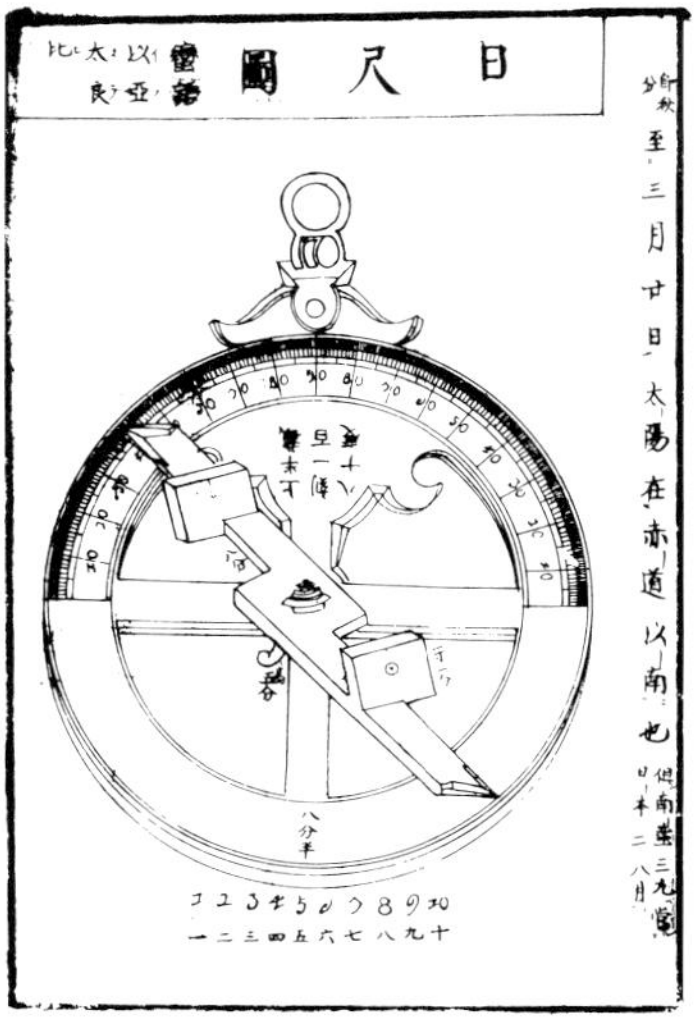

19-*6*　松宮俊仍《としつぐ》『分度余術』所載日尺図　享保 13 年(1728)

日尺とは「蛮語以亜太良比《イスタラヒ》」と注記されているように、天体観測用のアストロラビヨ（全円儀）のことである。この形式のものは航海用で、しかも旧式（16 世紀）に属する。全円儀については、1590 年帰国の天正遣欧少年使節が航海中に使用法を教わり、実物を持ち帰っている。松宮の測量術の師北条氏如《うじすけ》は、1650 年にオランダ人スヘーデルから砲術・測量術を学んだ北条氏長の子であり、オランダ流も加味されていたであろうが、西洋系用語のほとんどはポルトガル語である。

20. 地球儀の舶来とその波紋

わが国にはじめて地球儀が舶載されたのがいつであったのかは明らかでないが、既述（一〇八頁）のように天正八年（一五八〇）すでに織田信長は地球儀を手許に置いており、同一八年（一五九〇）に帰国した遣欧少年使節は天地両球儀を持ち帰っている。同二〇年（一五九二）豊臣秀吉は肥前名護屋において、マニラから来た使節ファン・コーボから一部漢字併記の地球儀を贈られている。

慶長年間に京都のキリスト教教会堂（南蛮寺）に地球儀が置かれていたことは、「一五九六年度イエズス会年報」や林羅山の「排耶蘇《はいやそ》」（一六〇六年）によって知られる。キリシタン禁制後は、オランダ側からの幕府献上品もしくは幕府の注文品として舶載が続いた。記録に見えるものを拾ってみると、大目付《おおめつけ》（外事担当）井上政重は、一六四二年から一六五七年までの間に四回、オランダ商館長から贈呈を受けている。もちろん井上を通じての幕府への献上品であり、一六五七年の場合は、その直後の振袖火事すなわち明暦《めいれき》の大火により焼失したので、幕府はすぐさま代わりを発注している。その品は一六六一年に届いているが、それ以前一六五九年にもオランダ側は天地両球儀一対を献上している。

当時はまだ天球儀・地球儀という言葉がなく、幕府の書類では「天之図、地之図」という表現が使われており、林羅山は「日月行道之図」「円模の地図」と呼んでいる。「天球儀」「地球儀」という語

20-1　地球儀付きからくり人形　江戸時代初期　茅原家

所蔵者がバテレン人形と称しておられるこの人形は、今はこわれているが、台の側面にあるハンドルを回すと、地球儀共々金属片をはじくような音がして回転したという。地球儀球面上の海陸の図形は、南蛮系世界図の中でも最も早い卵形図法系のそれと共通しており、しかも玩具とは思えぬほどの精密さである。地球儀に関する限り、南蛮系の世界図や地球儀が目に触れ易かった時代の作品と断定せざるを得ない。

20-2　江戸幕府所蔵の舶来地球儀：『寛政暦書』所載蛮製地球儀　天保10年（1839）手書　内閣文庫

『寛政暦書』の説明記事内容と馬道良（北山晋陽）『阿蘭陀天地両球修補製造記』（1795年）の記載とが一致するので、寛政3年（1791）晋陽が幕命を受けて補修したブラウの作品の写生であることは明白である。幕府旧蔵品は天球儀共々現存しないが、全く同じ形式の両球儀はアムステルダム歴史博物館に所蔵されている。

20-*3* 『和蘭新定地球図』(部分) 元文2年(1737)頃 巻物 手書 大阪府立中之島図書館

年紀・作者名などを欠くが、図の内容特に地名表記が北島見信『紅毛天地二図賛説』(1737年)のそれと共通するので、官命を受けて1700年製のオランダ製天地両球儀の翻訳を行った北島見信の、地球儀球面の展開図であることは疑いない。現存する1700年のファルク父子作地球儀と比較しても、その海陸の図形には食い違うところがない。使われている球状図法は西洋でも使用例が稀であり、球面上の図形になるべく近づけたいとする北島の苦心の結果と見るのが妥当であろう。

20-*4* 渋川春海作地球儀：国立科学博物館所蔵品 元禄10年(1697) 手書

対の天球儀と共に土佐藩儒谷家に伝えられていたもので、渋川春海に教えを受けた先祖の谷秦山《じんざん》の所有物だったのであろう。図形はマテオ・リッチ世界図に基づいているが、地名は南蛮系世界図からも採っている。春海は7年前の元禄3年(1690)に作った天地両球儀を、その翌年伊勢神宮に奉納しており、今も神宮徴古館において見ることができる。

の初見は、天保一〇年（一八三九）完成の渋川景佑《しぶかわかげすけ》らの『寛政暦書《れきしょ》』においてである（図20―2）。それはともかく、舶来天地両球儀は幕府にとって貴重品であったらしく、一六七七年にはキリシタン屋敷に収容のもと宣教師キアラに修理させたり、一七九一年には一五〇年も前のブラウ作天地両球儀の補修を、画家で蘭学者の北山晋陽《しんよう》に命じたりしている。

江戸城だけでなく、長崎奉行所にも舶来天地両球儀は保管されていたようで、元文二年（一七三七）天文学者北島見信《けんしん》は、命を受けて一七〇〇年のファルク父子作天地両球儀の球面の展開・翻訳を行っている（図20―3）。一七四五年のファルク地球儀は武雄（佐賀県）鍋島家の旧蔵品が残っており、諸藩においても関心が高かったことを物語っている。ファルク地球儀の影響力は大きく、入江修敬《のぶたか》（一六九九―一七七三年）や沢田員矩《かずのり》（一七一七―七九年）による平面展開図があるほか、倣製品も伝わっている。

わが国での地球儀製作は、早くも慶長一〇年（一六〇五）に宮中出入の細工師によって行われている。現存する和製地球儀のうち最古の年紀のあるものは、元禄三年（一六九〇）の渋川春海の作品（神宮徴古館蔵）であり、マテオ・リッチ世界図の立体化である。その後も春海は天地両球儀を作っており（図20―4）、その流れを汲む球儀は少なくない。

蘭学の成果を盛り込んだ地球儀の恐らく最初は、桂川《かつらがわ》甫周《ほしゅう》の作品（一七九四年）で彼の東西両半球図の球体化であった。堀田《ほった》仁助《にすけ》の作品（一八〇八年）、稲垣定穀《さだよし》（一七六四―一八三六年）旧蔵品、熊本市立博物館所蔵品などはその系統である。江戸時代後期になると刊行世界図に基づく地球儀の製作が主流となる。橋本宗吉『喎蘭《オランダ》新訳地球全図』（一七九七年）を資料とする萩市郷土博物館・正《しょう》立寺《りゅうじ》（和歌山）各所蔵品、官版『新訂万国全図』（一八一六年）（図24―4）に基づく中条澄友《ちゅうじょうすみとも》の作品（一八三八年）その他が現存している。

以上はすべて手書であるが、安政二年（一八五五）の沼尻墨僊《ぼくせん》の『大輿地《だいよち》・球儀《きゅうぎ》』は、わが国最初の印刷紙面の地球儀であると共に、折畳み式の嚆矢《こうし》である（図20－*5*）。そもそも地球儀は西洋起源のものであるが、わが国では仏教的解釈を受けた独特のものも作られている（図20－*6*、*7*）。

20-*5*　『大輿地《だいよち》球儀《きゅうぎ》』　沼尻墨僊《ぬまじりぼくせん》作　安政 2 年（1855）　木版筆彩

12 本の竹骨からなる折畳み式で、架台も組立て式であり、携帯可能であることが意図されている。一方西洋では、類似の構造をもつイギリスのベッツ考案のもの（8 本の鉄骨）が、1850 年頃から発売されており、もしわが国への輸入が安政 2 年以前であったとすれば、その影響が考えられるが、現段階ではいずれとも言い難い。球面上の海陸の図形は新発田《しばた》収蔵《しゅうぞう》『新訂坤輿略全図』（1852 年刊）に基づいている。残っている「てびかえ」によると、安政 3 年 8 月までに 98 個が出荷されている。墨僊は常陸土浦の民間学者。

（次頁・下）20-*7*　『縮象儀図』　円通《えんづう》　文化 11 年（1814）刊

西洋天文学を大幅に採用して仏教天文学の補強をはかった「梵暦の開祖」円通は、仏教宇宙像を示す時計仕掛けの須弥山儀とここに示すような大地と日月軌道との関係をあらわす縮象儀とをつくり、西洋系の天地両球儀に対抗させた。平たい大地に描かれるのは西洋系の東半球図における海陸の図形であり、仏教臭はない。縮象儀自体は残っておらず、当時もこの写生図がもっぱら運動の普及に活用されたようである。いずれにせよ、わが国独特の地球儀ならぬ地平儀である。

20-6　宗覚《そうかく》作地球儀　元禄15年（1702）頃　手書　久修園院《くしゅおんいん》

西洋の地球説と仏教の須弥山《しゅみせん》説とを融合させており、地軸を垂直にして架台に固定し、北極にはめこまれた‘すりこぎ’状の水晶は、麓が細くなっているという須弥山をあらわしている。球面上の世界も、瞻部洲《せんぶしゅう》の輪郭に近づくように、各大陸の位置・形状が自由に変更されている。また独特の形をした子午環は、太陽軌道環を両至両分点のそれぞれに移動させ得ることを考えての設計である。別掲のうちわ型南瞻部洲図（図15-*4*）はこのあと間もなく作られたものである。

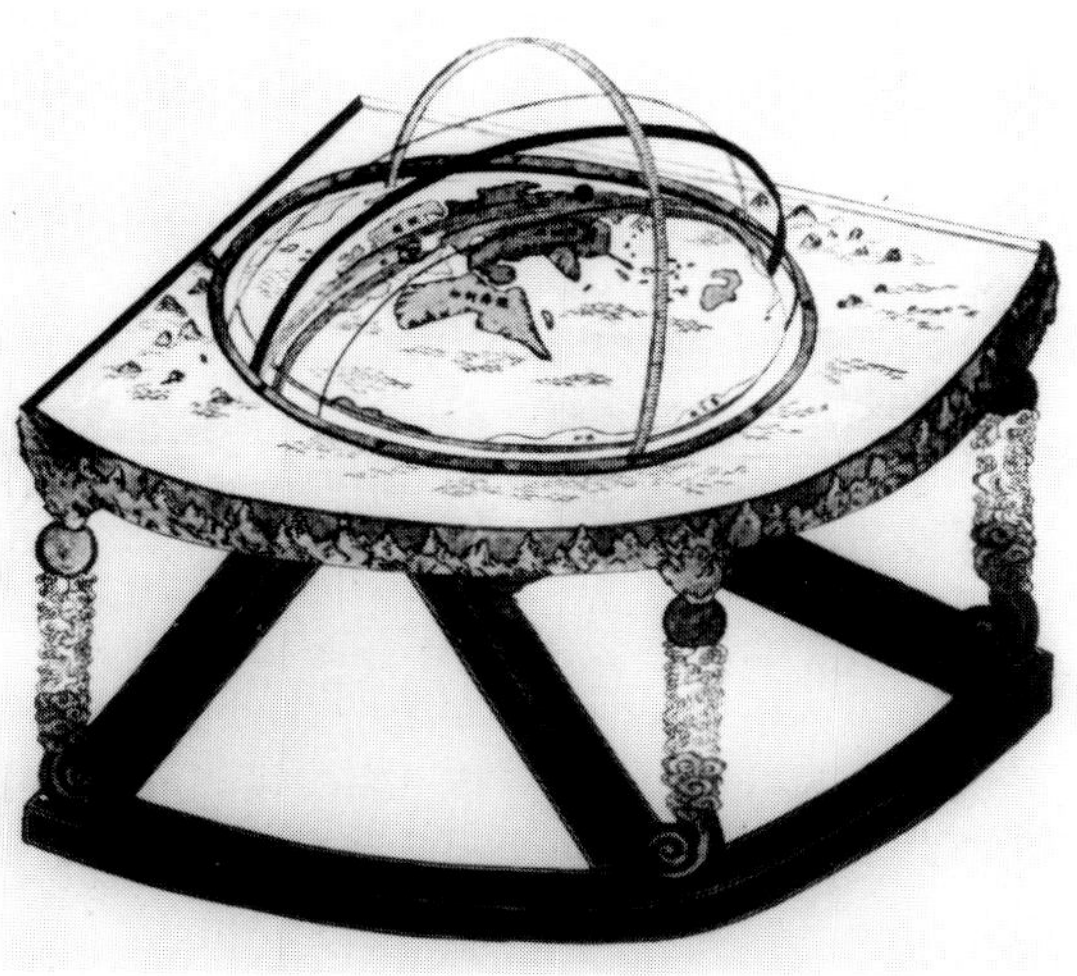

21. 江戸幕府の地図調製事業

延暦一五年（七九六）の国図調達事業以後、天正一九年（一五九一）の豊臣政権の郡図調達に至るまで、政府による全国的規模の国土基本図作製事業についての記録は残っていないが、地図は行政に欠かせないものだけに、鎌倉・室町両幕府においても詳細な内容の各種地図が保管されていたはずである。『吾妻鏡』によると、文治《ぶんじ》四年（一一八八）には鬼界島《きかいがしま》への海路図が作られており、またその翌年には陸奥・出羽両国の地図を、源頼朝は出陣先の平泉で調達している。

豊臣政権による郡図調達は、検地帳（御前帳《ごぜんちょう》）と併せて提出が求められたもので、文禄二年（一五九三）までに一三ヶ国の図が責任者駒井重勝のもとに集まっている。文禄四年（一五九五）に検地が行われた越後国の場合、郡図が完成したのは一―二年後の慶長元年（一五九六）かその翌年であり、頸城《くびき》・瀬波《せば》両郡図が残っている（図21―1）。

慶長八年（一六〇三）に発足した江戸幕府が、その二年後（一六〇五年）に国単位の地図の調製命令を発したのは、郡単位であることから恐らく未完成に終った前政権の事業に鑑みての措置であったと考えられる。江戸幕府は前後計五回、国土基本図の調製事業を行っているが、最初の二回すなわち慶長・寛永両度については、関係史料が乏しく詳細は明らかでない。第三回の正保《しょうほう》度においてはじめて基本方針が確立されたらしく、縮尺・表現形式・記載内容の統一が行われている。したがって、

21-1 豊臣政権下の郡図の一例：越後国瀬波《せば》郡絵図（部分） 慶長元年または同2年（1596／97）

豊臣政権による国土基本図調達事業における方針が、郡単位の地図であったことは、『多聞院《たもんいん》日記』天正19年（1591）7月29日の条、同年8月20日付の豊臣秀次の尾張黒田城主への通達、翌年（？）5月3日付の高官連名の島津氏への通達などによって明白である。山川・道路はもとより寺院・神社・橋に至るまで記載することを求めているが、この図でもそのことが知られる。

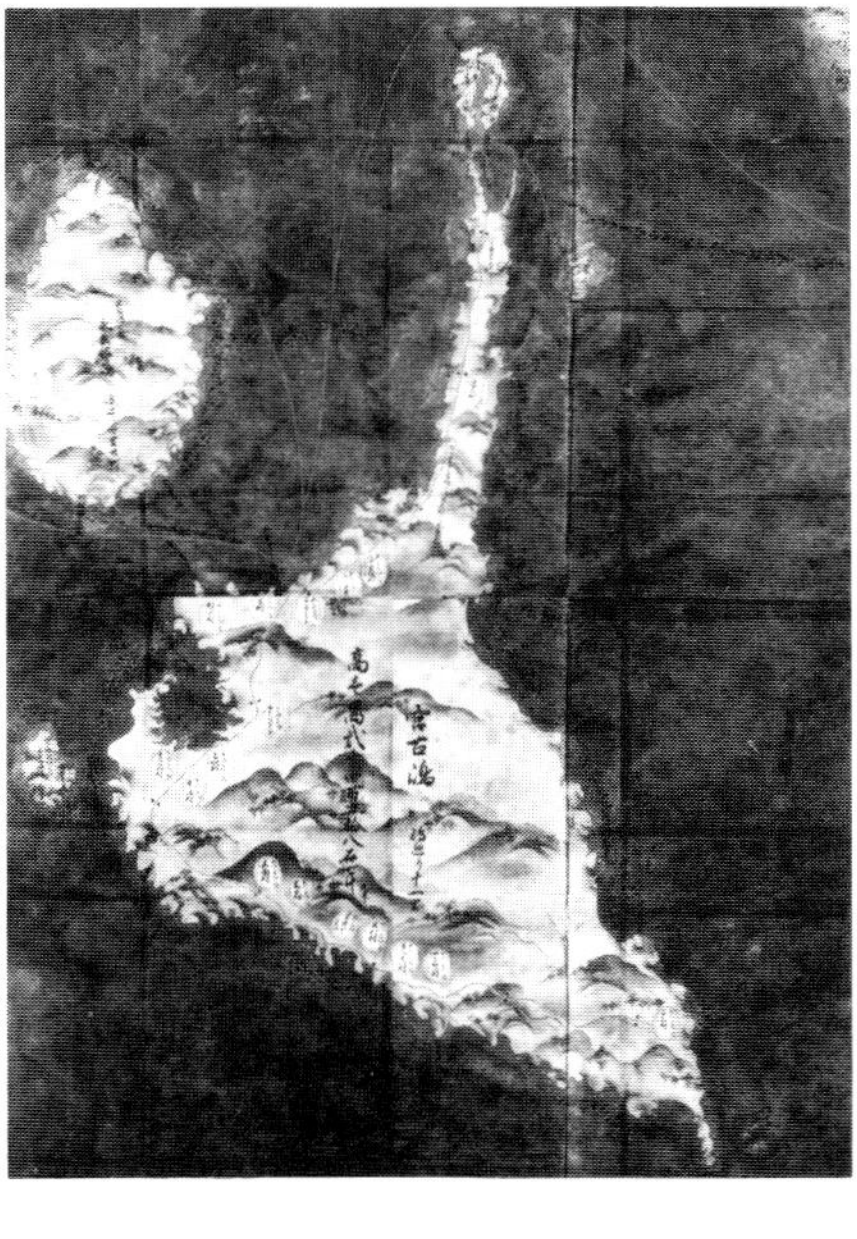

21-2 正保「国絵図」の一例：『琉球八（重）山嶋絵図』（部分） 慶安2年（1649） 東京大学史料編纂所

縮尺についての幕府の指示は、幹線道路の1里を6寸にあらわすというのが主眼であり、この図で明らかなように1里ごとに1対の点が打たれている。当然、勾配のある道路では、点相互の間隔が狭まる。琉球諸島は薩摩藩の担当で、測量は正保2年（1645）から翌年にかけて実施された。琉球諸島は南北に長いので、3枚に分けて仕上げられている。元禄度以降は正保図の改訂に留まっている。

第3表　江戸幕府の「国絵図」調製

	発令	完成	縮尺	総枚数	日本総図	備考
第一次	慶長一〇年九月（一六〇五）	年月不詳	不詳	不詳	不編集（?）	
第二次	寛永一〇年正月（一六三三）	寛永一一年二月（一六三四）	不詳	不詳	寛永一二年頃（一六三五頃）	六班より成る諸国巡見使による徴収
第三次	正保元年一二月（一六四五）	*明暦二年一二月（一六五七）	六寸一里（二万一六〇〇分の一）	七六	寛文一〇年頃（一六七〇頃）	藩庁所在地の地図（「城絵図」）および東海道諸城の立体模型を提出せしむ。
第四次	元禄一〇年四月（一六九七）	元禄一五年一二月（一七〇二）	同右	八三	元禄一五年一二月（一七〇二）	享保二年（一七一七）日本総図の改訂を命ず。同一三年（一七二八）完成（享保日本図）。
第五次	天保六年一二月（一八三六）	天保九年五月（一八三八）	同右	八三	不編集	

*明暦三年（一六五七）正月の江戸の大火にて焼失したものについては再提出を命じている。

第四回の元禄度、第五回の天保度《てんぽう》は、正保図を改訂する程度でほぼ事が足りている（第3表参照）。縮尺について見ると、六寸一里（二万一六〇〇分の一）であり、松前藩担当の北海道・カラフト・千島の非実測図を別にすると、琉球諸島西端の与那国島《よなぐにじま》を含んで日本各地の図はいずれもこの縮尺となっている（図21-2）。縮尺を無視した松前藩作製の図を幕府が受理したのは、「国絵図」が本来、課税標準額としての石高を記載した「郷帳《ごうちょう》」と一組をなす財政基礎資料であり、米のとれない蝦夷地を軽視していたからにほかなるまい。ただし、天保度の場合は、実測された北海道、エトロフ・クナシリ・南カラフトを含む巨大な図面となっている。

「国絵図」を資料とした日本総図の編集は、天保度を除いてその都度行われており、なかでも正保日本図の場合は、軍学者で測量家の北条氏長《うじなが》が担当しただけあって、出色の出来ばえを誇っている（図21-3）。それに続く元禄日本図は、担当者に人を得なかったためか、四国が西南に大きく傾くという誤りを犯している。しかしながら、北はカラフト・千島、西南は与那国島までを一図に収めるという点では最初の官撰日本総図である。

幕府はまた正保度において、藩庁所在地の図（「城絵図」）の提出を命じており、作図について詳細な指示をしている（図21-4）。江戸・京都・大坂など直轄都市の測量・製図は、幕府専門職の業務であった。街道・航路の図についても、幕府みずから測量・製図に当っており、初期に限って言えば、寛永一一年（一六三四）・正保三年（一六四六）・慶安四年（一六五一）における東海道、寛文《かんぶん》七年（一六六七）における西日本の航路・港湾の調査結果がそれぞれ地図として残されている。

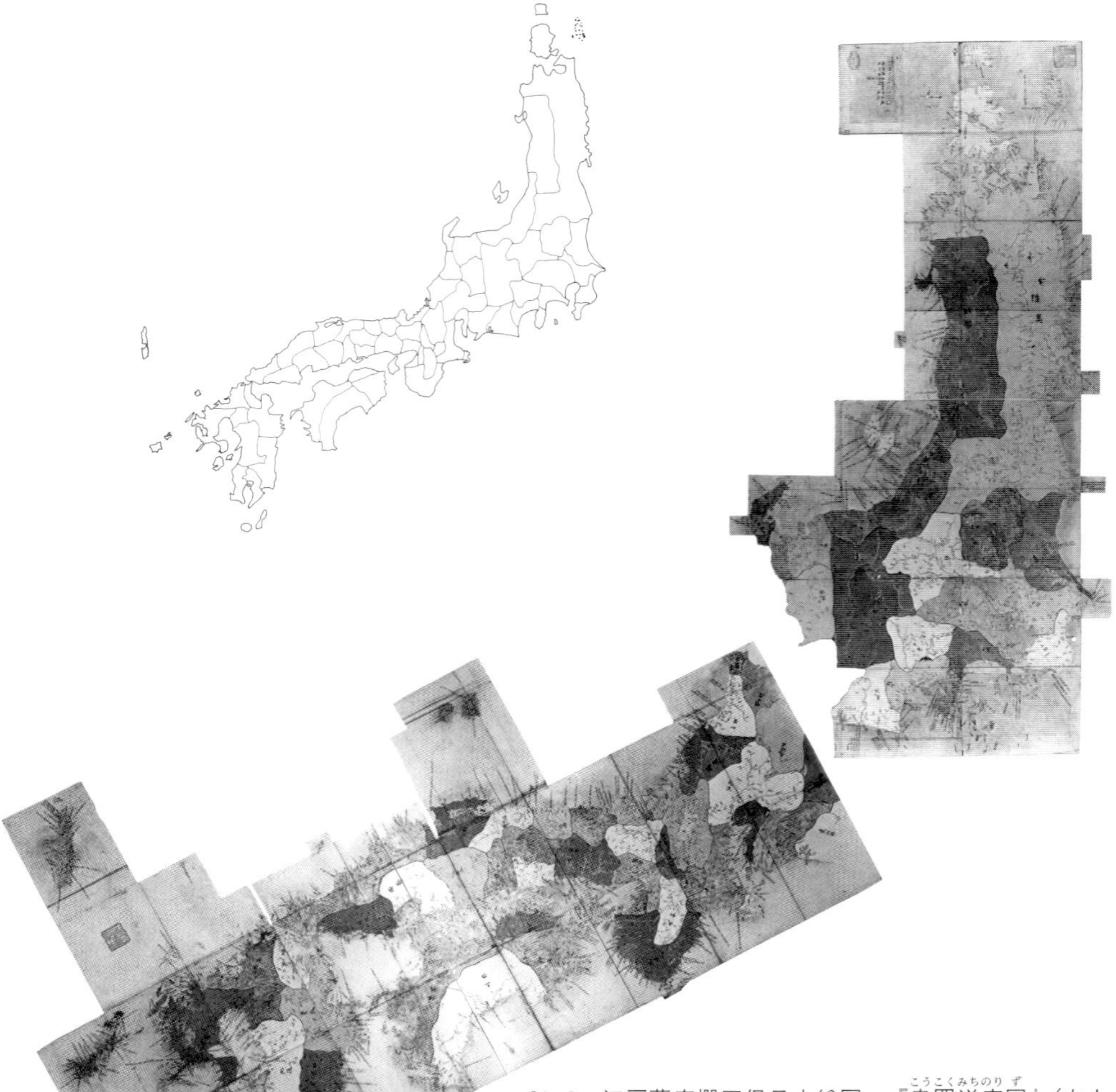

21-3　江戸幕府撰正保日本総図：『皇圀《こうこく》道度《みちのり》図《ず》』（左上は概略）　寛文10年（1670）頃　手書　大阪府立中之島図書館

表題が語るように交通関係情報が詳しく注記されている。「道度」という漢字表記は、編集総責任者の北条氏長が固執したところであり、諸藩からの道路里程報告書にもこれを強要している。すでに琉球諸島全域の図があったにもかかわらず除外しているのは、3分1里（43万2000分の1）という縮尺の関係から図幅の巨大化を恐れたためであろう。推定の域を出ないカラフト・千島・北海道ではあるが、多数の地名を伴っており、この地方の地図としては世界最古である。

21-*4*　正保「城絵図」の一例：『豊前国小倉城絵図』 慶安・承応（1648-54年）頃　手書　内閣文庫

「城絵図」は単なる城郭図でなく、城下をも含む地図のことであって、幕府は最初から侍屋敷・町屋の区画および城下各道路の延長間数の明示を求めている。この図には年紀がないが、図面の一隅（左下）に「小笠原右近大夫居城」とあるので、右近大夫（忠真《ただざね》）が城主であった寛永9年（1632）から寛文7年（1667）までの期間内の作製であったことは明らかである。

21-*5*『木曽路・中山道・東海道絵図』（部分）　寛文8年（1668）　折本　手書　国立国会図書館

江戸・京都間の連絡道路が脇道に至るまで、沿道の風景を混えて描かれているが、距離・方角については厳密でない。江戸時代初期の幕府による度々の街道調査の成果に基づくものと思われるが、元和8年（1622）頃には完成していたはずの彦根城がなく（地名もなし）、佐和山城（図版右端）があるので、より古い図の改訂であったかも知れない。写実的な各城郭は、幕府に集まった模型を写生した可能性がある（第3表参照）。

22. マテオ・リッチ世界図の流布

マテオ・リッチ（利瑪竇《りまとう》）の世界図がはじめてわが国にもたらされた年代は明らかでないが、西洋側の記録によると、一六〇五年（慶長一〇）にはすでに京都のアカデミアにそれが置かれている。リッチはその回想記において、一六〇〇年の南京版は日本にも送られたと述べているので、あるいはそのときのものであったかも知れない。

わが国に現存する『坤輿万国全図《こんよばんこくぜんず》』（一六〇二年刊）計三本（宮城県図書館、京都大学、内閣文庫）それぞれの舶載年代は不明であるが、明治以降の輸入品でないことは確かである。現存はしないが、『両儀玄覧図《りょうぎげんらんず》』（一六〇三年刊）も早く舶載されていた形跡があり、またリッチ東西両半球図を載せる漢籍『方輿勝略《ほうよしょうりゃく》』（一六一二年刊）が、正保二年（一六四五）以前に舶載されていたことは、『万国総図』（図17―*1*）の図形からして明らかである。

『坤輿万国全図』のわが国での模写本について見ると、蝦夷地に北陸道諸国名を記入するという原図の誤りをそのまま受け入れているものもあるが、多くは西洋製地図における地名の発音をカナで書き加えたり、図形の一部を改訂したりしている。増補された地名の中には、南蛮系世界図・『万国総図』・南洋カルタのそれと共通するもののほか、世界各海域の砂洲・岩礁《がんしょう》・小島の名が含まれている。また鄭成功《ていせいこう》（一六二四―六二年）の子鄭経が、一六六四年に台湾に対して名付けた「東寧」という地

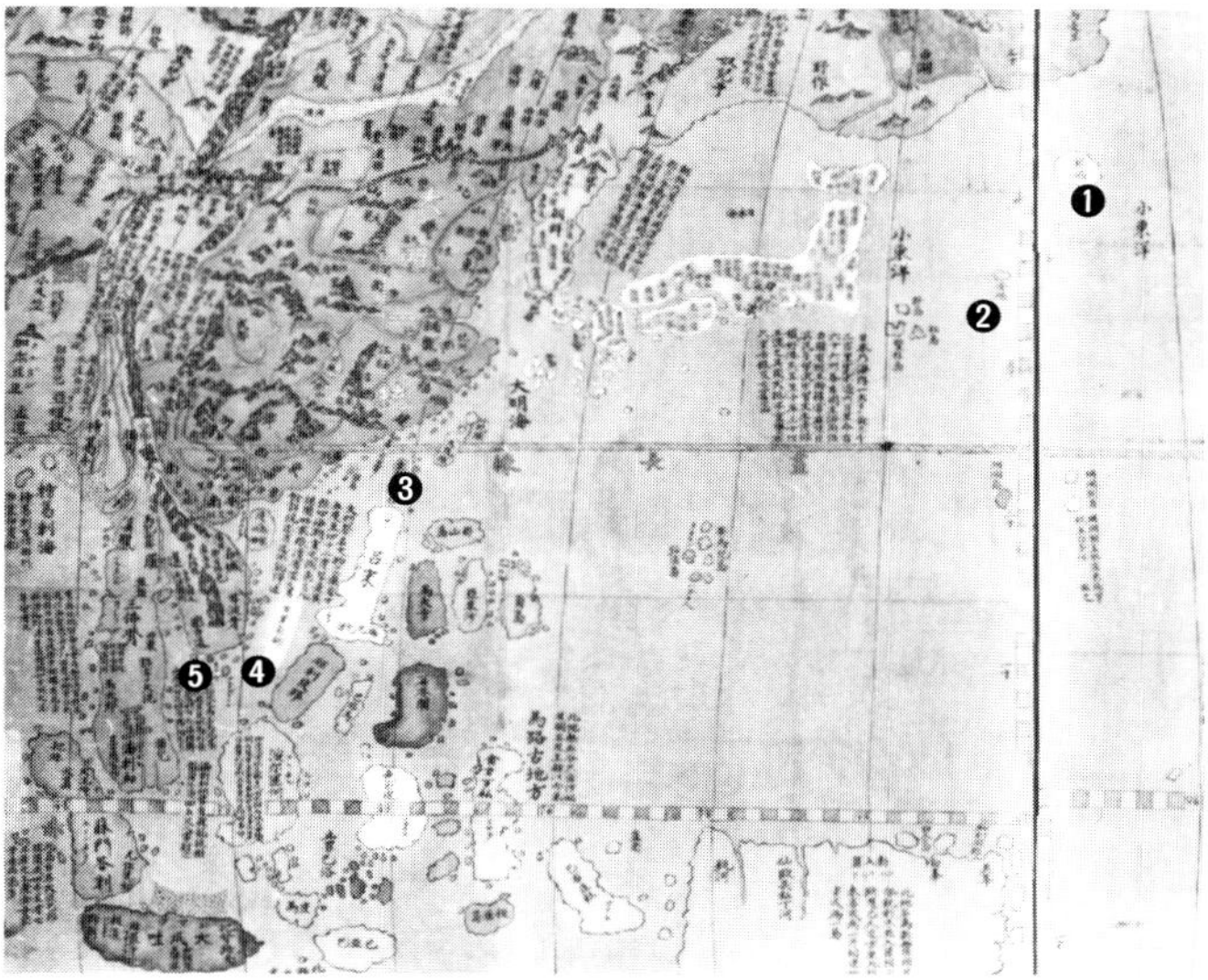

22-1　マテオ・リッチ『坤輿万国全図』の本邦模写本の一例：神戸市立博物館南波コレクション本（部分）　17世紀後期

京都嵯峨の角倉家に伝えられていたとされるこの模写本は、本州北方の一大島嶼に北陸道諸国名を記入するという原図の誤りを踏襲はしているものの、原図にはない漢字・カナ地名を増補している。この図版において指摘できるいくつかを挙げると、①銀島、②金島、③東寧、④フルコンドウル（Pulo Condor）、⑤イモシマ（Pulo〈島〉Ubi〈いも〉）などである。

22-2　平住専庵『唐土訓蒙図彙《もろこしきんもうずい》』所載山川輿地全図　享保4年（1719）刊

原拠を明らかにしていないが、明の程百二等撰『方輿勝略』（1612年刊）所載図によることは明白で、直線の記入はないものの、「北（南）極界」「北（南）道」などの文字の記入位置は原図と一致する。経緯線網はもとより、原図の地名もかなり省略されている。一方、原図にはないカナ地名および注記がわずかに補われている。

（次頁・上）22-3　松下見林『論奥弁証《ろんおうべんしょう》』所載山海輿地全図　寛文５年（1665）刊

原拠である明の王圻《おうき》『三才図会《さんさいずえ》』（1609年刊）所載の同名の図は、1602年刊の馮応京《ふうおうけい》『月令広義《がつりょうこうぎ》』からの転載であり、著作年代・内容からして、1600年の南京版リッチ図に基づくものである。投影法の知識のない馮応京によって、書籍に収めるためか東西方向が極端に圧縮されているが、周囲の注記および同書に併載の天文図の内容からすると、南京版の主図が卵形図法によるものであったことは疑いない。『論奥弁証』は、宋の劉温舒『素問入式運気論奥』という医書の注釈であり、多くの儒医がそうであったように、見林も天地人三才に通じてこそ医者たる資格が備わるという古訓に忠実であった。

名も見えるので、カナ地名のある模写本の成立はその年代を遡《さかのぼ》るものではない（図22-*1*）。右のような状況から関係人物として浮かび上ってくるのは、一六六七年に二一年に及ぶ禁錮刑を解かれ、一六七一年着任の長崎奉行牛込重悉《しげのり》の厚遇を受けた既述（一二五頁）の樋口謙貞《ひぐちけんてい》であり、彼が大型リッチ卵形世界図を利用していたことは、その副図の南北両半球図（図22-*7*）を刊行した弟子の稲垣光《こう》朗《ろう》の言明から明らかなところである。

ところで、わが国での模写本の原図となった『坤輿万国全図』は、年紀に変りはないものの、現存する原刊本とは記載の一部が異なっていたようである。一例を挙げると、模写本において「元《げん》朱思本画方《かくほう》」となっている李之藻《りしそう》の序文初行の六文字が、刊本ではいずれも埋木《うめき》によって「唐賈口皮画寸《かくすん》」と改められているからである。今は失われた先行版の存在を示唆する点でも、模写本の資料的価値は大きいと言わざるを得ない。

社会への影響という点では、手書図は一般に、部数の多い刊行図に到底及ばない。リッチ系世界図の刊行状況を見てみると、最も早いのは一六六一年の前園噌武《まえぞのそぶ》『明清闘記《めいせいとうき》』所載の纏度図《てんどず》（東西両半球図）であり、それは潘光祖《はんこうそ》『彙輯輿図備攷全書《いしゅうよずびこうぜんしょ》』（一六三三年刊）からの転載である。王圻《おうき》の『三《さん》才図会《さいずえ》』（一六〇九年刊）所載の山海輿地全図（単円世界図）は、松下見林『論奥弁証《ろんおうべんしょう》』（一六六五年）（図22-*3*）、馬場信武『初学天文指南』（一七〇六年）、寺島良安《りょうあん》『和漢三才図会』（一七一五年）などに掲載されており、簡略な内容ながらそれがかえってリッチ世界像の普及に寄与したであろう。また既述（一四〇頁）の『方輿勝略』所載図（東西両半球図）は、一七一九年刊の平住専庵《ひらずみせんあん》の『唐土《もろこし》訓蒙図彙《きんもうずい》』に転載されている（図22-*2*）。

単行のリッチ図としては、稲垣光朗『世界万国地球図』（一七〇八年、図22-*7*）が最も早く、前述のように南北両半球図であり、しかも師樋口謙貞の作であるとする。刊行卵形図の最初は、原目貞清の『輿地図《よちず》』（一七二〇年）（図22-*4*）であり、カナ地名記入の模写本に基づいている。この図を改

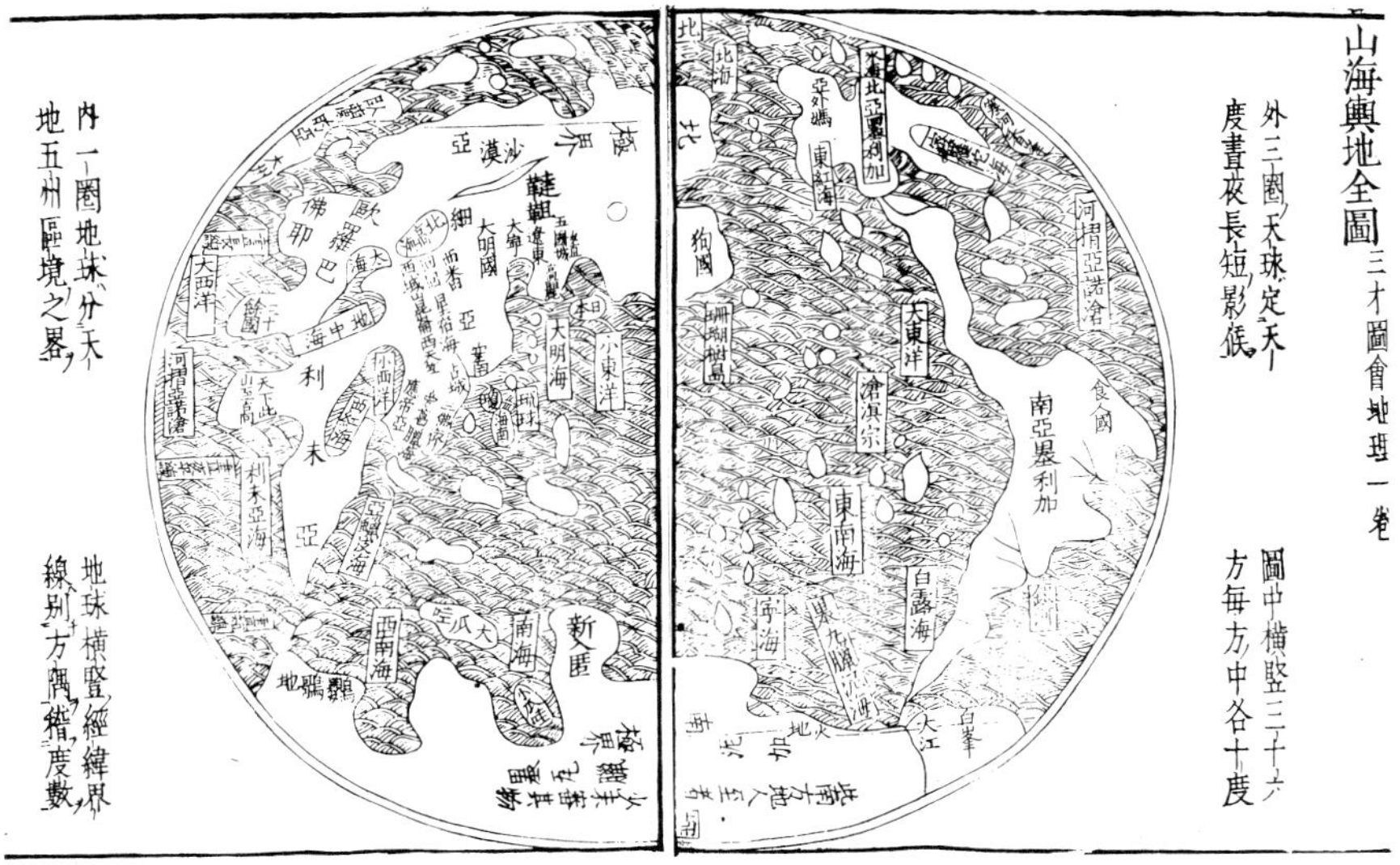

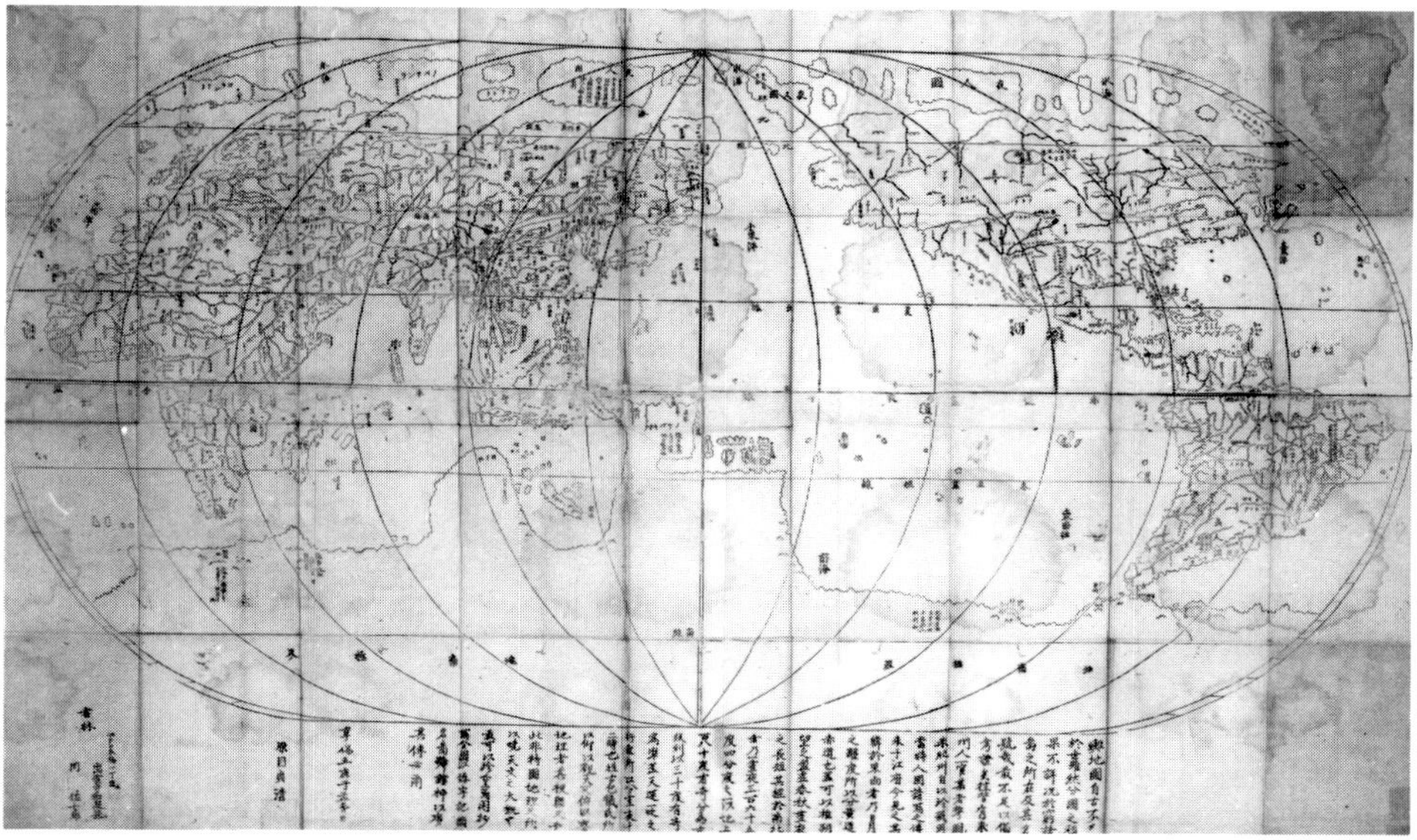

22-4 『輿地図』 原目貞清　享保5年(1720) 刊

当時流布していた模写本『坤輿万国全図』のなかでも、かなり改訂の進んでいた図に基づいており、ルソン島の形状などは極めて実際に近い。カナ表記地名は豊富で、リッチ図の原刊本にはない「イモシマ」（カンボジア沖合の小島〈図22-1参照〉）、「アホウリヨス」「フルウゴ」（共にマダガスカル島の東北海域）なども記入されている。原図の来歴については、「往昔泉州（福建省）ノ人一宦某ナル者、図ヲ携ヘテ肥州（長崎）ニ来リ、自ラ以テ珍蔵ス。当時ノ人固ヨリ請ヒテ之ヲ写シ、江府（江戸）ニ伝来ス」（原漢文）としている。

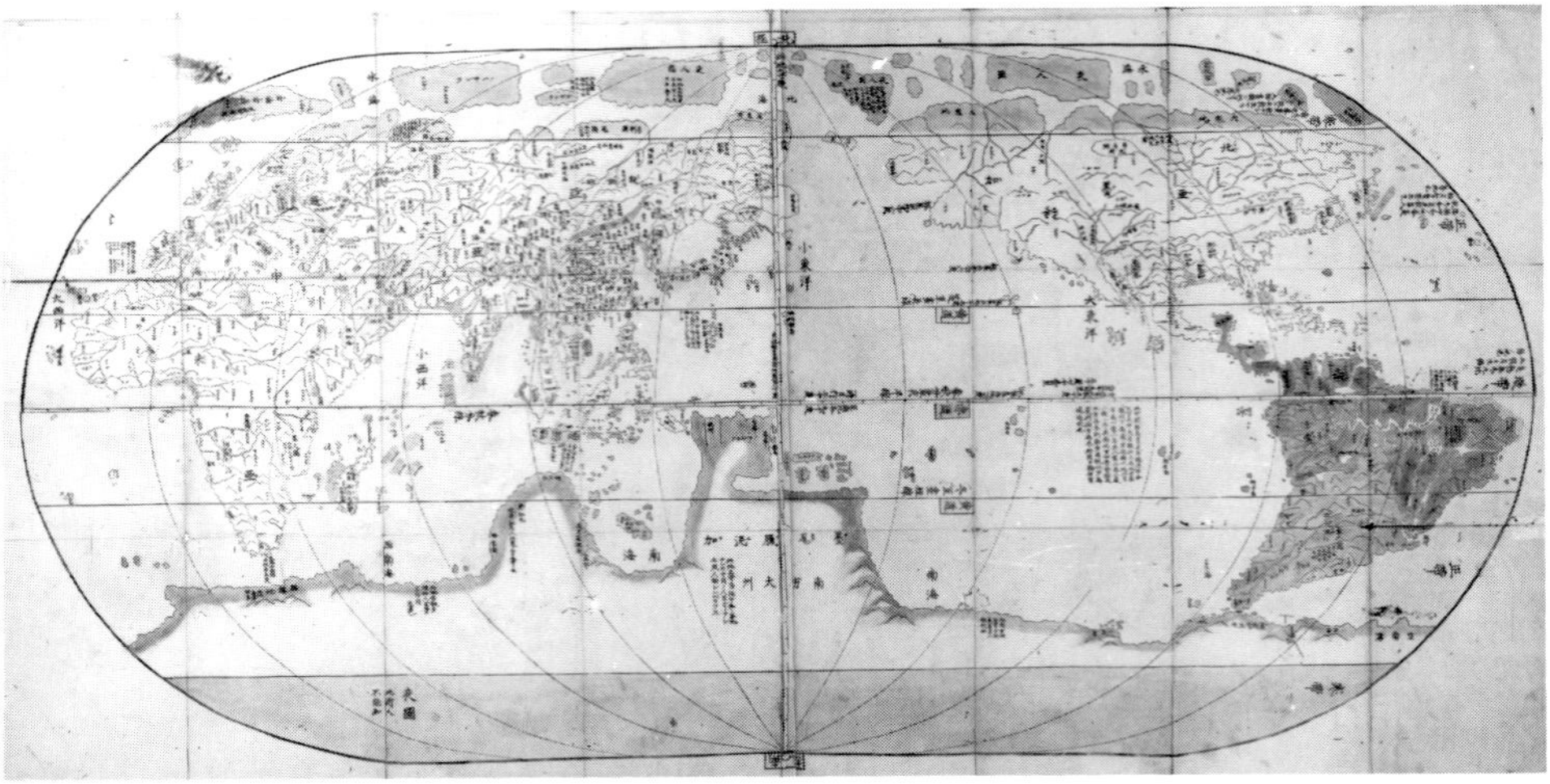

22-5 『地球万国山海輿地全図説』 長久保赤水 寛政 7 年（1795）頃初刊

図の上部の記事（図版では割愛）の一部に原目貞清『輿地図』（図 22-4）の序文の抜萃を掲げることからもうかがえるように、その図を改訂したものである。改訂はわが北辺一帯において顕著であり、天明 5 、6 年（1785-86）の幕府調査隊の成果を採用している。その一方では『坤輿万国全図』の漢字地名をかなり復活させている。

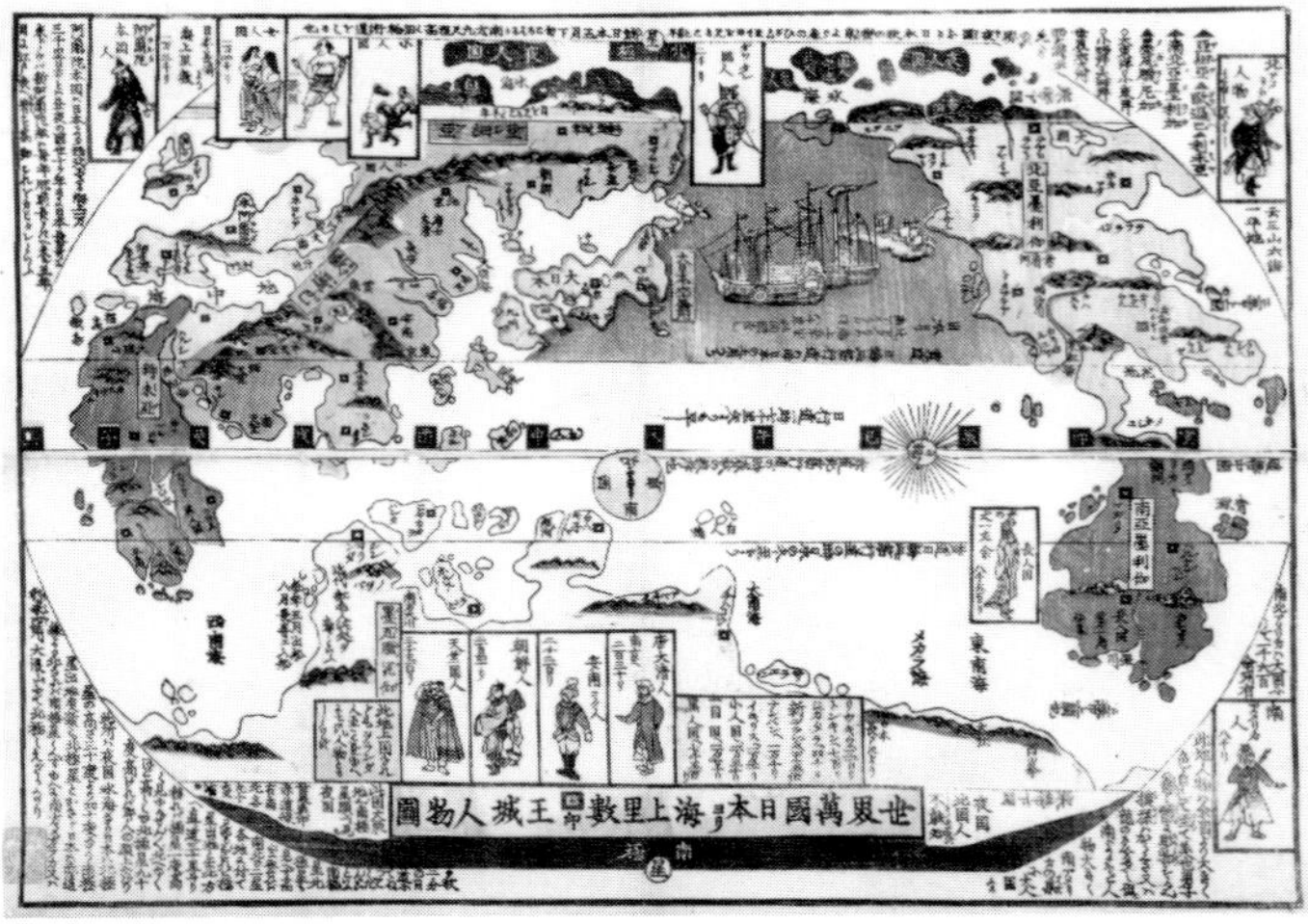

22-6 幕末通俗リッチ系世界図の一例：『世界万国日本ヨリ海上里数王城人物図』 嘉永 7 年（1854）頃刊 木版色刷

長久保赤水の世界図（図 22-5）の著しく退化したもので、図の右端に横書される「暖帯」「正帯」「寒帯」などの注記に辛うじて名残を留めている。地名のなかには「共和政治」（United States の訳）「ハシントン」なども見え、何よりも目を引くのは北太平洋一杯に描かれる大型外車船であり、嘉永 6 年（1853）来航のペリー艦隊の 2 艘であろう。

22-7 『世界万国地球図』 稲垣光朗 宝永5年（1708）刊

「此図標ハ﨑陽小林謙貞師ノ製スル所ナリ」（原漢文）と序文冒頭に述べられている。掲げられる南北両半球図は、投影法・図形からしてマテオ・リッチの大型卵形世界図（『坤輿《こんよ》万国全図』〈図11-*1*〉）の副図を源流とするものであるが、カナ表記の地名が多く、直接にはわが国での模写本に基づいている。リッチ図にはない民族図譜を併載したり、外国船の絵を添えるという点に、『万国総図』（図17-*1*）との共通性が認められる。稲垣については、大坂在住の小林（樋口）謙貞の門人という序文記載以外には何も知られていない。

訂した長久保《ながくぼ》赤水《せきすい》の作品（一七九五年頃）（図22-*5*）は、後世への影響が大きく、幕末に至るまで模倣版が跡を絶たなかった。『坤輿万国全図』原刊本に最も忠実な刊本は、稲垣子戩《しせん》（定穀《さだよし》）の『坤輿全図』（一八〇二年）であるが、直接の資料はわが国での模写本であり、カナ地名を含んでいる。情報の新しい蘭学系世界図が登場していた一九世紀においても、卵形図法のリッチ世界図はなお、多くの人々に世界図としての標準的形式と受け取られていたようである。

23. 地図の大衆化

書籍に収載されたものは別として、地図が単独で刊行されはじめるのは寛永年間（一六二四－四三）のことである。刊年を明記する図として最初の『大日本国地震之図』（一六二四年）のほか、江戸図や京都図がこの時期に刊行されている。

以後、地図の刊行点数は次第に増加し、版面も墨一色から筆彩、さらに多色刷りへと発展し、江戸時代後期には銅版刷りも加わって、刊行図は形式・内容ともに変化の多いものとなった。それを推し進めたのは、ほかならぬ国民の広汎な層における旺盛な知識欲であった。人々にとって地図がいかに日常的な存在であったかは、遊里に題材を求めた〝戯作《げさく》〟地図とでも言うべきものが刊行されたことによっても明らかである（図23－1）。ところで地図の多色刷りは、西洋に比べて約一世紀早く、型紙を当てて色をつける合羽《かっぱ》刷り方式は、宝暦一四年（一七六四）頃長崎において、木版刷り方式は天明五年（一七八五）頃、江戸・京都においてはじまっている。

各種の刊行地図が氾濫したと言っても、出版書林や作者個人が、測量の段階からはじめるわけではなく、原図はほとんど官撰のものであった。例えば寛文六年（一六六六）刊の『日本分形図《ぶんけいず》』は、慶長日本総図を分割して図帳としたものであり（図23－2）、貞享《じょうきょう》四年（一六八七）版にはじまる石川流宣《りゅうせん》の一連の日本図は、屏風絵として変形修飾された言わば変形慶長日本図を直接の手本とするも

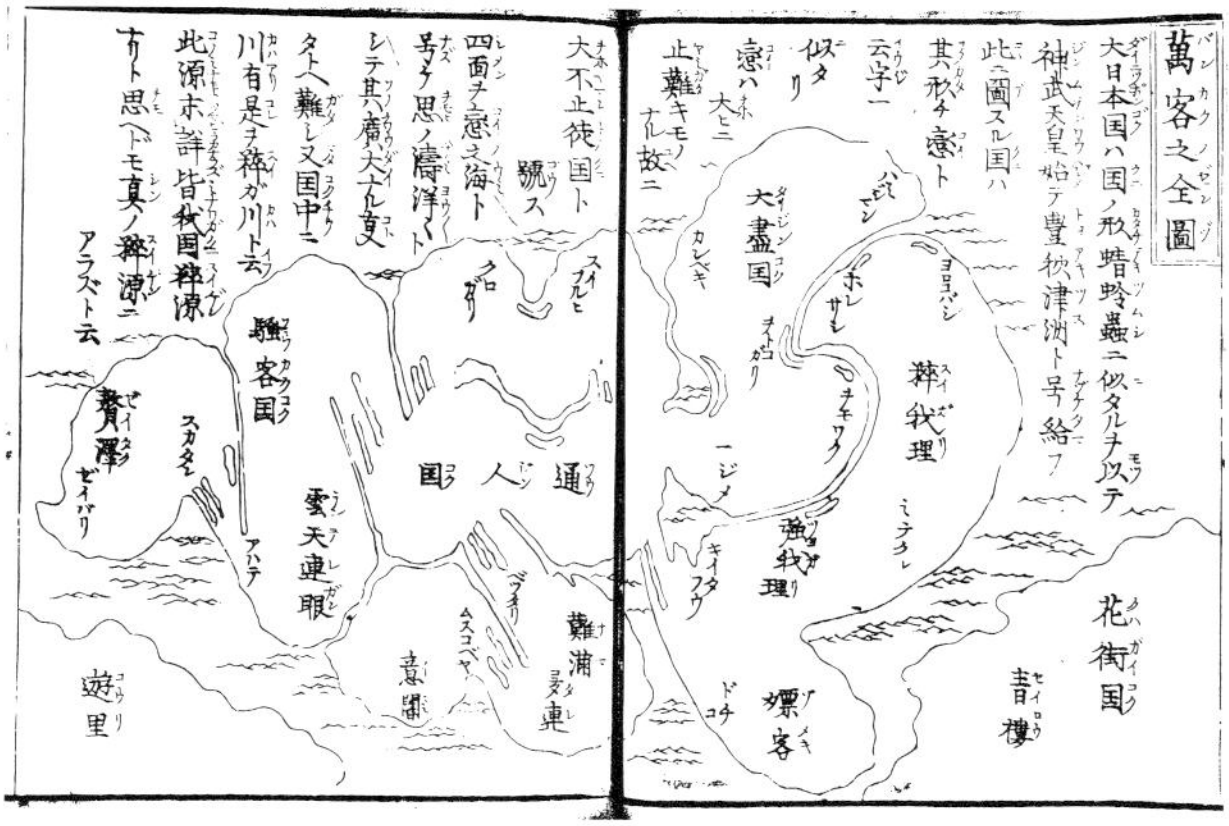

23-1 '戯作' 地図の一例：暁《あかつきの》 鐘成《かねなり》『無飽三財図会《あかんさんざいずえ》』所載万客之全図《バンカクノゼンヅ》 文政5年(1822)刊

本書自体は図解百科全書として著名であった『和漢三才図会』(1715年刊) に着想の遊里を題材とする洒落本であり、この図では恋という字を陸地に見立てて、遊里にまつわる各種の語彙を地名もどきに配置している。「恋ハ大ヒニ止難《ヤミガタ》キモノナル故ニ大不止徒国《ヲホヤマントノクニ》ト号ス」と説明されている。この種の戯作地図としては、すでに1777年刊の道蛇楼麻阿《どうだろうまあ》(朋誠堂喜三二《きさんじ》)『娼妃地理記《しょうひちりき》』所載大月本国《だいげっぽん》之図があり、またそれに先立って1756年にはひとの一生を道中図に擬した『人間一生善悪両絵図』が刊行されている。

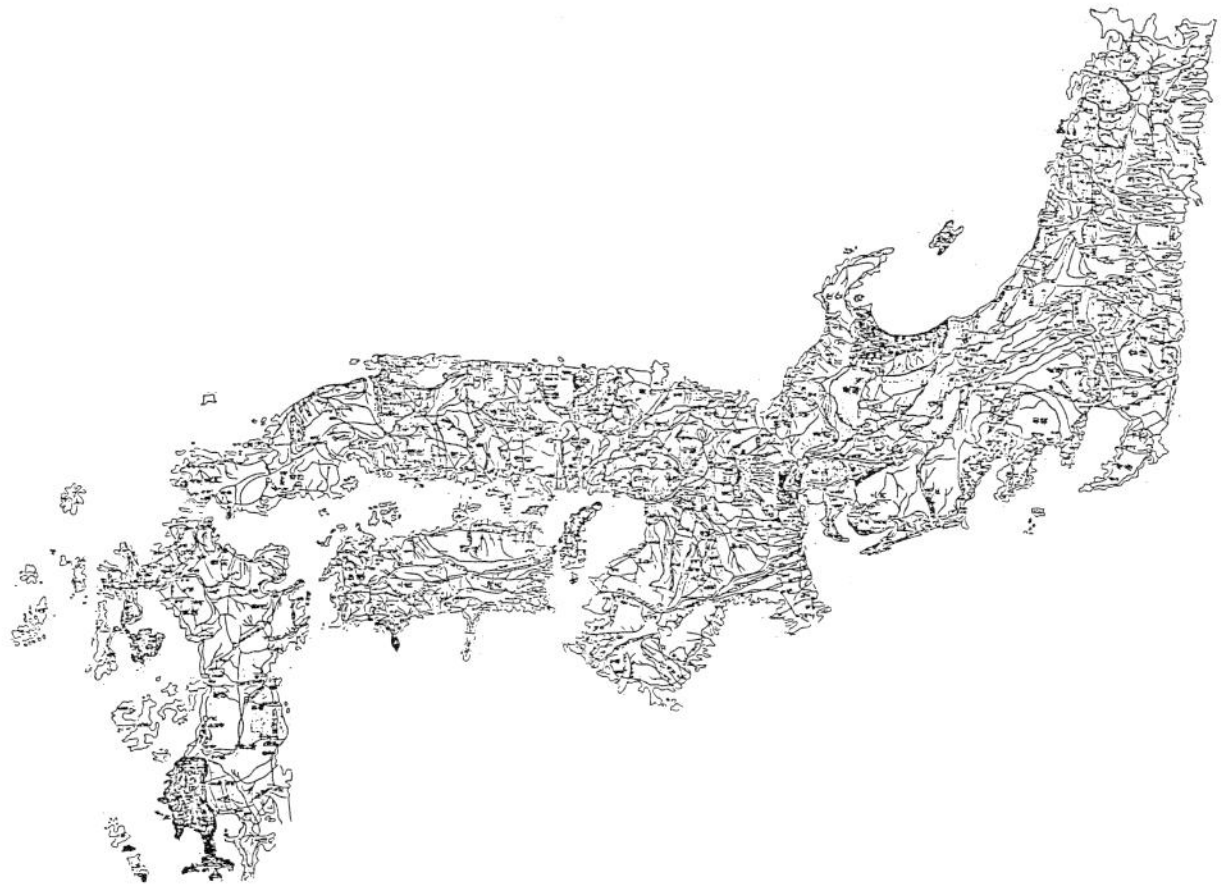

23-2 『日本分形図』(所載図の接合) 寛文6年 (1666) 刊

日本全域を16に区分した同一縮尺の図を収めているので、接合するとこのようになる。ただし、沿岸航路および本土との位置関係が明らかでない離島についてはこれを割愛した。慶安3年 (1650) に徳山と改称され藩庁所在地となった野上 (周防国) を旧称のままとして城所の記号を用いず、また記事篇の海陸里程一覧に鶴岡 (出羽国) の城主として正保4年 (1647) 没の酒井宮内 (忠勝) の名を挙げるなど、古い資料が用いられている。図形は明らかに慶長日本図の系統である。

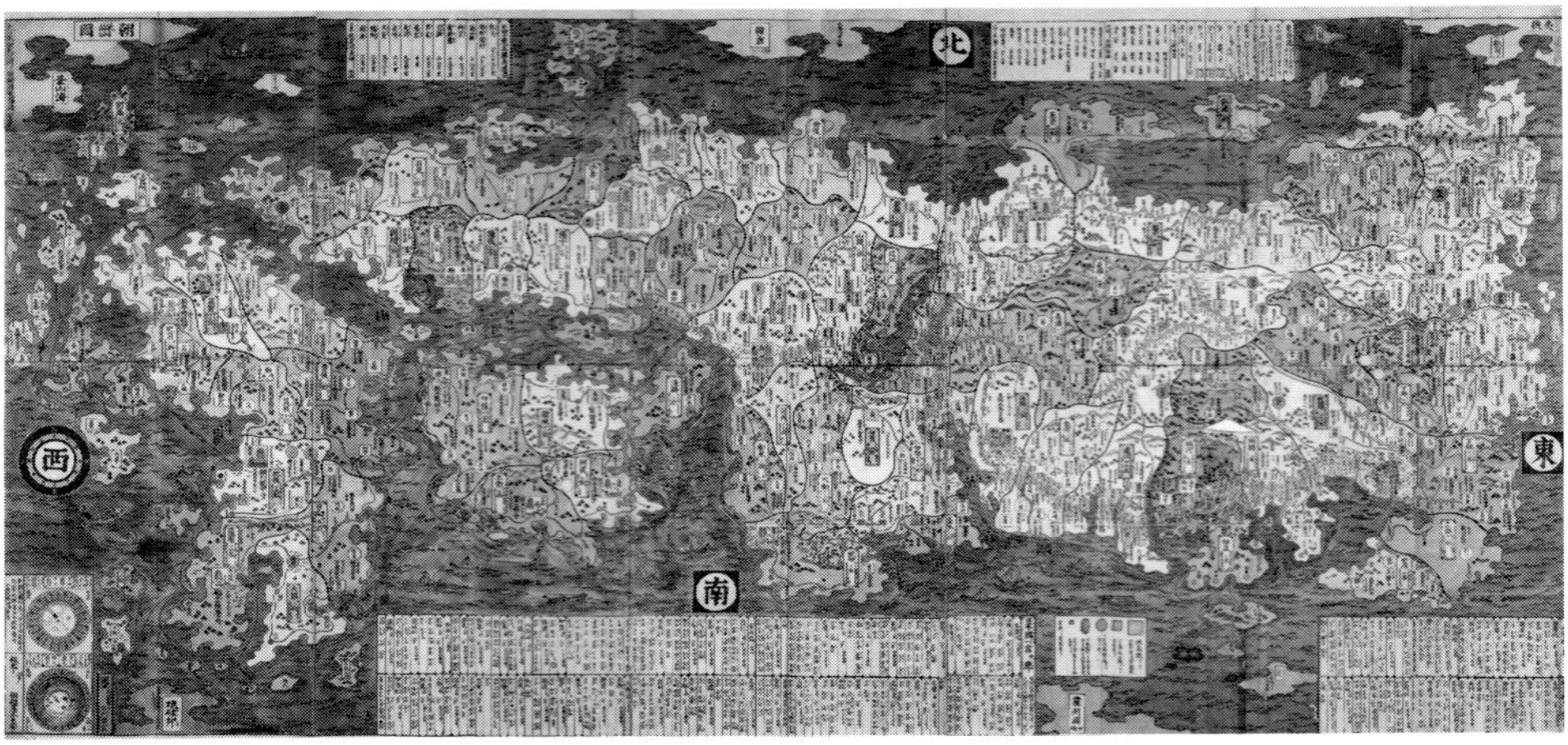

23-*3*　大型流宣《りゅうせん》図《ず》の一例：『日本海山潮陸図』　元禄4年（1691）刊

浮世絵師石川流宣の日本図は華麗であるだけでなく、城主・石高・宿駅・名所旧跡など記載が豊富であったことによって人気を博した。新鮮な情報を伝えようとしたがために大小各種の版が毎年のように発行された。諸国の一の宮や郡名（中央下部・右下部）、昼夜の長短や潮の干満の早見表（左下部）のほか、オランダ・ジャガタラをはじめとする海外主要地への距離一覧表（左上部）を掲げるなど、懇切丁寧を極める。

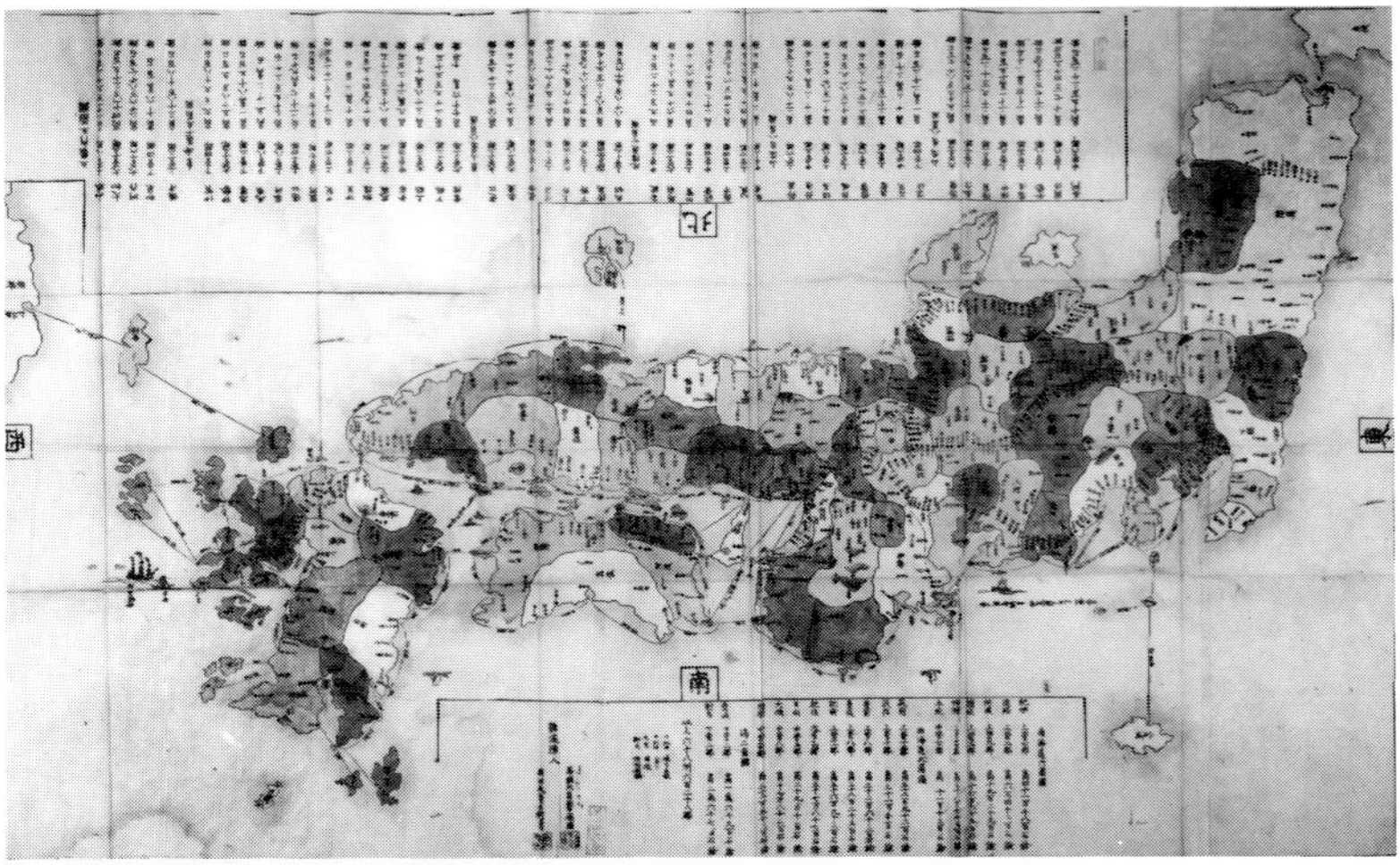

23-*4*　自藁庵《じこうあん》図の一例：『改正大日本全図』　元禄末（1703）頃刊

共に大坂の住人である馬渕自藁庵（図を担当）と岡田自省軒（文字担当）の名のある一群の日本図には刊年が記されていないが、岡田が元禄14年（1701）刊『摂陽群談』の著者であるところから、およその刊行年代が知られる。同時代の流宣図とは対照的に装飾性が少なく、海岸線および航路に重点が置かれている。『大日本国全備図』と題されるこの系統の図は、享保20年（1735）になっても刊行されており、少なくとも30年以上にわたって行われたことは確かである。

のであった（図23−3）。また関祖衡《せきそこう》の『日本分域指掌図《にほんぶんいきししょうず》』（一六九八年）および『新刊人国記』（一七〇一年刊）所載図は、正保日本図を分割したものである。これらのうち、流宣の作品は浮世絵師の手になるだけに、絵画的であり、かつ記載事項が豊富で、道中図と「武鑑《ぶかん》」（武家紳士録）とを合せたような内容となっており、後述（一六〇頁）する赤水《せきすい》図の出現までの約一世紀間大いに人気を博した。しかし、大坂では江戸の流宣図に対抗するかのように、簡素な内容ながら図形のゆがみの少ない馬渕《まぶち》自藁庵《じこうあん》の作品（『校正大日本円備図』ほか）が、元禄末期からおよそ半世紀にわたって版を重ねている（図23−4）。海岸線特に四国のそれが日本カルタ（図19−4、5）に類似しており、海運業者の多かった大坂らしい出版物と言えよう。

刊行された道中図や町図も、原図はほとんど官撰のものであり、例えば寛文一二年（一六七二）刊の『東西海陸之図』（図23−5）は、寛文八年（一六六八）の幕府撰の大型華麗な街道・航路図（図21−5）に基づいており、元禄三年（一六九〇）刊の『東海道分間絵図《ぶんげん》』は、慶安四年（一六五一）の幕命による実測図に絵画的要素を加えたものである（図23−6）。これら両図は居ながらにして旅が楽しめる言わば卓上版であるが、実際に携行する小型道中図も、さまざまな形式のものが数多く刊行された（図23−8、9）。明治になって鉄道が敷設されると、そうした道中図に鉄道路線が追加されて行き、やがて道路に代って鉄道網が図面を覆うに至った。

官撰の地図が市販の地図の水準を一挙に高めた例としては、江戸図の場合を挙げることができる。明暦三年（一六五七）の大火のあと、幕命を受けて測量に当った北条氏長《うじなが》・福島《くしま》国隆らの手になる図が、それに関係していたと見られる測量家藤井半智《はんち》（筆名遠近道印《おちこちどういん》）の編集を経て、寛文一〇−一三年（一六七〇−七三）に五枚一組の図として刊行されたが、以後の民間江戸図は大なり小なりそれを拠り所にせざるを得なかった。その他の図について見ても、官撰の図が資料であり、出版書林は名所旧跡や寺社など大衆受けのする事項を補う程度であった。

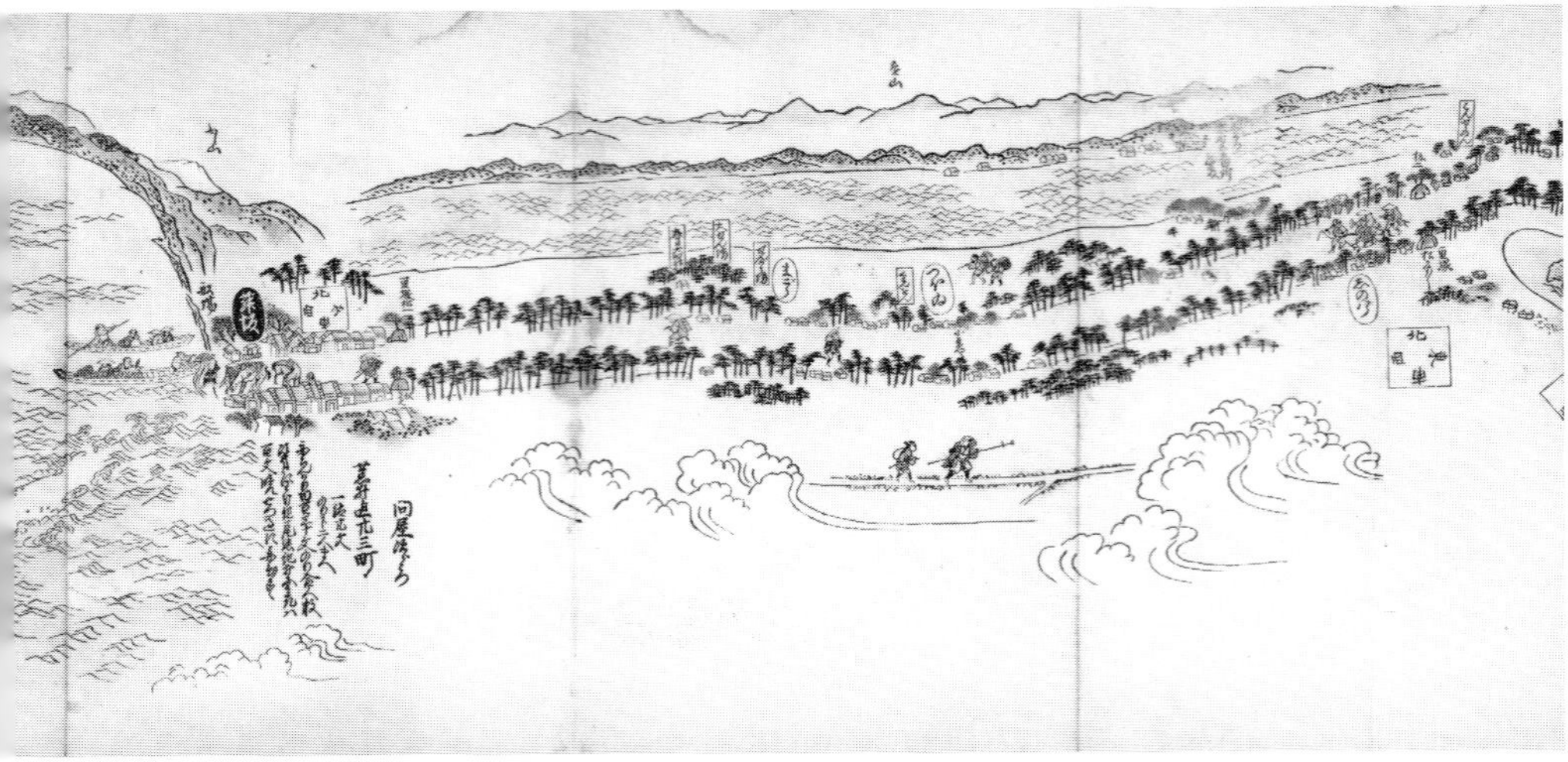

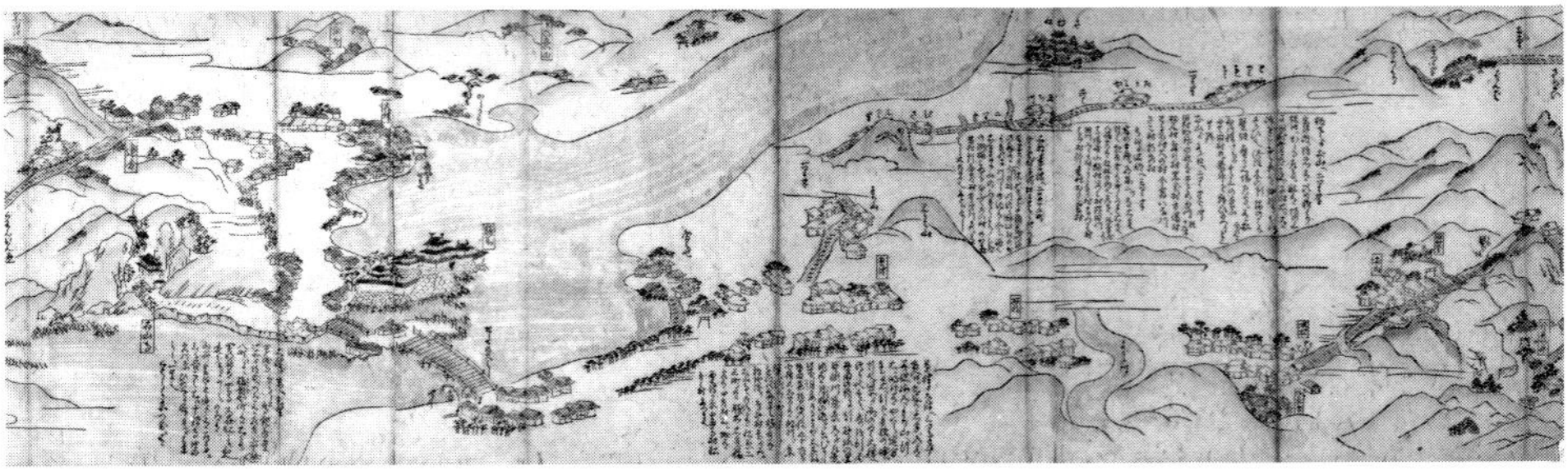

23-5 『東西海陸之図』（部分） 寛文 12 年（1672）刊

東海道および大坂・長崎間の海路を絵巻式に描いており、別掲（図 21-5）の官撰道中図を資料としたものと思われる。例えば、当時廃城だったはずの佐和山城（図版右上部）が描かれる一方、彦根城のない点でも全く共通しているからである。図 21-5 とはほぼ同じ部分すなわち近江南部一帯を掲載したので、細部については両者を対比されたい。

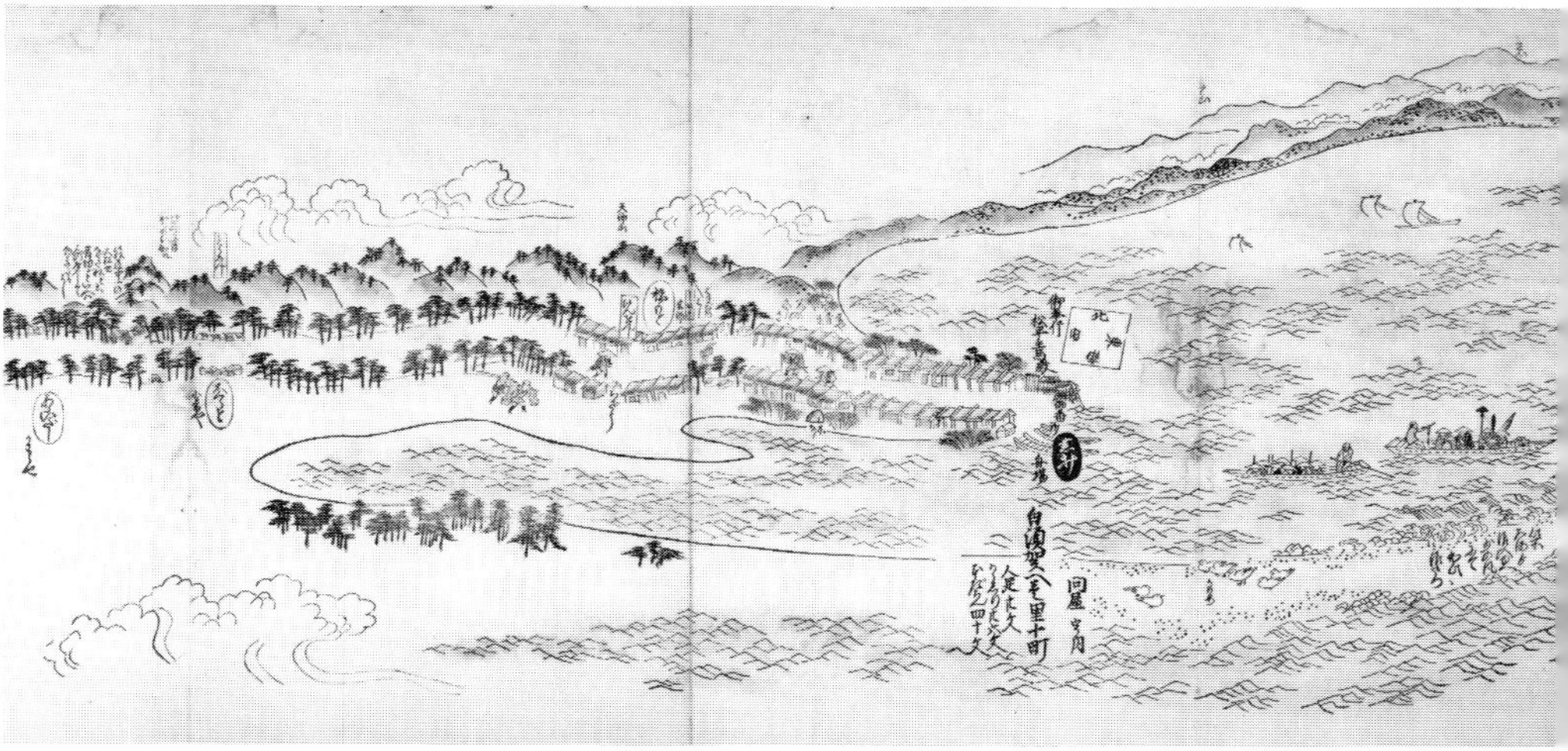

23-6 『東海道分間絵図』（部分）遠近道印《おちこちどういん》（藤井半智） 元禄3年（1690）刊 折本（全5巻） 木版筆彩

道路の測量図だけではそっけないので、絵師の菱河吉兵衛（菱川師宣《ひしかわもろのぶ》）が風景・風俗を書き加えて成った旨の記載が序跋にある。道路の屈曲は各所に記入の四角い方位盤で、距離は一里塚によって、それぞれ示されている。縮尺は3分1町（1万2000分の1）と明示されており、表題の「分間《ぶんげん》」は何分何間の略で縮尺の意である。掲載の部分は浜名湖付近一帯であり、今切《いまぎれ》の渡しを挟んで舞坂と荒井（新居）の両宿が見える。各宿の傍らには次の宿までの距離と駄賃とが注記されているが、刊行年の5月に駄賃改定があったため、以後発行分では駄賃の部分が削除されている。

世界図としては、既述（一〇九頁）の『万国総図』（図17-*1*）の模倣版が、刊行七年後の慶安五年（一六五二）から次々と世に現れ、やがて節用集などの挿絵ともなり、広く流布した（図23-*12*）。リッチ系卵形図の通俗版（図22-*6*）が登場する一九世紀半ばまでのほぼ二世紀に及ぶ期間、民衆の目に最も触れやすかった世界図は、民族図譜を伴う『万国総図』系のものだったのである。

23-*7* 『東海道路行之図』 承応３年（1654）頃刊

刊行を見た恐らく最初の道中図で、上部に京都を、右下部に江戸を置き、道路の屈曲は自由奔放になされている。刊記はないが、各地の城主名が示す年代は1652-54年なので、およその刊行年が知られる。この図には地名・城主名がやや異なり、一部に未刻を残す再版本（模倣本？）があるほか、駄賃一覧表を併載した小型版（1666年伏見屋版ほか）もある。

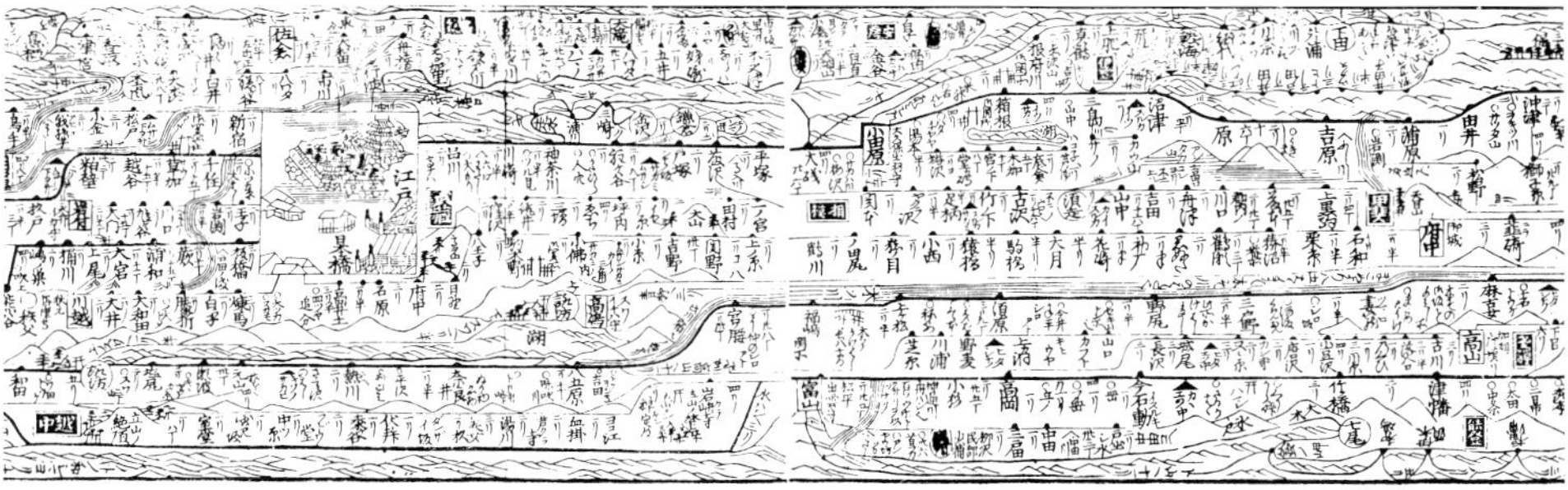

23-8　携帯用道中図の一例：『大増補日本道中行程記』（部分）　寛保 4 年（1744）刊

江戸時代に数多く刊行された携帯用道中図は、ここに見るような平行直線式のほか、絵巻式（『東海道分間絵図』縮小版）、曼荼羅《まんだら》式（小型版『東海道路行之図』）、迷路式（『道中独案内図』〈両面刷り〉）、図形保存式（変形の度合いが少ないもの）などに分類できる。この図では、南が上であり、下方には日本海岸が描かれ、東海道・中山道・北国街道だけでなく脇道に至るまで宿駅・距離が詳細に記載されている。

23-9　巡礼道中図の一例：〔西国巡礼道中絵図〕　宝暦 9 年（1759）刊

西国三十三箇所の札所を含む近畿地方一帯（美濃を含む）の寺社を巡拝するための案内図で、同じ図柄のものはすでに享保 14 年（1729）に紀州の野田知義によって刊行されている（『西国三十三所方角絵図』）。刊記の文字の天地に従って一応北を上に置いたが、図中の文字は乱方向の記載である。

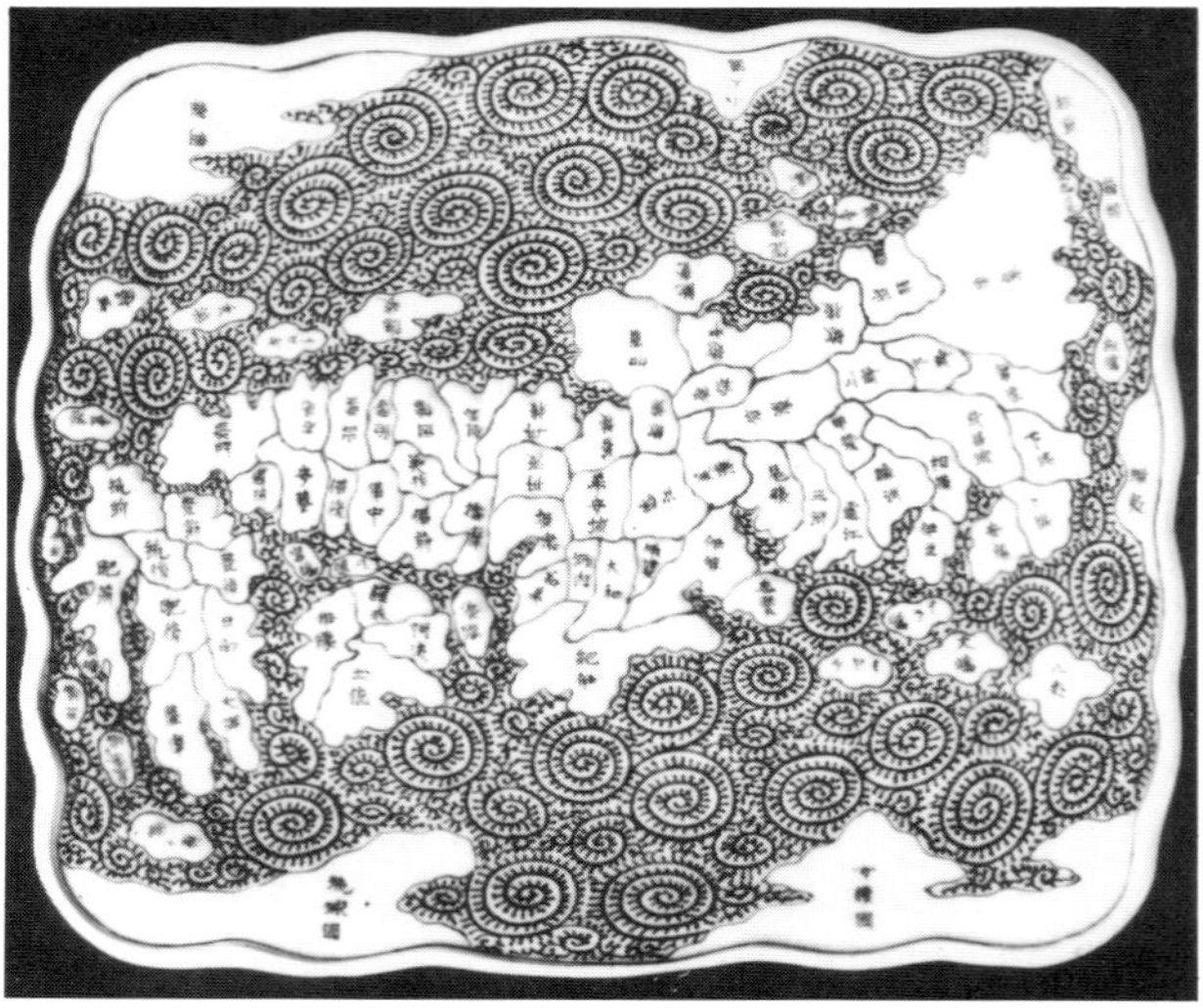

23-10　地図皿の一例：伊万里焼蛸唐草日本図皿　天保年間（1830-43）

陶磁器の意匠に地図を用いることは、宝暦5年（1755）に平賀源内の指導によって志度《しど》（讃岐国）ではじまったという源内焼（陶器）の皿において見ることができる。東西両半球図・日本図を題材としている。伊万里焼地図皿の開始は、「本朝文政年製」という銘をもつ日本図皿があるので、文政年間（1818-29）からであろう。伊万里焼で最も多いのは日本図皿であるが、世界図・九州図を描いたものもある。

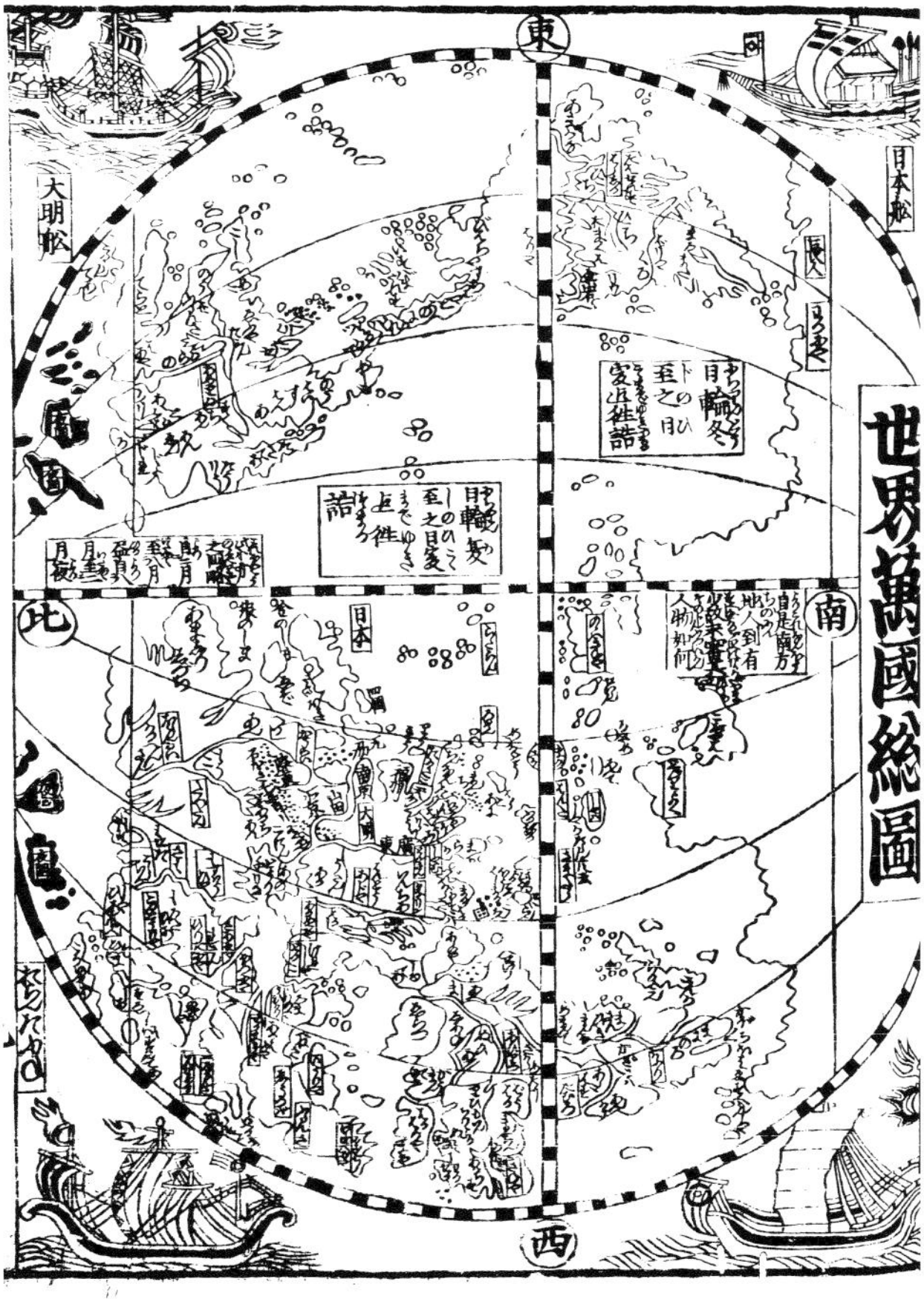

23-12　通俗万国総図系世界図の一例：『大福節用集大蔵宝鑑』所載図　宝暦 11 年（1761）刊

東西方向を圧縮し、赤道を南寄りに描くなど図形の退化は著しい。後者は図形が複雑で地名の多い北半球に広い紙面を与えようとした結果なのであろう。経緯度の目盛もここでは装飾に過ぎない。四隅の帆船の絵柄、回帰線に対する注記などからして、寛文 11 年（1671）刊『万国総図』が原図であったことは明らかである。この図に続いて民族図譜（全 40 種）が掲げられている。

（前頁・下）23-11　日本図印籠《いんろう》の一例：神戸市立博物館所蔵品　江戸時代中期　蒔絵

印籠は薬籠とも呼ばれるように、各種の治癒薬を入れる携帯用の容器であり、元来は印判・印肉の容器として明国から渡来したものであったという。薬籠として盛んに用いられるようになったのは、安土桃山時代以降であり、江戸時代には技巧をこらした優品が数多く作られた。日本図もその意匠の一つで、この図の場合、「ツカル」（津軽）、「メナシフロ」（北海道東端）、「オランタ」船その他から見て、宝永・正徳年間（1704-15）に版を重ねた『年代記新絵抄』所載図に拠っていることは疑いない。根付の作者「紀州又右衛門」が天明元年（1781）当時すでに故人であったらしいことは、同年刊の稲葉通竜『装剣奇賞』の記述から知られる。

（次頁・上）24-*1*『日本分野図』　森幸安　宝暦 4 年（1754）　手書　内閣文庫
緯線には度数が注記されているが、経線にはその注記がない。しかし、図の上部の記事のなかに、日本の東西が経度 12 度に及ぶことを述べているので、経線であることは明らかである。京都を基準として経線が引かれているらしいが、これは赤水の図にも踏襲されている。大坂の絵師橘守国の所蔵図に経緯線を記入した旨の記載があるが、主要地点の緯度は極めて正確であり、日本カルタ（図 19-*4* 参照）により修正したものと思われる。小笠原諸島（右下部）や朝鮮半島を含むのは、南洋カルタ（図 19-*3*）に倣ったものであろう。

24. 実証的精神の台頭

江戸時代に入っての各種産業の発達、商品流通の拡大は、次第に合理的精神を社会にはぐくんだ。儒学においても、荻生《おぎゅう》徂徠《そらい》（一六六六―一七二八年）は実証的帰納的方法の重要性を強調し、その学派は全国的に大きな影響力をもった。折しも将軍職に就いた徳川吉宗（在職一七一六―四五年）は、時代の趨勢を察知して、殖産興業政策の実施に効果をもたらすため、従来の禁書の枠を弛《ゆる》め、科学・技術関係の図書の輸入をはかった（一七二〇年）。これが蘭学の勃興を導いたことは否定できないものの、地図における科学性の向上に関心を抱いたのは、決して蘭学者が最初ではなかった。

宝永六年（一七〇九）江戸へ護送されてきた密航宣教師シドッティの取り調べに当った新井白石は、卵形図・南北両半球図（以上リッチ図）・東西両半球図（平射図法のブラウ図、図9-*5*）など、世界図の表現形式にちがいがあることについてシドッティに質問し、その返答を『采覧《さいらん》異言《いげん》』（一七一三年）に書きとめているが、投影法に触れたわが国最初の文献と言えよう。また将軍吉宗の命を受けて日本全図の再編集を担当した数学者建部《たけべ》賢弘《かたひろ》（一六六四―一七三九年）は、その体験から経緯度測定の必要性を将来に向って訴えている（「日本絵図仕立候一件」）。

蘭学勃興後においても、日本図は蘭学者でない人々によって科学の装いを身にまとうこととなった。宝暦四年（一七五四）の森幸安《こうあん》（大坂在住）の『日本分野図《ぶんやず》』（図24-*1*）は、経緯線網をもつわが国

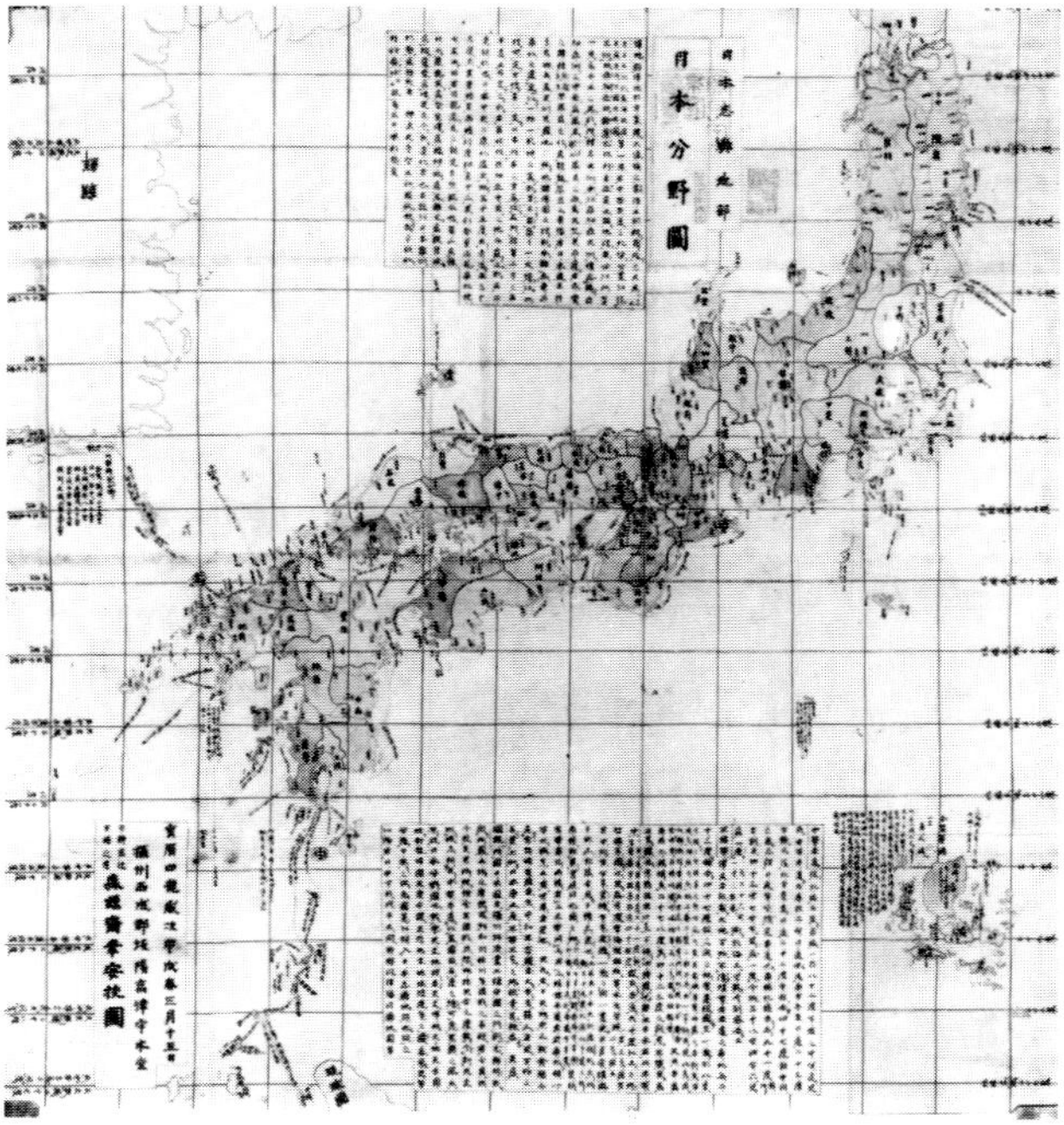

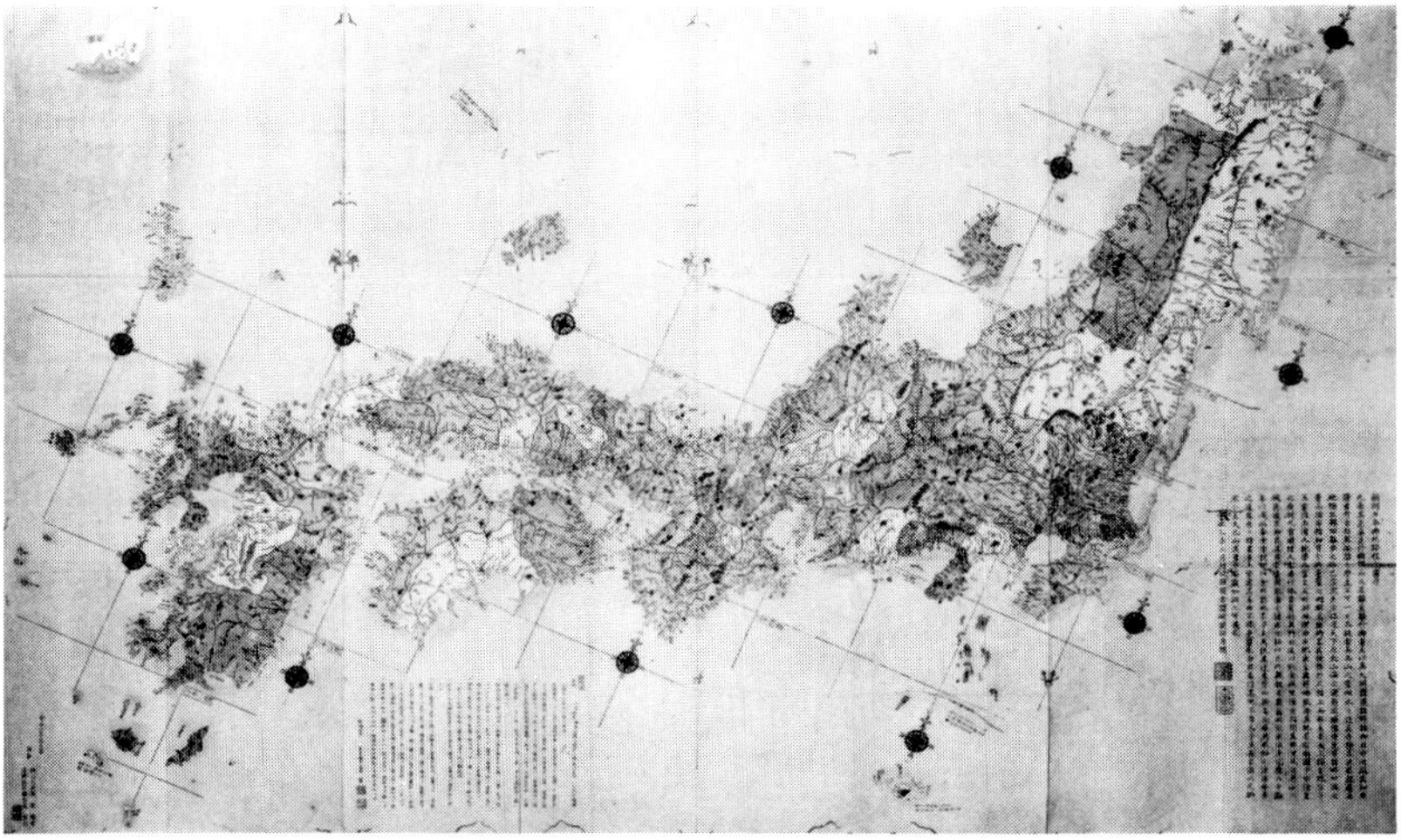

24-2 『改正日本輿地路程全図』 長久保赤水 安永８年（1779）刊 木版筆彩

経緯線記入の刊行日本図としてはわが国最初のものであり、それまでの流宣《りゅうせん》図や自《じ》藁庵《こうあん》図にとって代わることとなった。寛政３年（1791）の改訂版のほか、赤水の没後においても４回改訂版が出されている。なお、安永８年版には本図版の如く下北半島が鳶口形で恐山を記入しないものと斧形で恐山のあるものとの２種があるが、前者が真正の初版である。「路程全図」と題しているのは、街道・宿駅の描示に重点を置いたからであって、縮尺は一寸十里（129万6000分の１）と説明されている。

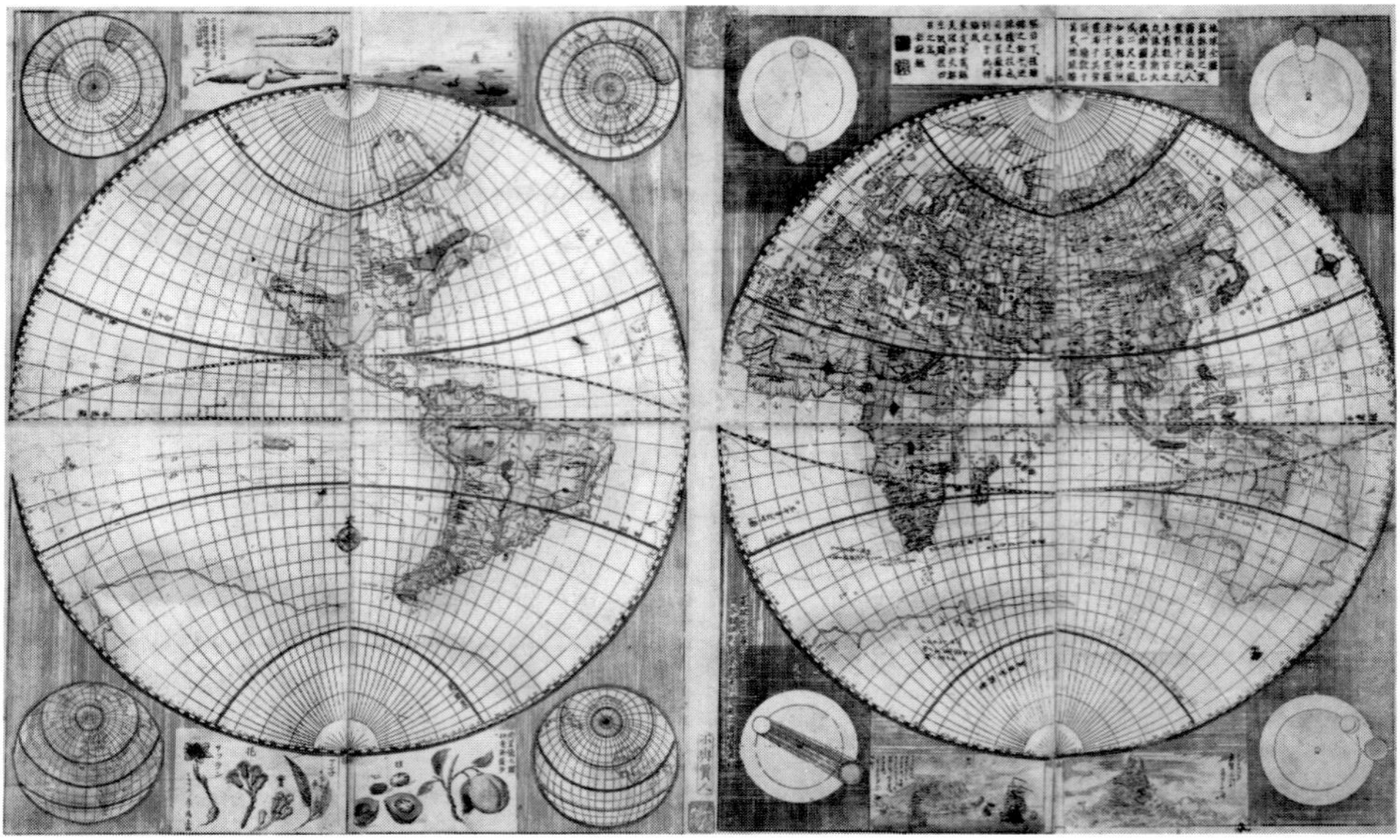

24-*3* 『地球図』 司馬江漢 寛政 7 年（1795）頃刊 銅版筆彩

刊記には寛政 4 年（1792）とあるが、その年『輿地全図《よちぜんず》』と題して刊行された図の改題増補第 2 版に当るものがこれである。わが国最初の銅版世界図として著名であり、原図は 1730 年頃刊のジャイヨの図である。しかし、日本列島一帯は改訂されている。解説書『輿地略説』も、地図の増補版発行に合せて『地球全図略説』と改題増補されたものがたびたび刊行された。

（次頁・上下）24-*4* 『新訂万国全図』 高橋景保ほか 文化 13 年（1816）刊 銅版筆彩

天文方高橋景保《かげやす》を責任者として幕府天文台勤務の間重富《はざましげとみ》・馬場貞由《ばばさだよし》らが、和・漢・洋最新の情報に基づいて作りあげた傑作であり、図の作製が幕命によるものであったため、文化 7 年（1810）手書として一応完成し、それを上呈した（内閣文庫所蔵）。その後東アジア方面を改訂して永田善吉（亜欧堂田善《あおうどうでんぜん》）に銅版彫刻をゆだねて刷り上ったのがこの図であるが、序文年紀は手書図のときのままである。構図上、日本の東に来る半球が西半球であっては不合理と判断してこれを東半球と改称し、主図では経度数値を示さず、副図の日本中心半球図（左上部、拡大図参照）において京都を零度（本初子午線）とするなど、西洋の亜流となることを極力避けている。

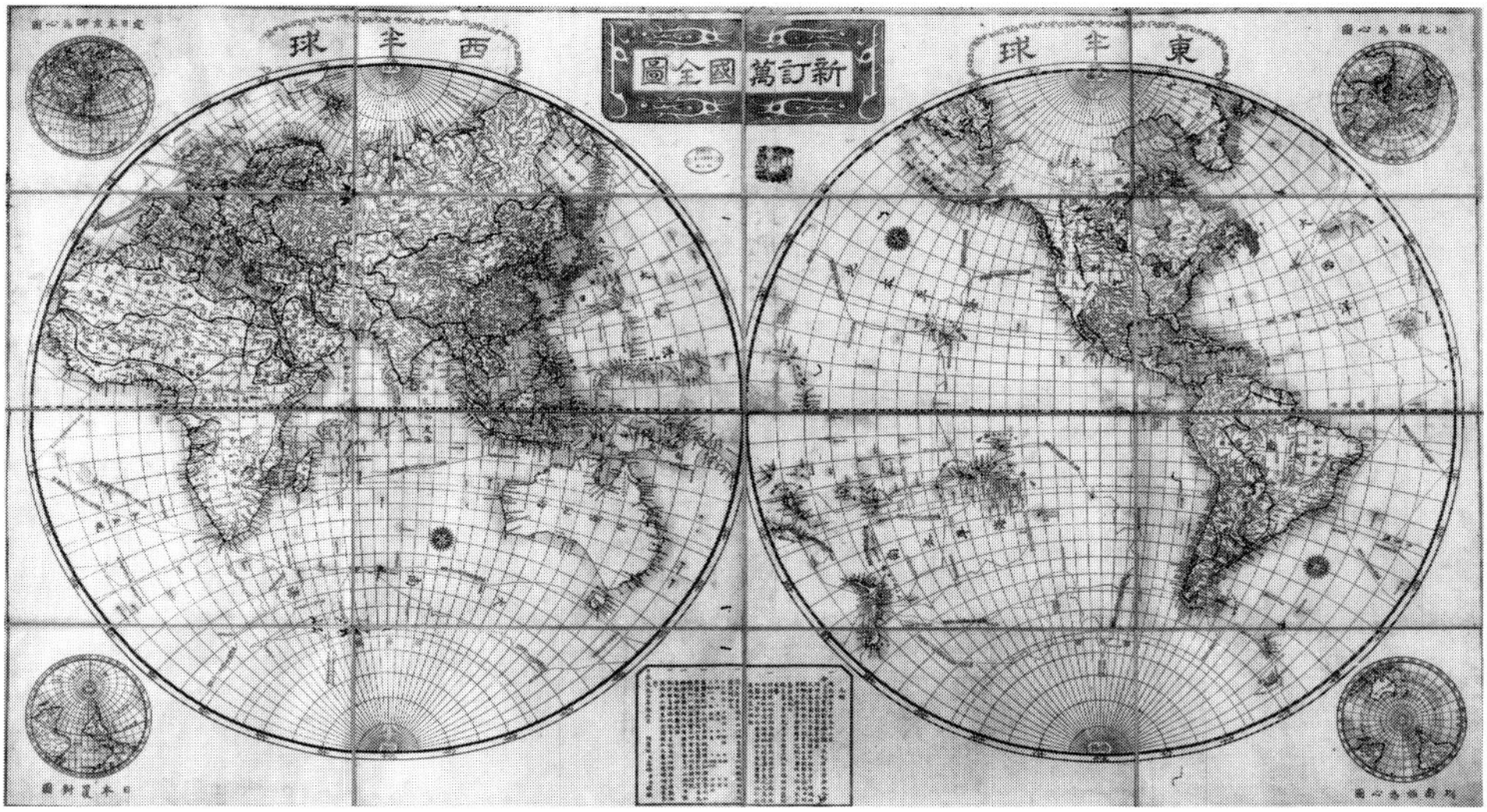
新訂萬國全圖
西半球
東半球

定日本京師為心圖

最初の日本図であるが、それを導いたのは、日本列島を含んで緯度数値が記載されている南洋カルタであったと思われる。彼がそれ以前に模写した南洋カルタが二種残っているからである（一二二頁、第1表参照）。これに続く経緯線記入の日本図は、水戸藩の儒者の長久保赤水《ながくぼせきすい》の『改製扶桑《ふそう》（日本）分里図《ぶんりず》』（一七六八年）で、前年の長崎往復の途次大坂で入手した幸安の図に着想を得たことはほぼ疑いない。赤水のこの図は改訂を経たのち、安永八年（一七七九）大坂の書林から『改正日本輿地路《よちろ》程《てい》全図』と題して刊行され、社会的に大きな反響を呼んだ（図24－*2*）。幸安・赤水両人の作品は、既存の官撰日本図に方格の経緯線網をかぶせたに過ぎず、投影法を設定して新たに作図されたものではない。先に科学の装いと表現したのは、このことを指すのである。

こうした日本図における表面的な精密化とは対照的に、世界図は蘭学の勃興によって実質的に内容を一新するに至った。その成果はまず長崎においてあがっており、既述（一三一頁）のように、元文二年（一七三七）には早くも北島見信《けんしん》が、ファルク地球儀の球面を精細な東西両半球図に展開している（図20－*3*）。長崎通詞本木良永《もときりょうえい》は、明和八年（一七七一）ヒュブネルの地理書の地図用法の部分（『阿蘭陀地図略説』）を、翌年にはレナルトの海図集の総説（『阿蘭陀地球図説』）を、さらに寛政二年（一七九〇）にはコフェンス・モルティィール共編の地図帳の凡例・総説（『阿蘭陀全世界地図書訳』）を翻訳したほか、東西両半球図も作った。世界図の翻訳では同僚の松村元綱も活躍している。

長崎で芽生えた蘭学は、江戸に移植されて開花結実することになるが、地図について見ると、寛政四年（一七九二）には司馬江漢の銅版東西両半球図（図24－*3*）、同じ頃、桂川甫周《かつらがわほしゅう》の『地球万国全図』（東半球は未刊）が、それぞれ蘭学系世界図としてはじめて刊行を見ている。大坂では蘭学者橋本宗吉の名を掲げた『喎蘭《オランダ》新訳地球全図』が一七九七年に出版されている。これらはいずれも翻訳の域を出ないものであり、文化一三年（一八一六）に銅版として刷り上がった官版『新訂万国全図』こそ、独自性のある蘭学系世界図の嚆矢《こうし》であった（図24－*4*）。東西両半球の呼称を日本流に改め、京都中心の半球図を掲げるほか、間宮林蔵の探検成果を盛り込んでおり、同時代の西洋製世界図に抜きん出た内容となっている。蘭学が興っておよそ七〇年後のことであった。

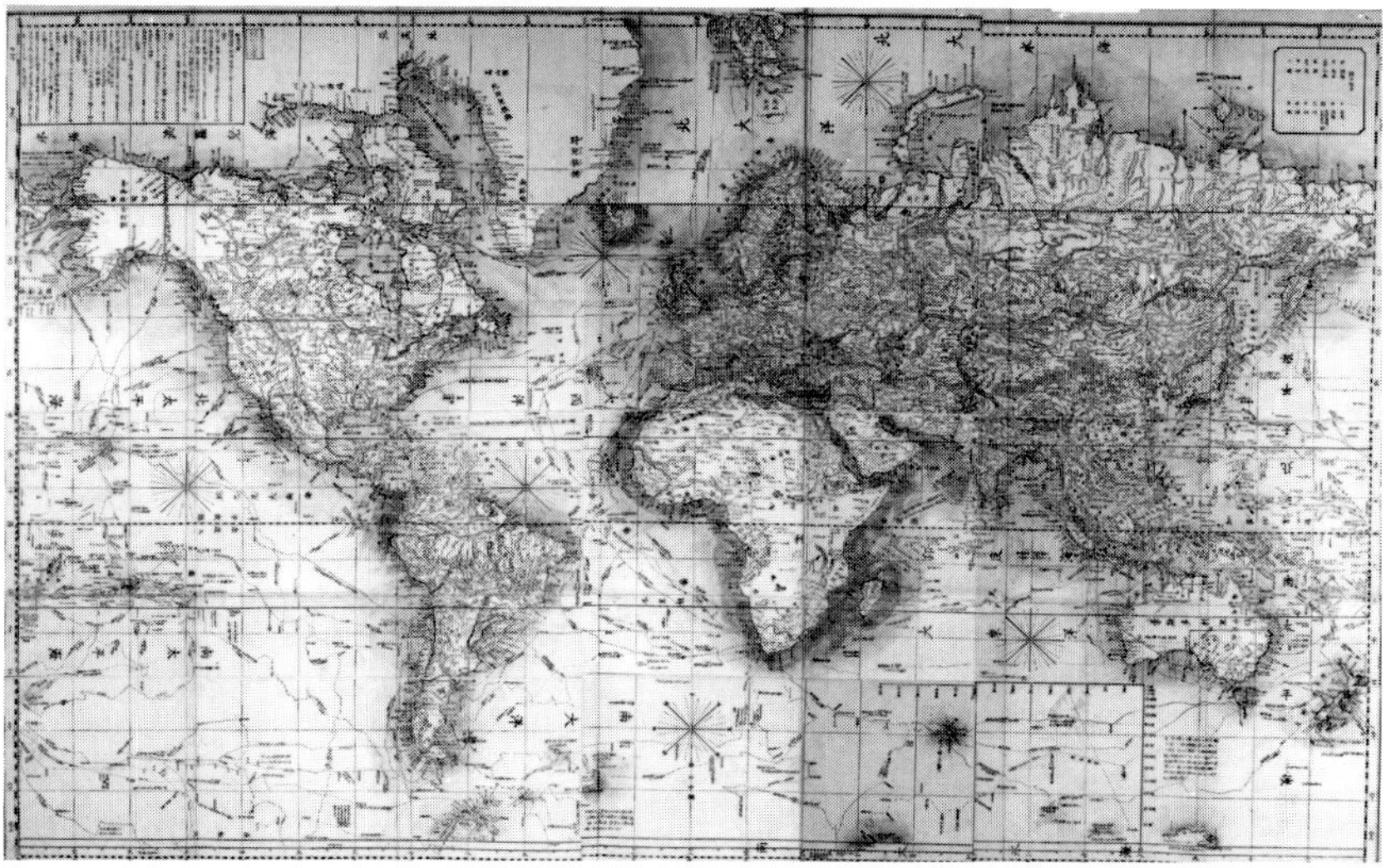

24-5 『輿地航海図』 武田簡吾訳 安政5年（1858）刊 （序・例言は割愛）

蘭学系世界図の投影法としては平射図法が主流であったが、幕末に近づくとメルカトル図法も加わった。それによる最初の作品は、文化元年（1804）頃刊の司馬江漢『銅版瀕海《ひんかい》図』（インド洋図）であるが、世界全図としては、弘化3年（1846）刊の永井青崖《せいがい》『銅版万国輿地方図』が最初の刊行図である。簡吾訳のこの図の原図は1845年刊のイギリス人ジョン・パーディの作品で、安政元年（1854）伊豆下田に停泊中津波により大破したプチャーチン坐乗艦ディアーナ号にあったものである。その塩抜きを依頼されて日本側が預かっていた期間中に模写したものであろう。簡吾は杉田廉卿《れんけい》の兄で当時沼津藩の蘭方医を勤めていた。

25. 北辺および海岸線への関心

古来、蝦夷地が外国との関連において関心を集めてきたのは、それが大陸の一部もしくは独立の島《とう》嶼《しょ》のいずれであるにせよ、そこを経由してシナ・朝鮮へ至る通路があるという漠然たる情報からであった。慶長四年（一五九九）大坂城に徳川家康を訪ねた蝦夷地の領主蠣崎慶広《かきざきよしひろ》に対して「北高麗」の様子を家康が尋ねていることからも、それはうかがえるであろう。慶広がどのような返答をしたのかは明らかにされていないが、豊臣政権にしても、また江戸幕府にしても、そうした情報の事実確認を行った形跡はない。要するに、蝦夷地は国家統治の上からは疎外されたまま、と言える状態で一八世紀の後期を迎えるのである。正保《しょうほう》・元禄両度の国絵図《くにえず》調製事業において、既述（一三七頁）のように、松前藩提出の概念図に近い粗略な北辺図が、そのまま幕府に受理されているというそのこと自体が、何よりの証拠と言えるであろう。

幕府が蝦夷地に対して関心をもたざるを得なくなったのは、国際情勢の変化、すなわちロシアの東方進出によってであった。一八世紀に入ると、ロシア人はカムチャツカ半島にまで進出し、元文《げんぶん》四年（一七三九）には、ロシア政府の北太平洋探検に参加していたシュパンベルク率いる船隊が、牡鹿《おじか》半島・天津《あまつ》（安房）・下田（伊豆）の沖合に投錨し、乗組員は物々交換または上陸を行った。明和八年（一七七一）には、ロシア軍の捕虜としてカムチャツカに流罪となっていたハンガリー人のベニョフスキーが、仲間と共に奪ったロシア船で南下し、阿波の日和佐《ひわさ》、奄美大島に寄航した。彼が日本人に託したオランダ商館長宛の書翰には、虚実取りまぜてのロシア南下計画が述べてあり、その署名「ハンベンゴロ」（M.A. von Bengoro）という名と共にその警告は朝野を驚かせた。

この事件が一つのきっかけとなって、北辺への関心は次第に高まり、仙台藩医工藤平助は、蝦夷地開拓の必要性を説いた『赤《あか》蝦夷《えぞ》風説考《ふうせつこう》』（天明三年〈一七八三〉）を著し、結果として、それは老中田

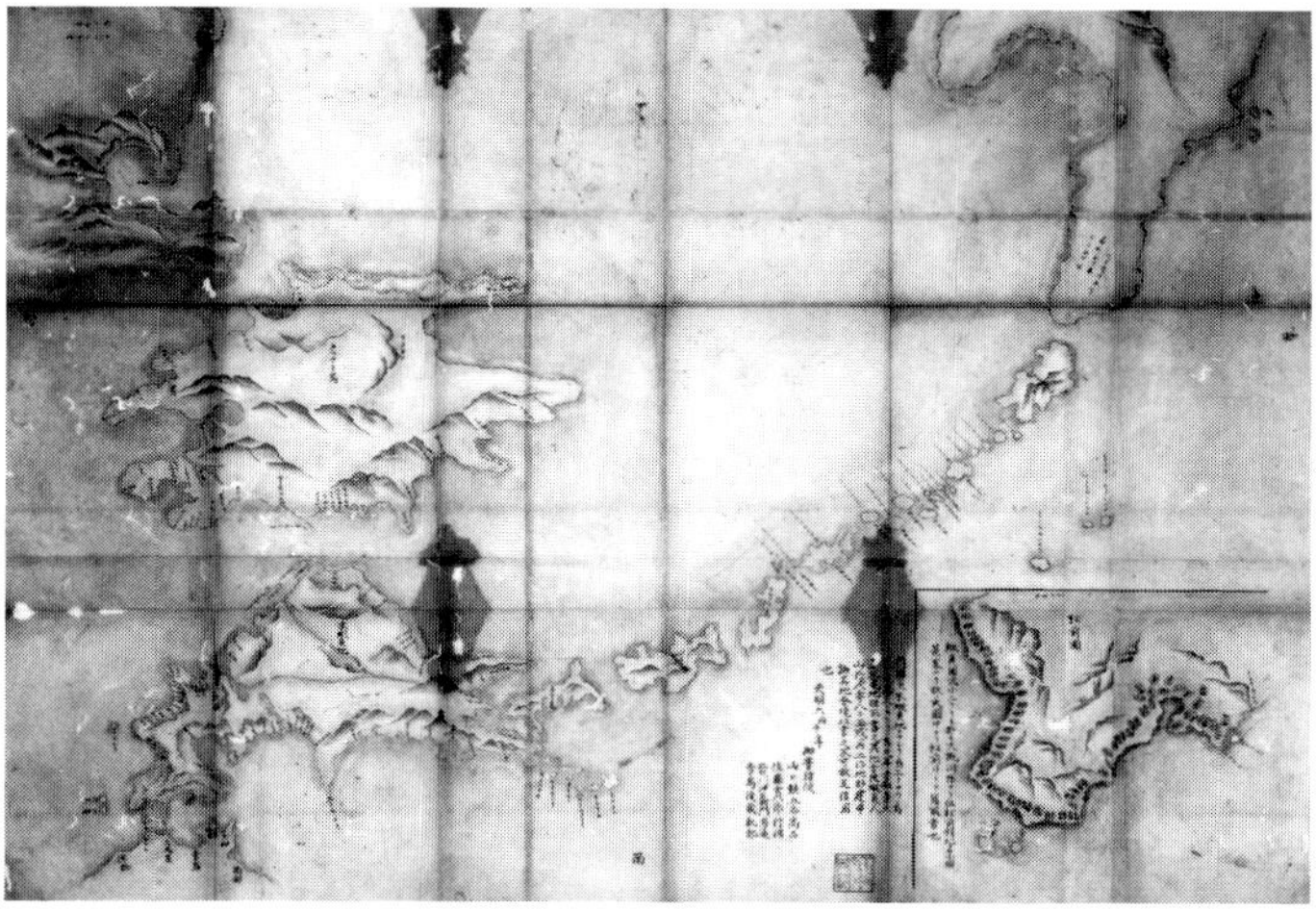

25-1　天明蝦夷地調査隊作製地図　山口鉄五郎等4名　天明6年（1786）　手書　室賀家　（上部1/4を割愛）

北海道がやや扁平であり、カラフトを北海道よりも大きい扁平の島とするなどの欠点はあるものの、全体として見れば、陸地相互の位置関係はほぼ正しく把えられている。調査隊員の足跡の及ばなかった地方については、「蝦夷人・山丹《さんたん》人（12頁参照）・赤人（ロシア人）」などの描くところに従ったので、十分には信用できないと記載されている。右下の副図は松前付近である。

沼意次《おきつぐ》の蝦夷地調査隊派遣へとつながった。天明五年（一七八五）幕府は、山口鉄五郎以下一〇名の調査隊員を決定し、蝦夷地へ向かわせたのである。現地では松前藩の協力のもと、千島へ向かう東蝦夷班とカラフトを目指す西蝦夷班とにわかれ、前者は国後島《クナシリ》、後者はカラフト西海岸のタラントマリまでを調査した。翌年は、幕吏青島俊蔵の測量助手最上徳内《もがみとくない》がエトロフ・ウルップ両島を調査し、カラフトへ渡った大石逸平《いっぺい》は前年の到達地よりもさらに北のクシュンナイ（北緯約四八度）に至って引き返した。未曾有かつ画期的な探検であったが、田沼の失脚（天明六年八月）によって中止に追い込まれた。にもかかわらず、成果には顕著なものがあり、北辺地図はこれによって面目を一新したのであった（図25―1）。

幕府による蝦夷地調査が中断されていた寛政二年（一七九〇）、松前藩は高橋寛光をカラフト調査に派遣しており、彼は西海岸のコタントル（北緯約四八度四〇分）、東海岸の中知床岬《ナカシレトコ》までを調査した。その成果を盛り込んだ彼の地図の亜庭《アニワ》湾岸一帯は真に迫っている。

寛政元年（一七八九）の蝦夷の反乱は、幕府の北辺への関心を再び呼び起すこととなり、寛政三―四年の第二次調査隊派遣となった。隊長はすでに幕吏となっていた最上徳内で、調査範囲は第一次の際と大差はなかったものの、より綿密な測量を実施した。

寛政四年（一七九二）のロシア使節ラックスマンの根室来航、寛政八、九両年の英国船（ブロートン指揮）の内浦《うちうら》湾投錨事件などに鑑《かんが》み、幕府は蝦夷地行政の整備拡充をはかることとし、寛政一〇年（一七九八）にはその準備として、一八二名の大調査団を派遣した。一行に加わっていた最上徳内・近藤守重はエトロフ島に渡り、三橋成方《みはしなりみち》らの宗谷《そうや》班は天塩川《てしおがわ》上流を踏査した。翌一一年、幕府は東蝦夷地および南千島の島々を直轄地とし、その調査や行政に多くの人材を本土から送り込んだ。江戸・東蝦夷地間の航路開拓も急務であり、この年、幕府は天文方《てんもんがた》手伝いの堀田仁助《ほったにすけ》に水路図を作らせている（図25―2）。また翌一二年の伊能忠敬《いのうただたか》の箱館・根室間の沿岸測量が許可されたのも、幕府の意図と合致したからにほかなるまい。なぜなら、それ以外の蝦夷地沿岸測量に対して、幕府は許可を与えなかったからである。

いずれにしても、幕府はより詳細な調査・測量が必要と判断し、享和元年（一八〇一）に幕臣松平忠明《ただあきら》らをして北海道の海岸を一周させ、中村小市郎《こいちろう》・高橋次太夫《じだゆう》両名をカラフト調査に派遣した。北海道一周班には測量師村上島之允《しまのじょう》（秦檍丸《はたあはきまろ》）が加わっており、彼は北海道の全海岸線をほぼ実際通りにとらえることに成功した。中村らの調査は西岸のショウヤ（北緯約四九度四五分）、東岸のナイブツ（同約四七度二五分）にまで及んだが、大陸との間の海峡の存否が確定できず、ふた通りを想定した地図を提出した。この年の成果に自身の千島方面の調査結果を加えて出来上ったのが、近藤守重の『蝦夷地図式《えぞち・ずしき》』（乾・坤、一八〇二年）である。

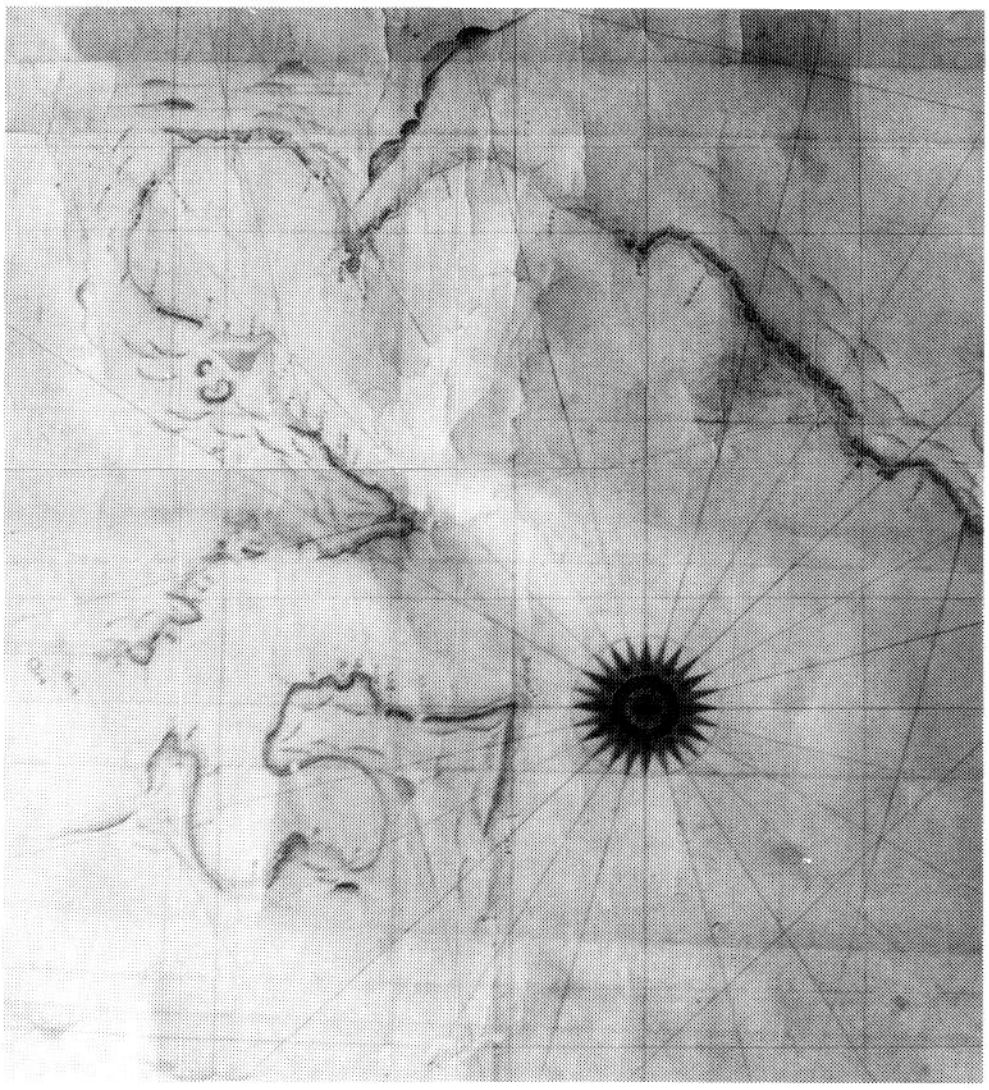

25-2 『従江都至東海蝦夷地針路之図』（部分）堀田泉尹《いずただ》（仁助） 寛政11年（1799） 手書 津和野町郷土館

アッケシまでの往路は幕府御用船神風丸によっており、帰りは陸路をとって江戸へ戻っている。宮古からアッケシまでは、順風を得て直航しているので、ここに示す奥州北端・北海道南部海岸一帯は帰路における測量のはずである。直交する経緯線のうち度数が示されているのは緯線のみであり、全4個の方位盤からは24方位の放射線が図面を覆っているので、作図法は明らかにポルトラーノ方式である。緯度の観測に当って船上では象限儀、帰りの陸路では全円儀をそれぞれ用いている。その結果を一覧表にして併載しているが、ちなみにアッケシは43°22′であり、実際よりはやや北寄りになっている。

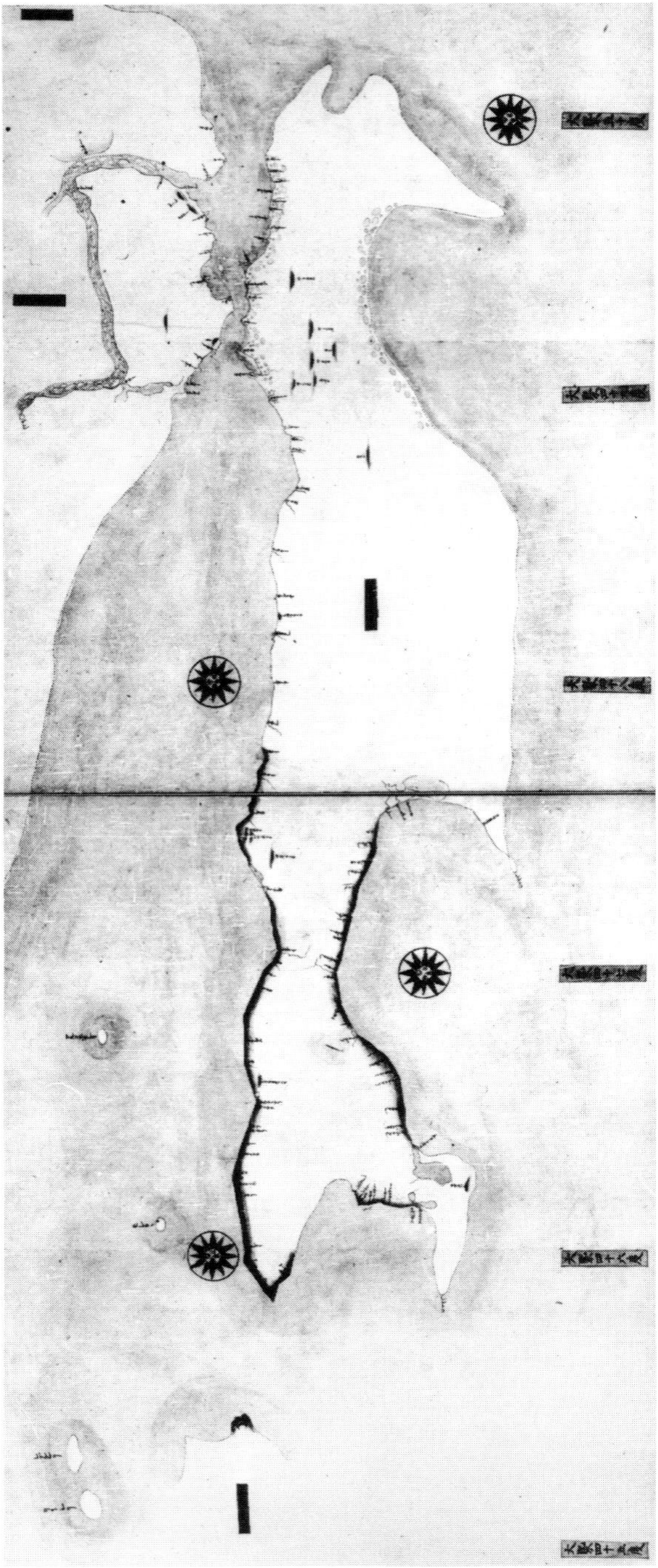

25-*3*　間宮林蔵『北夷分界余話』所載北蝦夷地（図）　文化８年（1811）　手書　内閣文庫

間宮林蔵のカラフト調査の最終報告書の一つである本書（全10冊）の第１冊にこの図が収められている。３寸６分１里（３万6000分の１）の詳細な『北蝦夷島地図』（全７舗）は前年に完成し、幕府に上呈していたので、これは全体像を呈示しているに過ぎない。東海岸の北知床岬以北に地名の記入がないのは、林蔵の案内をしていた原住民が航路の前途に危険な箇所が多いとして岬より北の案内を拒んだからである。

調査・測量が全島に及んでいないカラフトに対して、幕府は文化五年（一八〇八）松田伝十郎と間宮林蔵とを派遣した。西海岸を北上した伝十郎はラッカ岬（北緯約五二度）に至り、カラフトが島嶼《とうしょ》であることに確信を得たが、林蔵はさらに翌年ナニヲー（同約五三度一五分）まで北上したのち、アムール川下流のデレンにまで足を伸ばし、清国の役人と会見した。しかし、カラフト東北部の海岸は遂に未踏のまま残った（図25−3）。

前述の伊能忠敬の測量は、師の高橋至時《よしとき》（幕府天文方）が熱望した子午弧一度の地上距離を知るために、江戸から陸路を北へ進んだ測量行の延長なのであった。その成果は地図としても実り、もちろん幕府へ上呈された。翌享和元年（一八〇一）から三ヶ年をかけての海岸測量は、文化元年（一八〇四）に「日本東半部沿海図」として完成し、その功によって忠敬は幕府の小吏となり、以後は「御用」の幟《のぼり》をおし立てて行う幕府の事業となった。事業を統括したのは幕府天文台の高橋景保《かげやす》（至時の子）であり、日本列島の全海岸線を克明にたどった『大日本沿海輿地《よち》全図』が、完成を見たのは文政四年（一八二一）であった。その構成内容は、縮尺を異にする三種類の地図から成っており、縮尺の最も大きいのは、二一四枚一組の三寸六分一里（三万六〇〇〇分の一）図（図25−5）、次は八枚一組の六分一里（二一万六〇〇〇分の一）図（図25−4）、最小の縮尺のものは三枚一組の三分一里（四三万二〇〇〇分の一）図である。経度はともかくとして、緯度観測値に従って作られた日本全図としては最初のものであり、既述（一五六頁）の建部《たけべ》賢弘《かたひろ》の提言は、ほぼ一世紀後に実を結んだわけである。しかしながら、それは表題からも明らかなように、海岸線の図であって、陸地内部は測量班の移動経路に沿う山河を除いては空白のまま残されていた。言ってみれば海図であり、海から見た日本図だったのである。近海に異国船が出没するという時代の要請に応えたものであることは言うまでもあるまい。

国防的見地からする海岸線の重要性への認識は、すでに老中就任直後の松平定信の胸中に芽生えて

25-*4* 『大日本沿海輿地全図』の中図の一枚（部分） 文政 4 年（1821） 手書 東京国立博物館

8 枚一組の中図（21 万 6000 分の 1 ）の近畿地方の部分であり、「中度」の線（本初子午線）は、寛政の改暦に際して京都千本通西の三条台村に設けられた一時的な天文台（改暦所）の跡を通るものなのである。朝廷の認可を受けてはじめて暦の頒布が可能となるという慣行に従ったものか、あるいは精密な経度観測が期待できないという状況からの措置であったかのいずれかであろう。投影法は直線の子午線がすべて北極において集まる梯形《ていけい》図法となっているが、「中度」という表現と合わせて清朝の『皇輿全覧図』（図 11-*5*）にならったものと思われる。

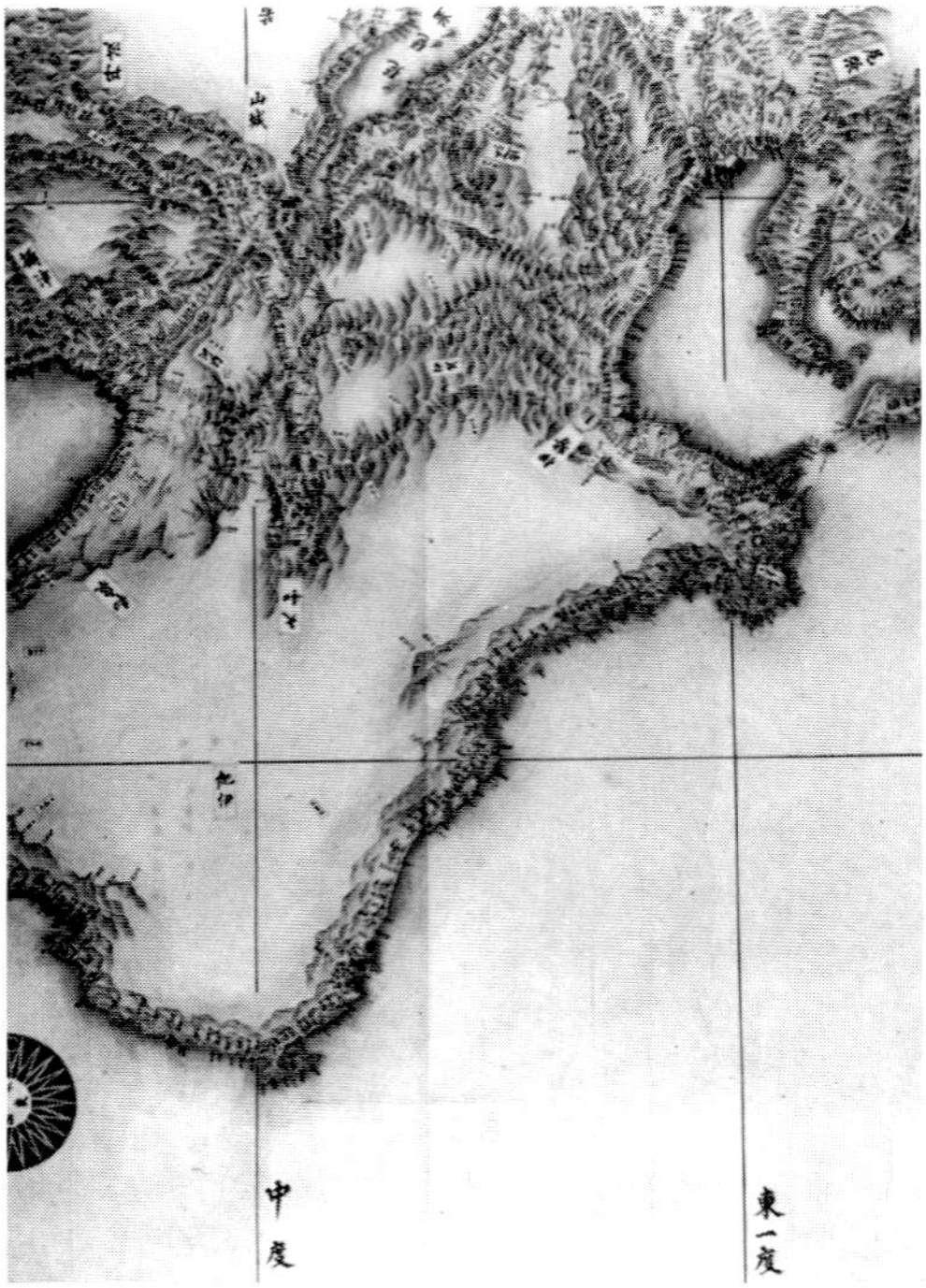

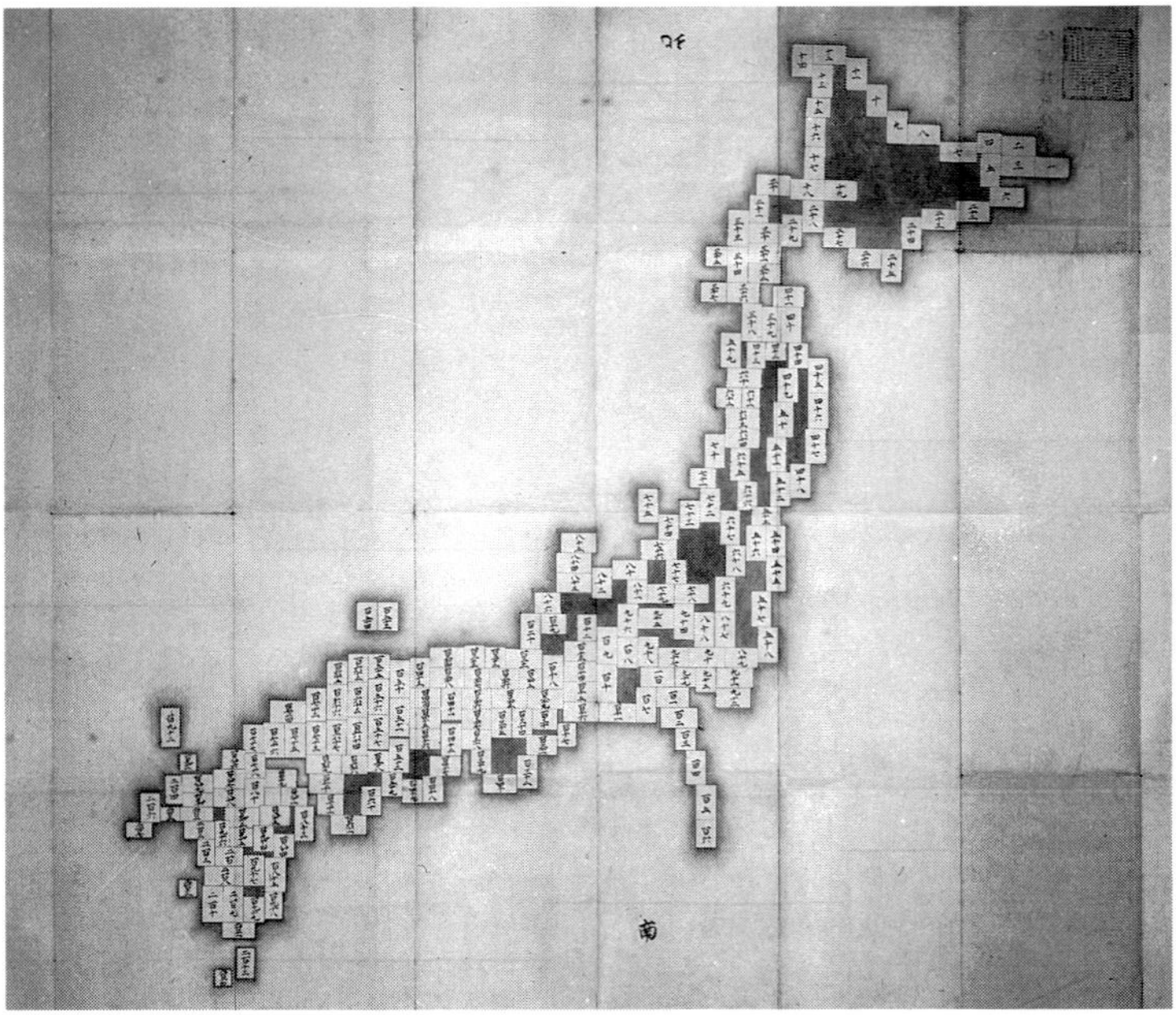

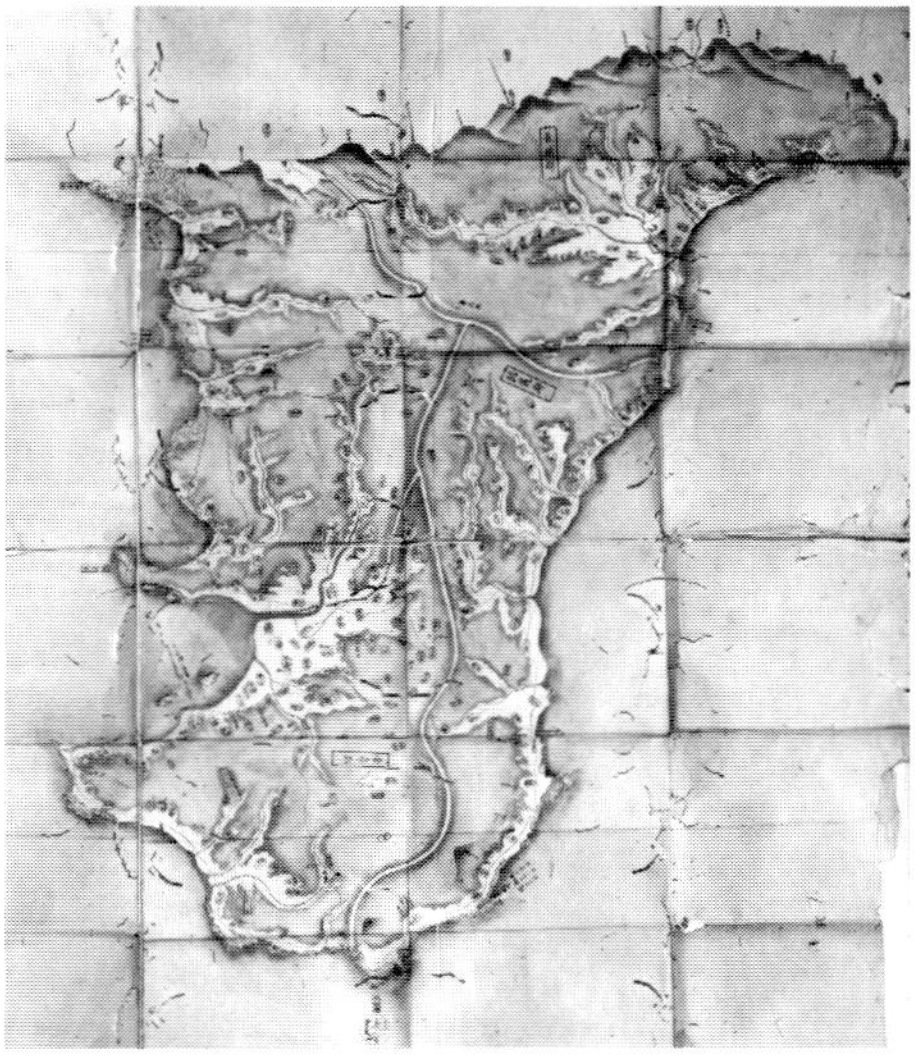

25-6 『安房国図付安房地名考』 秦檍丸　寛政元年（1789） 手書（一部捺印） 南波家

紙面の約1/3を占める「地名考」（図版の左側）はこれを割愛し、図の天地は明瞭でないので、ここでは北を上とした。特色の第1は、山地を平面的にとらえ、山麓線を明確にしていること、第2は地名や記号を捺印していることである。海岸については岩石海岸の位置、着船の可否、水深などが注記されている。秦檍丸はこののち蝦夷地での測量に大きな貢献をする（165頁）が、その技術の師が誰であったのかは謎に包まれたままである。

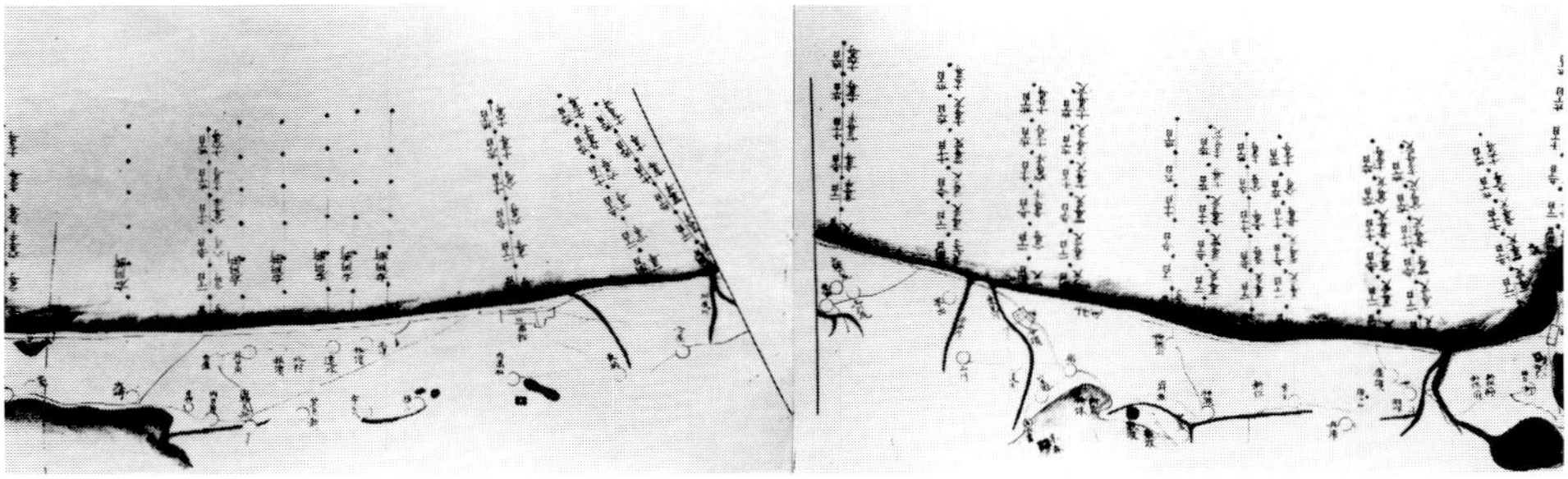

25-7 幕末沖合水深図の一例：『加能越三州海辺筋村建等分間絵図』（部分） 嘉永5年（1852）頃　巻物　手書　国立国会図書館

屈曲する海岸線を帯状の紙面に描くため、ところどころで海岸線は切り離されている。接合の指示に従って復原してみると、能登半島の輪郭はほぼ実際に近い。水深は沖合に向けて、30間、1・5・10・20・30の各丁、計6ヶ所の尋《ひろ》が示されているが、図上では等間隔の位置に置かれている。縮尺は1分1町（3万6000分の1）と明示され、海側を上にして描かれている。この図に含まれる海岸の同種の図2点（富山県立図書館蔵）に嘉永3年（1850）の年紀があるので、完成は上記推定年以前であったかも知れない。

（前頁・下）25-5 『地図接成便覧』 文政4年（1821） 手書　内閣文庫

『大日本沿海輿地全図』の製図資料となった各種の測量・観測数値は『輿地実測録』（全14冊）としてまとめられ同時に上呈されたが、これはその付録で、 214枚から成る「大図」を接合したときの状態を図示したものである。各葉は番号で示されており、図幅には縦長・横長が入り混じっている。この配置図のみを見ても、日本総海岸線図であったことが知られるであろう。

いたようであり、天明八年（一七八八）上洛の帰途、伊勢で接見した測量師秦檍丸《はたあはきまろ》（一六五頁）に伊豆・相模・房総つまり江戸防衛の最前線一帯の調査と地図作製の密命を与えたらしく、寛政五年（一七九三）までにそれぞれの地図が完成している（図25-6）。定信自身その年（一七九三）檍丸に案内させて伊豆・相模の海岸を視察していることからもうかがえる。

国交のない国の船舶の沿岸接近に対して、幕府が「打払令《うちはらいれい》」を出したのは文政八年（一八二五）であったが、東アジアを取り巻く国際情勢は次第に険悪の度を増し、幕府は嘉永二年（一八四九）海岸防備の資料として、沖合三〇丁までの水深を記載した海岸線図の提出を諸藩に命じた（図25-7）。ここにおいて、幕府は真の意味での日本列島沿岸の海図をもつことになり、この事業こそ長年に及んだ北辺を含む海岸線の科学的把握の総仕上げであったと言ってよいであろう。

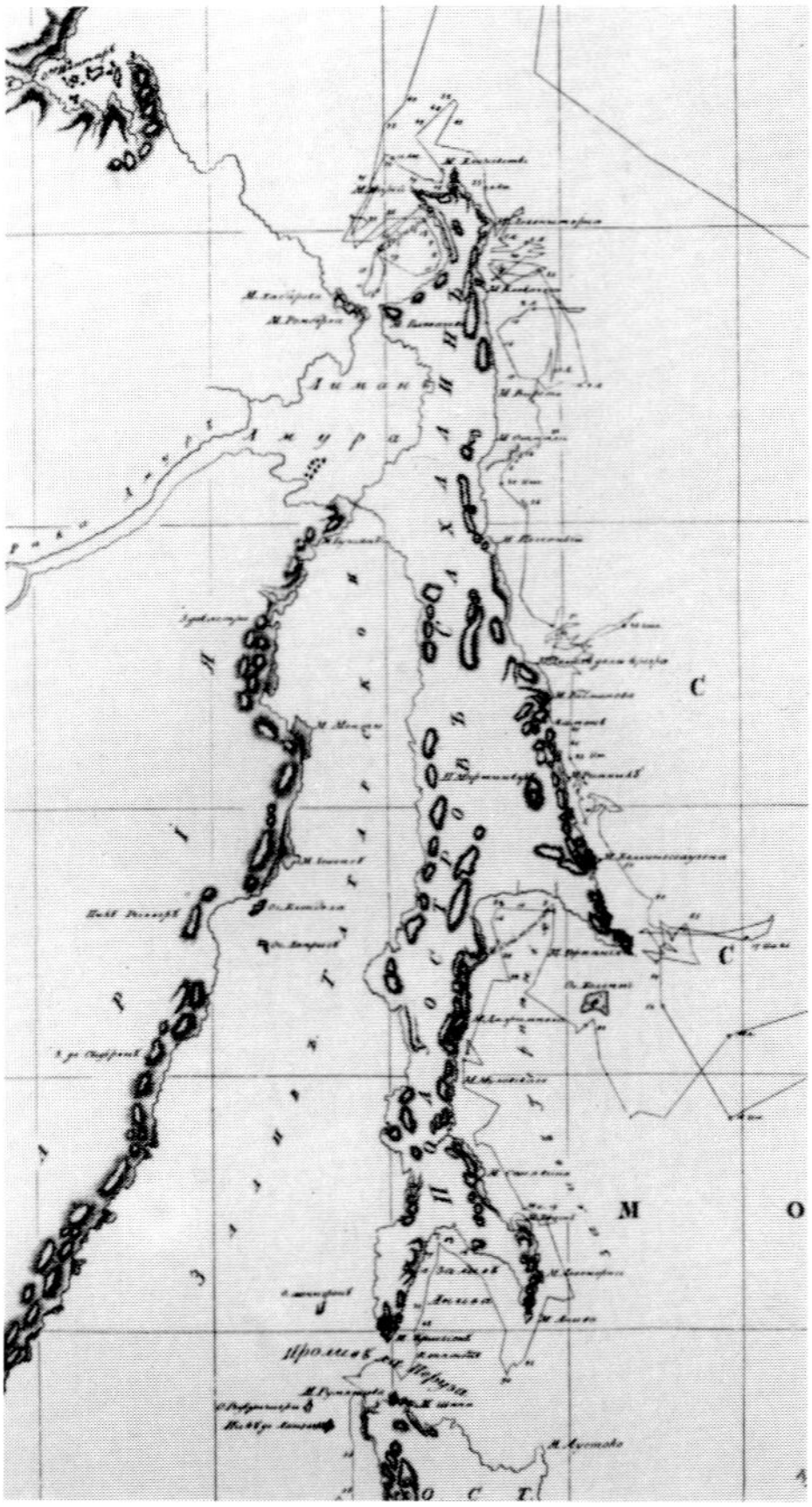

25-8　『クルーゼンシュテルン世界周航図録』所収サハリン、クリル列島図のサハリン　1813年刊

日本政府との交渉が不調に終って憤懣やる方ないロシア使節レザノフを乗せて1805年春長崎港を出たナデジダ号の艦長クルーゼンシュテルンは、カムチャツカへ向う途中カラフト東南岸を、一旦帰港したのち東北岸を測量した。西北岸では塩分の少ない南からの潮流が優勢であったので、サハリンはアムール河口の南で大陸と接続していると判断した。図にも Poluostrov Sakhalin（サハリン半島）と記入されている。文政9年（1826）シーボルトは江戸参府の折この図録と周航記のオランダ語版（計4冊）を高橋景保に贈って、いわゆる伊能図の入手方を依頼したのであったが、日本人未踏のカラフト東北岸の精細な表現に景保は息を飲んだはずである。

26. 大縮尺図の洋式化

既述（一六七頁）の『大日本沿海輿地《よち》全図』の大図すなわち三万六〇〇〇分の一の図は、大縮尺図と言うにふさわしい縮尺の図であるが、経緯線の記入もなく、遠望した山の側面形が絵画風に書き込まれているばかりである。その基礎である測量術にしても、測量順路の要所要所で遠望できる山の峰や岬の先端の方位角を測る「準望」、進んだ距離と屈折の角度とを測って行く道線法など、古来の方式そのものであった。精度の向上した測器類の使用と多数地点における緯度観測とが、辛うじて成功をもたらしたものと言えるであろう。既述（七八頁）のように、フランスでは一七九三年に、三角測量による大縮尺図が完成を見ていたのであるが、当時のわが国にはまだ三角測量術が導入されていなかったのである。

わが国における大縮尺図の洋式化は、まず海図からはじまる。万延元年（一八六〇）頃刊行の『神奈川港図』が、近代的洋式海図の第一号である（図26-*1*）。これに続くのは文久二年（一八六二）の小野友五郎らの、咸臨丸による小笠原諸島調査の際に作られた同諸島の海図である（内閣文庫所蔵『小笠原島総図』所収図二種）。これらはいずれも、長崎の海軍伝習所の卒業生たちの手になるものであり、近代的洋式海図作製技術の日本人への伝授におけるオランダ側の貢献は注目される。明治四年（一八七一）に発足の兵部《ひょうぶ》省海軍部水路局が最初に刊行した海図『陸中国《りくちゅうのくに》釜石港之図』（明治五

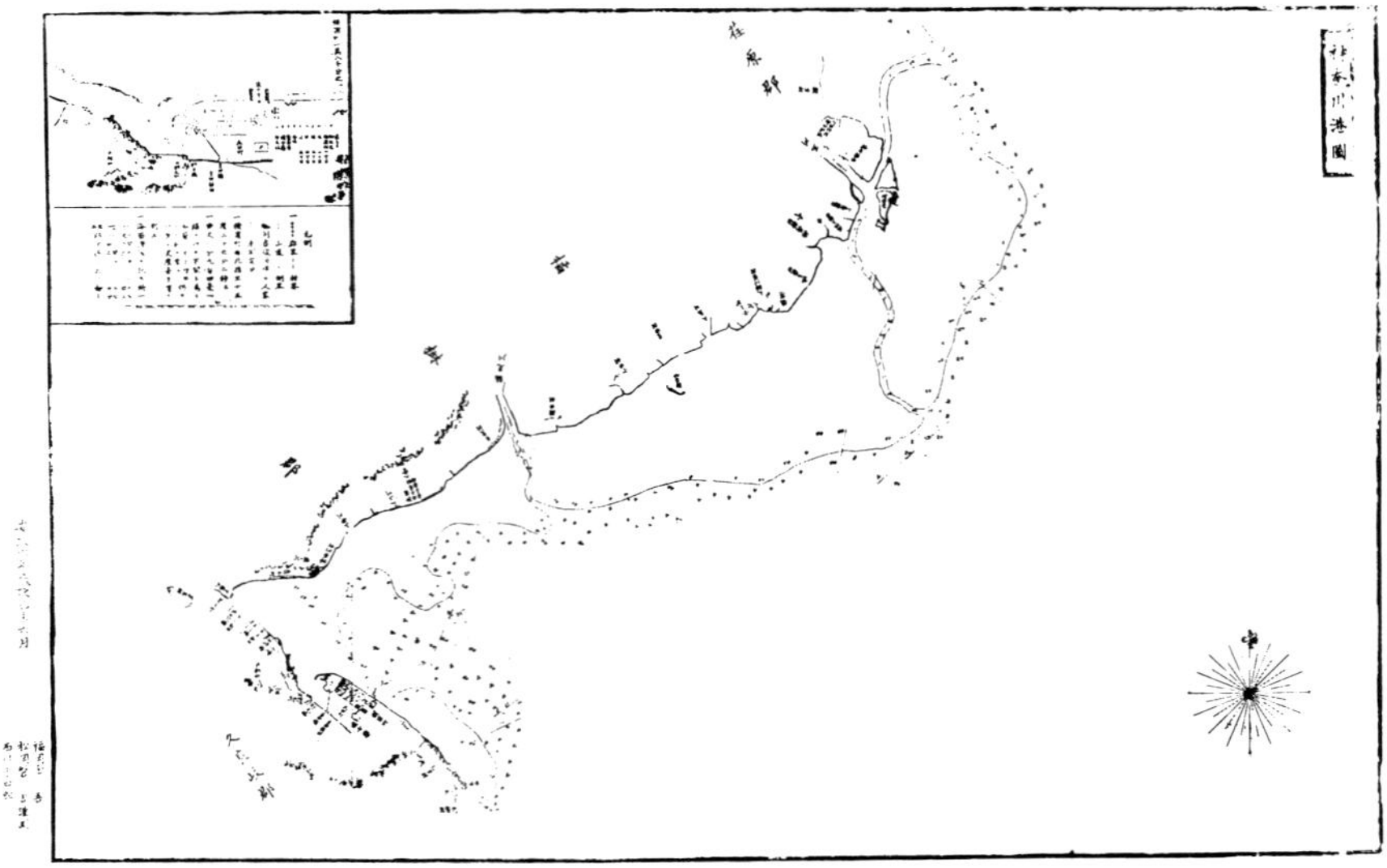

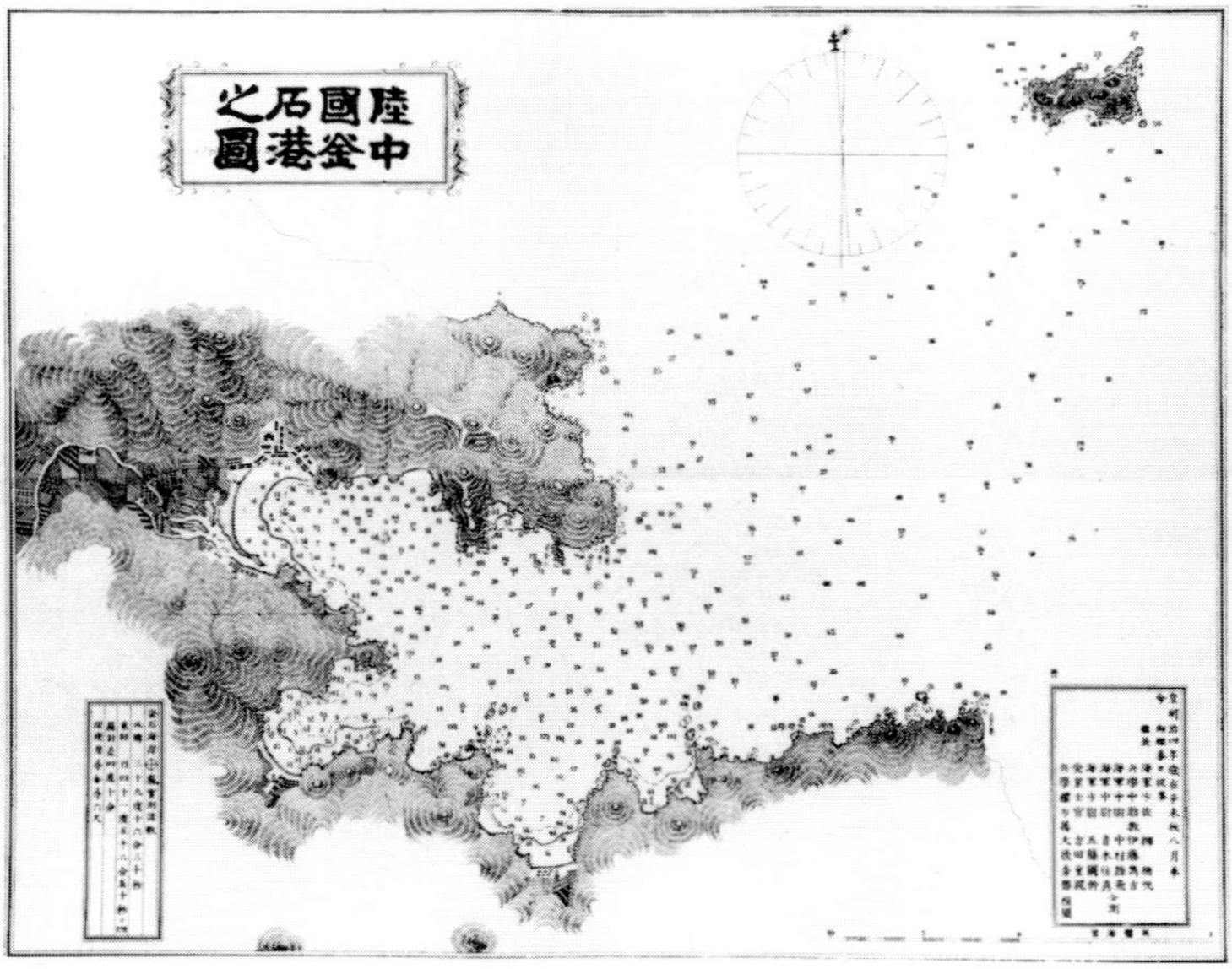

26-2 『陸中国《りくちゅうのくに》釜石港之図』 柳楢悦《ならよし》等7名　明治5年（1872）刊　銅版

明治4年（1871）柳楢悦らが軍艦「春日」によって北海道および陸中の諸港を測量したときの成果の一つで、水深の表記にはじめてアラビア数字が用いられた。同年内に野付湾・宮古・寿都・小樽の各図が刊行されたが、柳らは前々年来イギリス艦と行動を共にして実習を重ねており、これらの図はイギリス方式であった。表題に英訳を併記し、図郭の左外側に「大日本海軍水路寮、第一号、松田保信鐫」とある版は、「水路局」が「水路寮」と改称された明治5年10月以降の補刻版である。

（前頁・上）26-1 『神奈川港図』 福岡金吾等３名　万延元年（1860）頃刊　木版

図に刷り込まれている「安政六年六月」は測量が行われた年月であって、『続通信全覧』測量船雑件には「万延元年九月五日上木許可、軍艦操練所蔵板」とある。神奈川が外国貿易港として開港されると同時に作られたものであり、水深は間《けん》であらわされている。測量を担当した福岡金吾・松岡磐吉は共に長崎海軍伝習所、西川寸四郎は築地軍艦操練所の卒業生である。松岡は文久２年（1862）の小笠原諸島の測量をも担当しており、その海図（内閣文庫所蔵『小笠原島総図』所収）には、小野友五郎・塚本桓輔（共に海軍伝習所卒業生）らの名も見える。

年刊）の測量担当者の連名筆頭の柳楢悦《ならよし》も、また海軍伝習所出身であった（図26―2）。

海図に比べると、大縮尺の陸図における洋式化はかなり遅く、明治になってからであり、まず明治四年（一八七一）に、工部省に設けられた部局の一つ測量司が、マクヴィーンら八名のイギリス人技師指導のもとに洋式大縮尺図作製の準備に入った。明治初期における官庁の機構改革は目まぐるしく、右の測量司の業務は、三年後の明治七年内務省地理寮に移管され、地理寮はまたその三年後に地理局と改称されている。一方、兵部《ひょうぶ》省は軍用陸図の必要から、明治四年設置の陸軍部参謀局にその作製業務を担当させることとし、二年後にフランス武官ジュルダンを招いて、測量・製図の技術指導を行わせている。兵部省を廃止して陸軍・海軍の両省が設置されたのは、明治五年のことであるが、同一一年（一八七八）陸軍省参謀局は参謀本部と改称され、翌々年「迅速測図《じんそくそくず》」と呼ばれる二万分の一図の作製業務を開始した。呼び名の通り応急的なもので、三角測量を経ておらず、経緯度の表示もない地図であった。同一五年（一八八二）工兵大尉田坂虎之助が数年に及ぶドイツでの測量術研修を終えて帰国したことにより、従来のフランス方式はドイツ方式に切り換えられることとなった。その顕著な例が『五千分一東京図』（明治一九―二〇年〈一八八六―八七〉刊）であり、同一七年（一八八四）完成の手書図では、フランス流の着彩方式であったものが、銅版の刊行図では、ドイツ式の黒一色となったほか、記号も一部変更されている（図26―3、5）。

ところで、同じ縮尺の東京図は、ほぼ時を同じくして、描出範囲のより広いものが、内務省地理局からも刊行されている（図26―4）。これは陸軍に先立って明治五年から着手していた三角測量によるものであった。そして前述の参謀本部の東京地図もまた三角測量に関しては、地理局の成果に依存していた。一つは軍用、他は民政用を標榜する地図ではあったが、内容の上で目立つ相違があるわけではない。いずれにせよ、こうした同種の測量・製図事業の併存は、国家予算上も失費は免れず、その一元化の必要を指摘した陸軍の建議により、明治一七年すでに内務省地理局の関連業務は参謀本部に

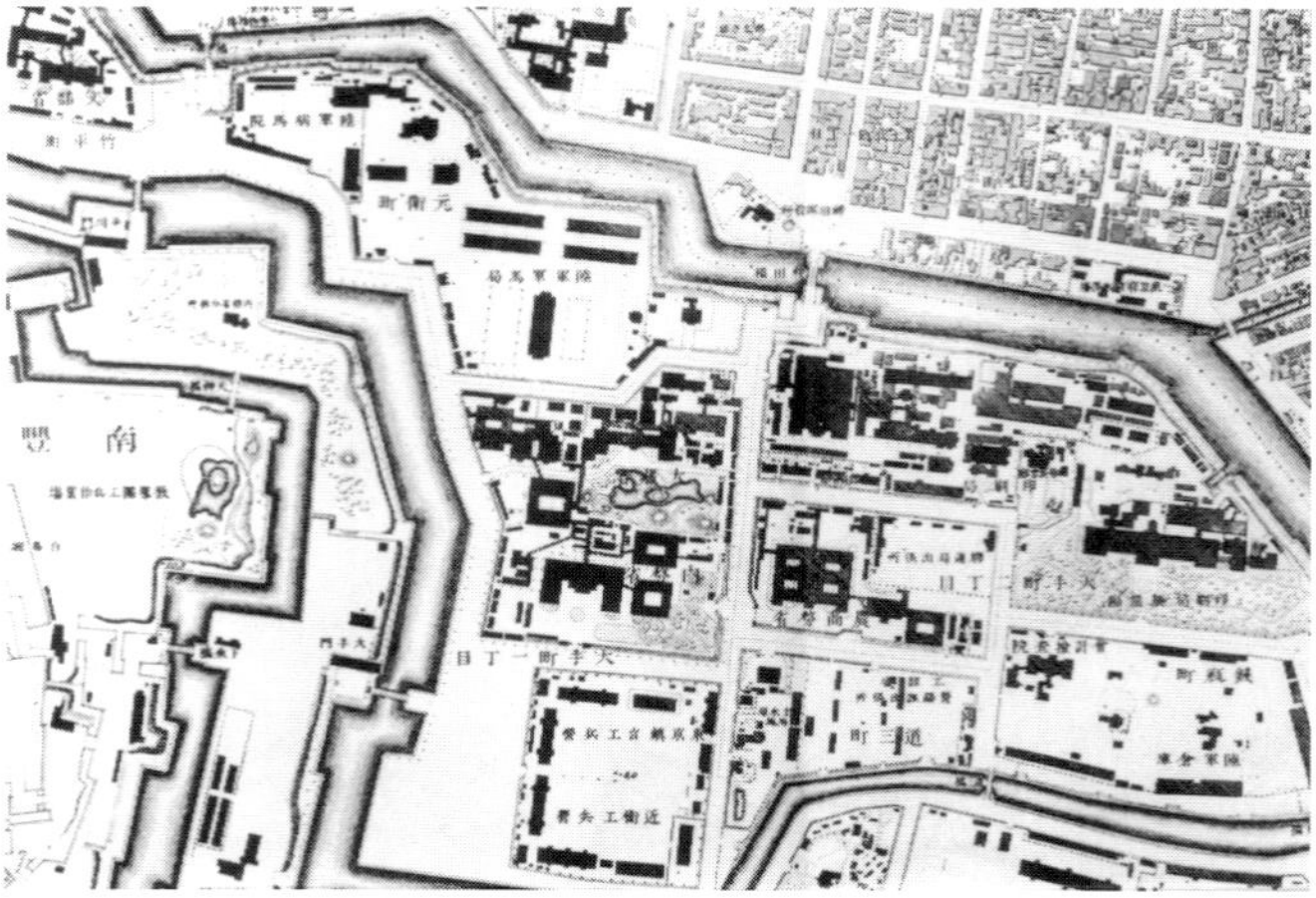

26-*3*　参謀本部陸軍部測量局『五千分一東京図』 第5号（部分） 明治19年(1886)製版　銅版

第5号図幅は全9枚の図が構成する範囲の中央に当っており、図の中心を三角測量の基点の富士見櫓（図版左下隅）としている。左の図郭外には「明治十六年測量」とある。等高線は2ｍ間隔で記入されているが、極めて細く道路などで寸断されているので、辿りにくい。家屋を木造とそれ以外に分けて1戸1戸描示する点に特色が認められる（図26-*4* と対比されたい)。

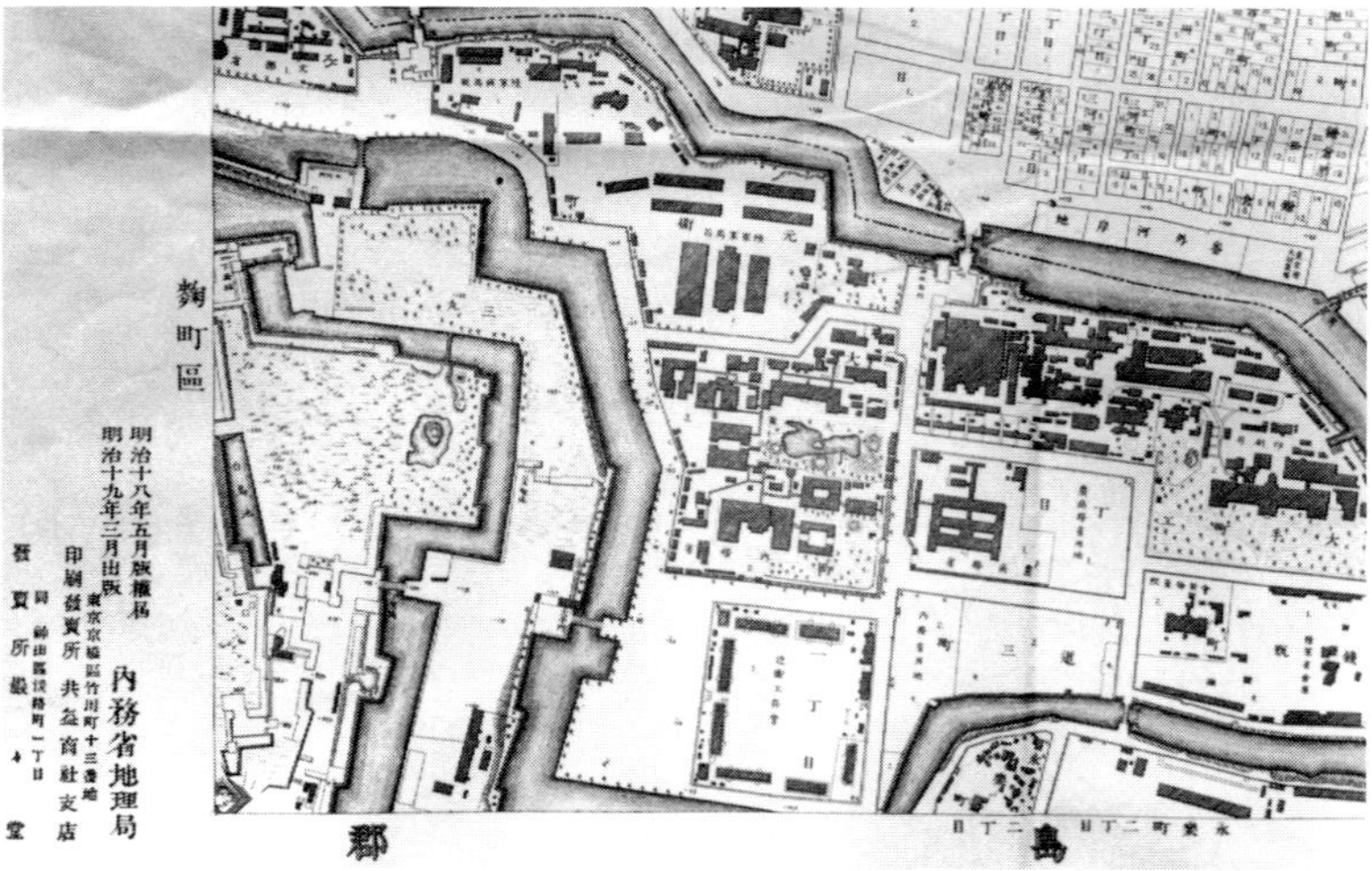

26-*4*　内務省地理局『東京実測全図』 第6幀（部分） 明治19年(1886)刊　銅版　5000分の1

明治5年（1872）からイギリス人技師マクヴィーンらの指導のもとに工部省測量司の職員が行った三角測量を基礎としている。基線は本所相生町、基点は富士見櫓（図版左下隅）とし、計13の三角点を置いた。土地の起伏は毛羽《けば》によってあらわされており、民家の描示はなく地番が克明に記入されている（図版右上部)。明治19年から同21年にかけて全15枚が刊行されたが、周辺部の図幅には小型のものもある。

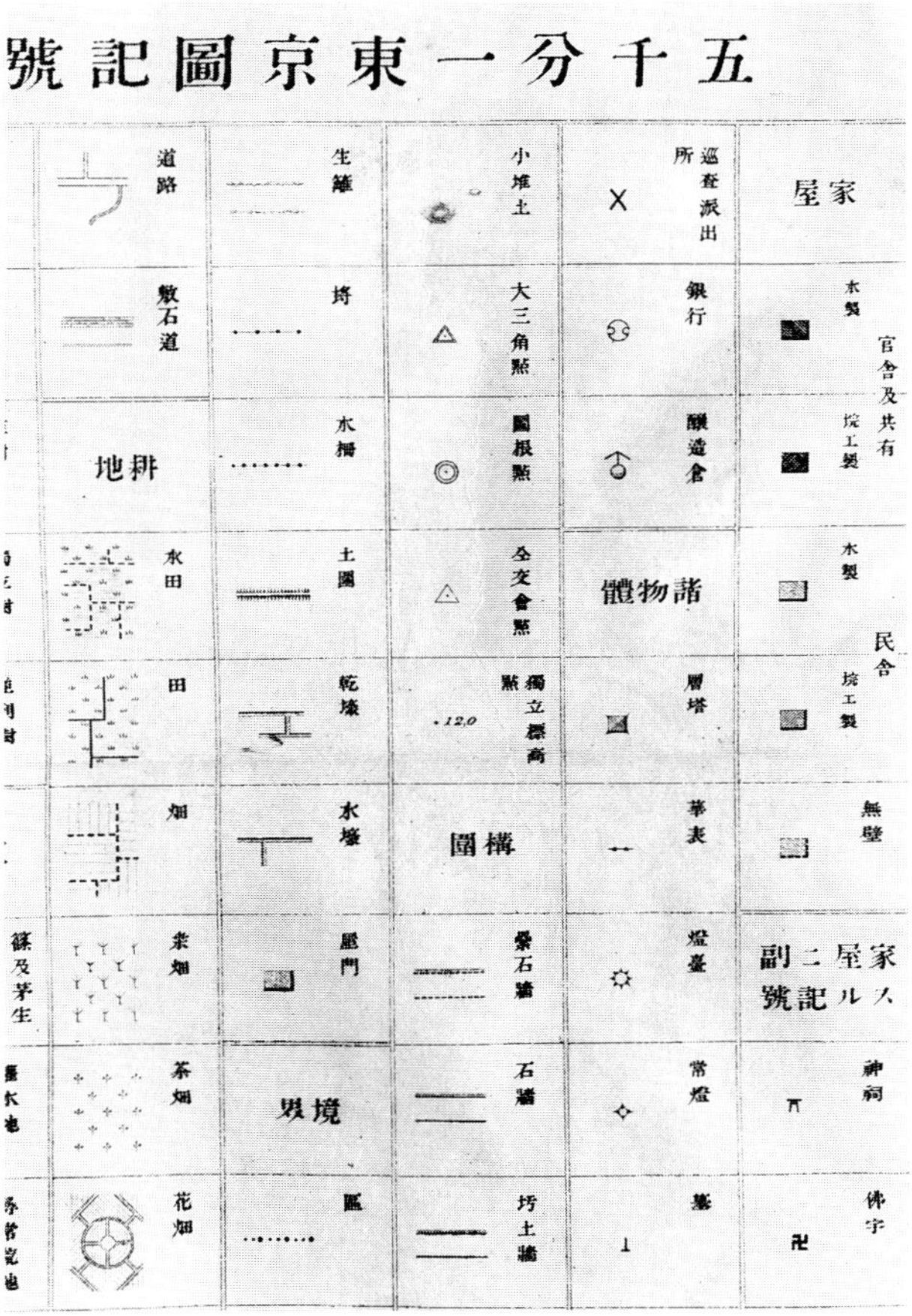

26-5 参謀本部陸軍部測量局『五千分一東京図記号略表』（部分） 明治19年（1886）製版 銅版

家屋・境界・耕地その他9部門に分けた記号89種が示されている。公共建築物・民家ともに「木製」と「垸工製《かんこう》」とに分けられているが、後者は煉瓦造・石造・土蔵など小銃弾の貫通しにくい建物を指すようである。神社の記号としての鳥居は、早く正保日本総図（1670年頃）に見えるところであるが、直接の関係はないであろう。

移管され、測量局の発足とはなっていた。同二一年（一八八八）の参謀本部の陸・海両軍分離に伴い、測量局は陸地測量部と改称され、陸軍の独立官庁の一つとなった。大縮尺図は試行錯誤の末、全国土を覆う図の縮尺は五万分の一とするという決定が下され、その事業は同二五年（一八九二）に開始された。樺太《からふと》・台湾を除くわが国の版図《はんと》全域の五万分の一地形図が完成を見たのは、それから三三年後の大正一四年（一九二五）のことであった。

中扉カット解説

［世界の部］　メルカトルの肖像（ルモルト・メルカトル『アトラス』＜1595 年刊＞より）

ゲルハルドゥス・メルカトルは 1512 年フランドルのルペルモンデ（アントワープ西南郊外）に生まれ、ルーヴェン大学で哲学・人文学を学んだが、当時天文学者として名が知られつつあったルーヴェンのヘンマ・フリシウスの学説に共鳴し、天地両球儀や地図を手がけるようになった。1552 年にはデュイスブルク（ドイツ）に移り、1594 年に同地で死去するまで歴史にその名を残す数々の地図学的作品を世に問うた。

［日本の部］　荒木宗太郎使用の南方渡海朱印船（長崎、森家所蔵図）

荒木宗太郎は長崎の貿易業者で、みずから頻繁に東南アジアと長崎の間を往復した。初期の朱印船はジャンク様式のものであったが、寛永年間には、ここに見るように、船体・網代《あじろ》帆《ほ》はシナ式、船首のやり出し帆、前檣・主檣の高《たか》帆《ほ》、船尾などは西洋式という混合様式の「日本前《にほんまえ》」が登場するにいたった。オランダ東インド会社の紋章 VOC をさかさにした船印を用いている。

人名索引

ア

亜欧堂田善（あおうどうでんぜん） 158
青島俊蔵 164
暁鐘成（あかつきのかねなり） 147
アグリッパ将軍(M. V. Agrippa) 25
アナクシマンドロス(Anaximandros) 17、20
アピアヌス(P. Apianus) 57、58
アブル・ファズル(Abu 'l-Fazl) 49
新井白石 64、156
荒木宗太郎 176
アリスタゴラス(Aristagoras) 17、20
アリストテレス(Aristoteles) 22、41
アルブケルケ(Afonso de Albuquerque) 36
アル・イスタクリー(Al-Istakhrī、10世紀) 47、48
アル・イドゥリーシー(Al-Idrīsī、1100-66) 47、49
アル・クヮーリズミー(Al-Khwārizmī) 47
アル・バルキー(Al-Balkhī、934没) 47
アル・ファルガーニー(Al-Farghānī) 54
アル・マムーン(Al-Ma'mūn) 47
アロースミス(A. Arrowsmith、1750-1823) 80

イ

池田輝政 117
石川流宣 146、148
稲垣光朗 142、145
稲垣定穀（子戩） 131、145
稲葉通竜 123、155
井上政重 128
伊能忠敬 164、167
イブン・ハウカル(Ibn Ḥawqal、10世紀) 47
入江修敬 131
尹誧（いんぽ） 98

ウ

ヴァリニアーノ(A. Valignano) 118
ヴァルトゼーミュラー(M. Waldseemüller) 58、68
ヴェスコンテ(P. Vesconte) 46
ヴェスプッチ、アメリゴ(A. Vespucci) 58
ヴェルネル(J. Werner) 57
牛込重忝 142
卜部兼右（うらべかねみぎ） 88

エ・オ

エツラウプ(E. Etzlaub) 56、58、61
エラトステネス(Eratosthenes) 22、23
円通（えんづう、1754-1834） 132
王圻（おうき） 107、142
王玄策（おうげんさく） 34
王致遠（おうちえん） 30
大石逸平 164
大槻玄沢 69
岡田自省軒 148
荻生徂徠 156
織田信長 108、128
遠近道印（おちこちどういん） →藤井半智
小野友五郎 171、173
オルテリウス(A. Ortelius) 62、63、74、77
オレアリウス(A. Olearius) 68、69

カ

カエリウス(P. Kaerius) 109、111
蠣崎慶広 162
カシー(R. Cushee) 70
賈耽（かたん） 30
カッシーニ(J. D. Cassini、1625-1712) 78
桂川甫周 64、131、160
加藤清正 108

カペラ(Martianus Capella)　42
華坊宣一（花坊兵蔵）　101、102
ガマ、ヴァスコ・ダ(V. da Gama)　48、58
観勒（かんろく）　87

キ

キアラ(G. Chiara)　131
魏源（ぎげん）　51
紀州又右衛門　155
北島見信　130、131、160
北山晋陽　129、131
木全雄香（きまたー）　90
行基（ぎょうき）　89、91

ク

福島国隆（くしまー）　149
クック(J. Cook)　79
工藤平助　163
クラヴス(C.Clavus)　54、55
クラテス、マロスの(Krates of Mallos)　41、65
クルキュース(N.S.Cruquis)　80
クルーゼンシュテルン(I.F.Kruzenshtern)　170
クレスケス(A.Cresques)　44
グロッケンドン(G.Glockendon)　66

ケ

荊軻（けいか）　26
月渓中珊（げっけいちゅうさん）　106
ゲルマヌス、ニコラウス(N. Germanus)　58
玄奘（げんじょう）　21、98、100

コ

康熙帝（こうきー）　77
黄裳（こうしょう）　30
コスマス・インディコプレウステス(Cosmas Indicopleustes)　45
ゴースレン(P. F. J. Gossellin)　23
小林義信　→樋口謙貞
コフェンス(J. Cővens)　160
コーボ、ファン(F. J. Cobo)　128
駒井重勝　134
コロネリ(V. Coronelli)　68
コロンブス(C. Columbus)　58、65
コンタリーニ(G. M. Contarini)　58
近藤守重　12、13、164、165

サ

ザヴィエル、フランシスコ(F. de Xavier)　108
沢田員矩　131
サンソン、ニコラ(N. Sanson d'Abbeville、1600-67)　62、63、78
サンタレム子爵(the Viscount of Santarém)　7

シ

シェネル(J. Schöner、1477-1547)　65
始皇帝　26
シドッティ(G. B. Sidotti)　64、156
司馬江漢　122、158、160、161
新発田収蔵（しばたー）　132
史弼（しひつ）　36
渋川景佑　131
渋川春海　130、131
シーボルト(P. F. von Siebold)　170
島谷市左衛門　124、125
ジャイヨ(A. H. Jaillot)　158
ジャック(Jacques Cassini、1677-1756)　80、81
ジャマール・アッディーン(Jamāl al-Dīn)　48
シャール、アダム(J. Adam Schall von Bell、湯若望)　74
朱思本（しゅしほん）　30、48
シュパンベルク(M. Spanberg)　162
ジュルダン(Jourdan)　173
シルヴァヌス(B. Sylvanus)　58、59
申叔舟（しんしゅくしゅう）　32、33
ジンナーロ(B. Ginnaro)　118

ス

末吉孫左衛門　123
ストラボン(Strabon、前64頃-後23頃)　23
スネリウス(W.Snellius、1591-1626)　78
スヘーデル(J. Schaedel)　127

セ・ソ

清濬（せいしゅん）　50
関祖衡（せきそこう）　149
雪舟　10
セネックス(J. Senex)　70
セーリス(J. Saris)　76
宗覚（そうかく、1639-1720）　98、101、133
曹君義（そうくんぎ）　75

タ

高橋景保　158、167、170
高橋次太夫　165
高橋至時　167
高橋寛光　164
鷹見泉石　122、126
武田簡吾　161
建部賢弘　156、167
田坂虎之助　173
橘守国　156
ダッドゥリ、ロバート(R. Dudley)　60、61
田沼意次　164
ダンヴィル(J. B. B. d'Anville)　77、78、79
ダンティ(I. Danti、1536-86)　58

チ・ツ・テ

中条澄友　131
塚本桓輔　173
テイシェイラ、ヨアン(J. Teixeira)　82
鄭経（ていけい）　140
鄭成功（ていせいこう）　140
鄭和（ていわ）　48、53
デュ・アルド(J. B. du Halde)　77
デュパン・トリエル(J. L. Dupain-Triel)　80
寺島良安　142

ト

道安（どうあん、僧）　33
道蛇楼麻阿（どうだろうまあ、朋誠堂喜三二）　147
ドゥリール(G. Delisle、1675-1726)　78
洞院公賢（とういんきんかた）　92
徳川吉宗　156
ドミニク(J. Dominique、1748-1845)　80
豊臣秀次　135
豊臣秀吉　128

ナ・ニ・ヌ・ネ・ノ

永井青崖　161
長久保赤水　122、126、144、145、156、157、160
永田善吉　→亜欧堂田善（あおうどう―）
中村小市郎　165
中村惕斎（―てきさい）　107
梨木祐之　90
ニコロ・デ・コンティ(Nicolo de Conti)　46
西川如見（―じょけん）　101、110
西川寸四郎　173
沼尻墨僊（―ぼくせん）　131、132
野田知義　153

ハ

裴秀（はいしゅう）　28、87
ハイデン(C. Heyden、1525-76)　65
白君可（はくくんか）　32
間重富（はざまー）　158
橋本宗吉　131、160
秦檍丸（はたあはきまろ）　165、169、170
パーチャス(S. Purchas)　76
パーディ、ジョン(J. Purdy)　161
馬場貞由　158
馬場信武　142
ハミルトゥン(F. Hamilton)　38、39
ハムダッラー・ムスタウフィー(Ḥamd Allāh Mustawfī)　52
林羅山　128
原目貞清　142、143、144

ハリスン(J. Harrison、1693-1776) 80
ハルトマン(G. Hartmann、1489-1569) 65
バルブダ、ルイス・ジョルジ・デ(L. J. de Barbuda) 74、77
バーロス(J. de Barros) 71、77
潘光祖（はんこうそ） 142
ハンベンゴロ(M. A. von Bengoro) →ベニョフスキー

ヒ

ピカール(J. Picard、1620-82) 78
樋口謙貞 125、142、145
菱川師宣（－もろのぶ、菱河吉兵衛） 151
ピタゴラス(Pythagoras) 22
ヒュブネル(H. Hubner) 160
平井祥助 96
平賀源内（1728-80） 154
平住専庵 141、142

フ

ファルク父子(G. and L. Valk) 131
フィネ(O. Finé) 58
フィヤストゥル(G. Fillastre) 55
馮応京（ふうおうけい） 142
フェルビースト（F. Verbiest、南懐仁） 74
フェルメール、ヤン(J. Vermeer、1632-75) 64
福岡金吾 172
藤井半智（－はんち） 149、151
藤原貞幹（－さだもと） 90
藤原成通 103
藤原光弘 104
プトレマイオス(K. Ptolemaios) 22、23、24、25、47、49、54、55、58、59、60、65、67、82
プライス(C. Price) 70
ブラウ、ウィレム・ヤンスゾーン(Willem Janszoon Blaeu) 60、69、129、131
ブラウ、ヨアン(Joan Blaeu) 63、64、77
ブランクス(C. Blancus) 118
プランキウス(P. Plancius) 63、108、109
フランソワ(C. François、1714-84) 80
ブロートン(W. R. Broughton) 164

ヘ・ホ

ヘカタイオス(Hekataios) 20
ベーコン、ロジャー(R. Bacon) 54
ベッツ(J. Betts) 132
ベニョフスキー(M. A. Benyovzky) 162
ベハイム(M. Behaim) 65、66、67
ヘロドトス(Herodotos) 17
ヘンマ・フリシウス(R. Gemma Frisius、1508-55) 60、68、176
ポイティンゲル、コンラド(K. Peutinger) 25
茅元儀（ぼうげんぎ） 53
北条氏如 127
北条氏長 127、137、138、149
鳳潭（ほうたん、1659-1738） 101、102
朴敦之（ぼくとんし） 96
細井広沢 125
堀田仁助（－にすけ、泉尹） 131、164、165
ポーロ、マルコ(M. Polo) 46、67
ホンディウス、ヘンリクス(Henricus Hondius、1597-1651) 63
ホンディウス、ヨドクス(Jodocus Hondius、1563-1612) 63

マ

マウロ、フラ(Fra Mauro) 41、46
前園噌武（－そぶ） 142
マクスン(J. Moxon) 70
マクヴィーン(C. A. McVean) 173、174
マクロビウス(A. T. Macrobius) 41
マゼラン(F. Magellan) 73
松岡磐吉 173
松下見林 142
松平定信 167
松平忠明 165
松田伝十郎 167
松宮俊仍 127
松村元綱 160
馬渕自藁庵（まぶちじこうあん） 148、149
間宮林蔵 161、166、167

マルティーニ(M. Martini) 77
マルテルス(H. Martellus) 67

ミ

源順（みなもとのしたごう） 105
源義経 93
源頼朝 93、134
三野王（みののおほきみ） 87
三橋成方 164
ミュンスター(S. Münster) 58
三善為康（1049-1139） 93、94

ム・メ・モ

村上島之允 →秦檍丸（はたあはきまろ）
メルカトル、ゲルハルドゥス(Gerhardus Mercator) 11、58、60、61、63、67、68、176
メルカトル、ルモルト(Rumold Mercator、1545頃-99) 63、176
最上徳内 164
本木良永 123、160
森幸安 122、156、160
モル(H. Moll) 70
モルティール(C. Mortier) 160
モレイラ(I. Moreira) 118、119、120

ヤ・ヨ

山口鉄五郎 163、164
柳楢悦（ーならよし） 172、173
ヤンソニウス、ヤン(J. Janssonius、1588-1664) 63
姚興（ようこう） 98
楊子器（ようしき） 33

ラ・リ・ル・レ・ロ

羅洪先（らこうせん） 30
ラックスマン(A. K. Laksman) 164
ラングレン(H. van Langren) 109
ランベルト（Lambert of Saint-Omer） 42
六厳（りくげん） 31
李沢民（りたくみん） 48、50
リチャード、ハールディンガムの(Richard of Haldingham) 42
李兆洛（りちょうらく） 31
リッチ、マテオ（Matteo Ricci、利瑪竇） 21、71、73、74、77、109、130、131、140、141、145
ルジェリ（M. Ruggiery、羅明堅） 71
ルードベック(O. Rudbeck) 8
レザノフ(N. P. Rezanov) 170
レジス（J. -B. Régis、雷孝思） 77
レナルト(L. Renard) 160
レネル（J. Rennel） 77
レーマン(J. G. Lehmann) 80
浪華子（ろうかし） →鳳潭（ほうたん）
ロドリゲス(F. Rodrigues、航海士) 36

事項索引

ア

『赤蝦夷風説考』 163
『無飽三財図会』（あかんさんざいずえ） 147
『アクバル会典』（Āʼīn-ī Akbarī） 49
『アジア』（L'Asie） 62
『アジア十巻書』（Decada da Asia） 71
『吾妻鏡』 134
『アトラス』（Atlas sive Cosmographicae meditationes de fabrica mvndi et fabricati figvra） 63、176
『アトリエ』 64
阿耨達池（あのくだっち） 20、21、98
『天橋立図』 10
『安房国図付安房地名考』 169

イ

イギリス軍需廠測量部 9、79、80
『彙輯輿図備攷全書』 142
いせこよみ 96
1インチ1マイル図 9、80
一寸百里 28、30
イモシマ（Pulo Ubi） 141、143

ウ

『禹貢地域図』（うこうー） 28
宇治諸島 118、119
『禹迹図』（うせきず、1142年） 30
『禹跡図』（うせきず、1136年） 27、28、29、30
うちわ型南瞻部洲図（ーなんせんぶしゅう） 101、133
『海の神秘』（Dell'arcano del mare） 60、61

エ

エジプト金山の図 15、16
「絵図」 86
エスキモー 12
『蝦夷地図式』（えぞちー） 165
エプシュトルフ（Ebstorf）図 40
『延喜式』 89、91、94
閻浮提（えんぶだい） →瞻部洲（せんぶしゅう）

オ

『応永鈞命絵図』（おうえいきんめいー） 105、106
大雑書（おおざっしょ） 96
オードナンス・サーヴェイ（Ordnance Survey） →イギリス軍需廠測量部
『小笠原島総図』 171、173
「おらんかい」 108
『和蘭新定地球図』 130
『喎蘭新訳地球全図』 131、160
『阿蘭陀全世界地図書訳』 160
『阿蘭陀天地両球修補製造記』 129
『阿蘭陀地球図説』 160
『阿蘭陀地図略説』 160

カ

『華夷図』（かいず） 29、30、75
『改正大日本全図』 148
『改正日本輿地路程全図』 157、160
『改製扶桑（日本）分里図』 160
『海内華夷図』（かいだいかいず） 30
懐中地球儀 69、70
『懐中歴』 93
『海東諸国紀』 32、33、118
『春日権現験記絵』 104、105
カタロニア（Catalonia）世界図 44、46、54
『月令広義』（がつりょうー） 142
『神奈川港図』 171、173
『加能越三州海辺筋村建等分間絵図』 169

カラフト →サハリン
『華麗の書』(Liber floridus) 42
『環海異聞』 69
『寛政暦書』 129、131
『冠註講苑倶舎論頌疏』 102

キ

『魏志』倭人伝 32
『木曽路・中山道・東海道絵図』 139
『北蝦夷島地図』 166
『球儀論』(Treatise on Globes) 70
球面座標 22、28
行基図(ぎょうきず) 89、91、94、95、96、116、117、118
『行基年譜』 89
『キリスト教地誌』(Topographia Christiana) 45
『訓蒙図彙』(きんもうずい) 107

ク

『旧唐書』(くとうじょ) 34
国絵図 135、136、137、162
グリーニッジ天文台 80、81、82
『クルーゼンシュテルン世界周航図録』 170
グローマ(groma) 24

ケ

慶長日本総図 116、125、146、147
毛羽 79、80、81、471
元経世大典地里図 48、51
『言語学とマーキュリーとの結婚』(Marriage of Philology and Mercury) 42
『元史』 36、48
「現代図」(tabula moderna) 54、55、58
『源平盛衰記』 89
乾隆図(けんりゅうー) 76、77
元禄日本総図 137

コ

『航海の灯火』(Het Licht der Zeevaert) 60、69
康熙図(こうきー) 76、77
『皇圀道度図』(こうこくみちのりず) →正保日本総図
『高山寺絵図』 104
『校正大日本円備図』 149
郷帳(ごうちょう) 137
『皇朝一統輿地全図』 31
『洪徳版図』(こうとくはんと) 38、39
皇明一統方輿備覧 76
『紅毛天地二図賛説』 130
『広輿図』(こうよず) 30、32、71、76、77
『皇輿全図』(こうよー) 77
『皇輿全覧図』 77、168
『後漢書』(ごかんじょ) 84
黒竜江 12、31、167、170
『心のための楽しみ』(Nuzhat al-Qulūb) 52
『古今形勝之図』 71
『古事記』 84
『五千分一東京図』 173、174、175
ゴットルプ(Gottorp)地球儀 69
五天竺 100
五天竺国図(尹誧) 98
『五天竺国之図』(久修園院所蔵) 101
『五天竺図』(法隆寺所蔵) 98、100
『混一疆理歴代国都之図』(こんいつきょうりー) 48
『混一歴代国都疆理地図』 33
『渾天儀説』 74
『坤輿図説』(こんよー、フェルビースト) 74
『坤輿全図』(稲垣定穀) 145
『坤輿全図』(フェルビースト) 74
『坤輿万国全図』 73、140、141、142、143、144、145
金輪際(こんりんざい) 98

サ

西域図略 48、52、53
『西国三十三所方角絵図』 153
西国巡礼道中絵図 153
『采覧異言』(さいらんいげん) 156
下げ振り 24、104

サハリン　12、31、76、137、138、163-167、170
『三界』(Traiphum)　37、39
三角測量　78、80、171、173
「三国」(さんごく)　101、102
『三才図会』　107、142
サンソン図法　59、62、63
山丹人　12、163

シ

四至牓示図(しいじぼうじのず)　104、105
『シナ帝国全誌』(Description géographique…de la Chine)　74、77
ジャイナ教の瞻部洲図　18、19、20
斜航曲線　→等角航路
車輪地図　40、42
ジャンブー・ドゥヴィーパ(Jambū-dvīpa)　→瞻部洲
『拾芥抄』(しゅうがいしょう)　91、92、94、95、98、99
十重天図　41、46
『十六国春秋』　98
『縮象儀図』　132
『寿福三世相大鏡』　96
須弥山(しゅみせん)　18、19、20、21、97、98
準望(じゅんぼう)　27、28、171
『掌中歴』(しょうちゅうれき)　93、94
浄得寺型日本図　116、117、118
照板　29
『娼妃地理記』　147
正保日本総図　137、138、175
条里　85、86
『初学天文指南』　142
『諸国道里記』(Kitāb Masālik al'Mamālik)　48
城絵図　136、137、139
『新刊人国記』　149
『新シナ地図帳』(Novus Atlas Sinensis)　77
『晋書』(しんじょ)　28、87
『新製地球万国図説』　64
心臓形図法　57、58、59
「迅速測図」　173
震旦(晨旦・振旦)　21、100
『新訂坤輿略全図』　132
『新訂万国全図』　131、158、159、160
『新唐書』　32、34

ス・セ・ソ

『隋書』　89
「水平」　29
『'スキピオの夢'注釈』(Commentarium in somnium Scipionis)　41
すみさし(墨竻)　104、105
すみつぼ(墨斗)　104、105、107
すみなわ　104、105、107
スメル山(Sumeru)　→須弥山(しゅみせん)
正角円筒図法　→メルカトル図法
『声教広被図』　48、50、75
正距円錐図法　22、23、58
正距円筒図法　→方眼図法
正距方位図法　61
正弦正積図法　→サンソン図法
制図六体　28、87
『世宗実録』　96
『世界の舞台』(Theatrum Orbis Terrarum)　62、63、74、77、108
『世界万国地球図』　142、145
『世界万国日本ヨリ海上里数王城人物図』　144
全円儀(アストロラビヨ)　69、121、126、127、165
『陝西四鎮図説』　→西域図略
瞻部洲(せんぶしゅう)　18、19、20、21、36、95、98、100、133
『装剣奇賞』　122、123、155
『増補華夷通商考』　101

タ

帯圏(クリマータ、イクリーム)　49、54、56、58、59
帯圏図　40、41、46
『大乗妙典納所六十六部縁起』　93
『大増補日本道中行程記』　153
『大地の形態』(Kitāb Sūrat al-Ard)　47
『大著作』(Opus Majus)　54

『大唐西域記』　21、98
『大日本沿海輿地全図』　167、168、169、171
『大日本国地震之図』　146
『大日本国全備図』　148
『大福節用集大蔵宝鑑』　155
『大明混一図』　48、50
『大明省図』(久修園院所蔵)　101
『大輿地球儀』(だいよちー)　131、132
『多聞院日記』　135
男女群島　118、119、120
『端宗実録』　33

チ

『地域方丈図』　28
『地球図』(司馬江漢)　158
『地球全図略説』(司馬江漢)　158
『地球万国山海輿地全図説』　144
『地球万国全図』(桂川甫周)　160
『地図接成便覧』　169
チュプカ　13
中山国王の墓域図　26
『地理学入門』(Geographike Hyphegesis)　22、47、54、65

ツ・テ

追儺　89、91
TO図　40
梯形図法　58、77、168
鄭和航海図(ていわー)　48、53
『手紙を読む女』　64
『天下九辺分野人跡路程全図』　75、102
天下総図　21
『天下大摠一覧之図』(てんかだいそうー)　31、32
天正遣欧少年使節　62、108、127、128

ト

『東海道分間絵図』　149、151、153
『東海道路行之図』　152、153
等角航路　43、60、67、68
『東京実測全図』　174
『東西海陸之図』　149、150
『東大寺山堺四至図』(ーさんがいししのず)　86、87
『銅版瀕海図』　161
『銅版万国輿地方図』　161
『東洋のザヴィエル』(Saverio Orientale)　118
度竿　29
独鈷杵(とっこしょ)　90、91

ナ

『南閻浮提諸国集覧之図』(なんえんぶだいー)　102
南瞻部洲(なんせんぶしゅう)　→瞻部洲
『南瞻部州大日本国正統図』(河盛家所蔵)　117
『南瞻部洲大日本国正統図』(唐招提寺所蔵)　95
『南瞻部州大日本正統図』(南蛮文化館所蔵)　120
『南瞻部洲万国掌菓之図』　101、102
南蛮系世界図方眼図法系乙種　109、113
南蛮系世界図方眼図法系甲種　108
南蛮系世界図方眼図法系丁種　109、118
南蛮系世界図方眼図法系丙種　109、115
南蛮系世界図ポルトラーノ系　108
南蛮系世界図メルカトル図法系　109、111
南蛮系世界図卵形図法系　108、111、116、129
南洋カルタ　121、122、123、124、125、140、156、160

ニ・ネ・ノ

『二中歴』(にちゅうれき)　93、94
『日本海山潮陸図』　148
日本カルタ　120、124、125、126、127、149、156
『日本後紀』　88
『日本国見在書目録』　87
『日本書紀』　84、87、88、98、105
『日本分域指掌図』　149
『日本分形図』　146、147
『日本分野図』　156
仁和寺所蔵日本図　89、90、91、94-95

『年代記新絵抄』　155
脳裡地図　12

ハ・ヒ

馬王堆漢墓出土図　27、28
「白図」　86
『パーチャスの巡礼者たち』（Purchas His Pilgrimes）　76
バビロニア　15、16、17、18
バーラタ（インド）　18
バラモン瞻部洲図　18、20
パリ天文台　78、80、82
『遙かなる土地への楽しい旅』　49
『万国掌菓之図』　102
『万国総図』　109、110、125、140、145、152、155
『秘伝地域図法大全書』　125

フ

ファルク地球儀　130、131、160
『武経総要』　29
複心臓形図法　58
福島（ふくとう）　25、82
『仏祖統紀』　21
プトレマイオス第二図法　22、58
『豊福寺㟁図』（ぶふくじみくまりのず）　107
フラ・マウロ図　41、46
分間（ぶんげん）　151
『分度余術』　127

ヘ・ホ

平射図法　63、64、74、156、161
平面海図（plane chart）　→ポルトラーノ
ヘーリファド（Hereford）図　40、42
「ベルガ・ライオン」図（Leo Belgicus）　8
『辺要分界図考』　12、13
ポイティンゲル図　24、25
方眼図法　28、58、73
放馬灘出土図（ほうばたん一）　28
『方輿勝略』（ほうよー）　110、140、141、142
『北夷分界余話』　166
『法界安立図』（ほっかいあんりゅうず）　21
北極出地　28
ポルトラーノ　43、44、45、46、58、60、67、68、69、121、125、165
本初子午線　77、80、81、82、158、168
『本朝書籍目録』　92
ボンヌ図法　58、59

マ・ミ・ム・メ・モ

マイコプ出土の線刻地図　14、15
まがりがね（曲尺）　104、105、107
マーシャル島民の椰子ひご海図　12、13
マッパ・ムンディ　40
みずばかり　104、105
無熱池　→阿耨達池（あのくだっち）
『明清闘記』（めいせいとうき）　142
メルカトル図法　60、61、64、161
メル山（Meru）　→須弥山（しゅみせん）
『唐土訓蒙図彙』（もろこしきんもうずい）141、142

ヨ

『輿地航海図』（よちー）　161
『輿地実測録』　169
『輿地図』（延暦24年）　89、90、94
『輿地図』（朱思本）　30、48
『輿地図』（原目貞清）　142、143、144
『輿地全図』（司馬江漢）　158
『輿地略説』（司馬江漢）　158
『喜びの園と魂の遊び』　49

リ・レ・ロ

陸地測量部　175
『陸中国釜石港之図』　171、172
『両儀玄覧図』　73、140
『令義解』（りょうのぎげ）　87
『臨川寺領大井郷界畔絵図』　105
『論奥弁証』　142

ワ

『和漢三才図会』　91、142、147
『和名類聚鈔』　105

LIST OF ILLUSTRATIONS

Introduction : What is map?

0-1. From author's collection of picture postcards: Diagram of lines of the London underground, to hand in 1983.

0-2. From author's collection of picture postcards: The Baltic, in the *Nova Samoland sive Laponia illustrata,* by O. Rudbeck, 1701, a post card published by Uppsala Universitetsbibliotek.

0-3. From author's collection of picture postcards: A post card published by the Royal Mail in memory of the 200th anniversary of the founding of the Ordnance Survey, 1991.

0-4. From author's collection of picture postcards: *View of Amanohashidate,* by Sesshū, ca. 1502, 90×178 cm, Kyoto National Museum.

Part One: In the World (cut: Portrait of G. Mercator)

1 The Origin of Map

1-1. Marshall-Islanders' stick-chart, 125×105 cm, Hamburgishes Museum für Völkerkunde.

1-2. Map of Chupka (Kuril) Islands, by a Kuril native inhabitant, in Kondō Morishige's *Hen-yō Bunkai Zukō*, 1804, MS., National Archives, Tokyo.

1-3. A portion of a map of the valley of Tepetlaoztoc, by the indigenous inhabitants to Mexico, 1583, British Museum.

1-4. A map engraved on the silver vase from Maikop, Russia, ca. 3000 B. C., Gosudarstvennyi Ermitazh.

1-5. A petroglyph map of hamlet, Brescia, Italy, Bronze Age (ca. 1500 B. C.), 230×416 cm. (from P. D. A. Harvey, *The History of Topographical Maps*, 1980)

1-6. Plan of Nippur, clay tablet, ca. 13th century B. C., maximum length ca. 23 cm, Friedrich-Schiller University, Jena. (from E. Chiera, *They Wrote on Clay*, 1938)

1-7. Map of Egyptian gold mine from the Turin papyrus, ca. 1320 B. C., Museo Egizio, Torino. (from C. Bricker, *Landmarks of Mapmaking*, 1968)

2 Mapping of Image of the World

2-1. The Babylonian world map, clay tablet, ca. 500 B. C., 12×8 cm, British Museum. (from E. Chiera, *They Wrote on Clay*, 1938)

2-2. Brahminical map of Jambūdvīpa, copying, ca. 16th or 17th century, 81×64 cm (original). (from M. P. Tripathi, *Development of Geographic Knowledge in Ancient India*, 1969)

2-3. Tibetan Buddhist map of the world, modern copying, 149×115 cm.

2-4. Jain map of Jambūdvīpa, cloth, 16 th century.

2-5. Buddhist image of the cosmos : An illustration in the *Futsu T'ungchi*, by Chihp'an, 1271.

2-6. Buddhist map of Jambūdvīpa, in the *Fachieh Anli T'u*, by Jench'ao, 1607.

3 The Appearance of the Global Theory of the Earth

3-1. Eratosthenes' world map, imaged by A. Forbiger, 1842.

3-2. Ptolemy's world map, outlined by E. Raisz after the 15th century codex. (from his *General Cartography*, 1948)

3-3. Relief of Ptolemy on the campanile of the Duomo, Florence, 14th century.

3-4. *Groma*, a Roman surveying instrument, reconstructed, Museo della Scienza e della Tecnica, Milano.

3-5. A portion of the Peutinger map, outlined by H. W. Kaden. (from his *Kartographie*, 1955)

4 Cartography in Asia: The East Asian Societies

4-1. A portion of a reconstructed map of the southern area of the Changsha fief, discovered in a tomb dating from the Han Dynasty, Mawangtui, Changsha, China, ca. 170 B. C.

4-2. *Yüchit'u* (Map of the Tracks of Yü the Great), engraved on a stone, A. D. 1136, 79×77.5 cm, Sian, China.

4-3. *Huait'u* (Map of China and the Barbarian Countries), engraved on a stone, A. D. 1136, 77×78.5 cm, Sian, China.

4-4. Ancient Chinese surveying instruments : Shuip'ing (water-level), Chaopan (sighting-board), and Tukan (graduated vertical pole), figured in the *Wuching Tsungyao*, 1043, reprint ca. 1520.

4-5. An example of Ch'ing dynasty map including meridians, parallels, and grids : A leaf of the *Huangch'ao It'ung Yüti Ch'uant'u* (Map of the Whole Territory under

the Rule of Our Dynasty), by Li Chaolo, reduced by Lu Yen, 1842, 22.5×30.8 cm.
4-6. *Ch'ŏnha Taech'ong Illam chi Do* (General Map of the World), early 18th century, MS., 128×156 cm, National Central Library, Seoul, Korea.
4-7. An example of the Korean map showing main mountain ranges : Korea in the *Honil Yŏkdae Kukdo Kangni Chido*, owned by Kōzō Moriya formerly, mid-16th century, MS.
4-8. Map of Kyūshū, Japan, in the *Haetong Jekuk Ki* (Description of the Countries in the East), by Sin Sukju, 1471, wood block.

5 Cartography in Asia : The South and Southeast Asian Societies
5-1. A Mughal map of north-west India, the 2nd half of the 17th century, MS., National Archives, New Delhi.
5-2. A traditional map of Kashmir, early 18th century, MS., cotton cloth, 280×223 cm, City Palace Museum, Jaipur. (from S. Gole, *Indian Maps and Plans*, 1989)
5-3. F. Rodrigues' chart of the East Indian archipelago, (fol.37), ca. 1513, MS., Bibliothèque Nationale, Paris.
5-4. A chart of Asian seas in the *Traiphum*, ca. 1776, MS., 51.8×138 cm, Museum für Indische Kunst, Berlin.
5-5. Map of Burma drawn by a Burmese, 1795, introduced by F. Hamilton.
5-6. Map of Annan (Viet-Nam) in the *Hong-duc Ban-do* (Territory in Hong-duc Era), 1490, MS., Tōyō Bunko Library, Tokyo.
5-7. An indigenous Javanese map : A portion of a map of Sunda land, late 16th century, MS., cotton cloth, 91×223 cm, Ciela, Garut District, West Java Province. (from P. D. A. Harvey, *The History of Topographical Maps*, 1980)

6 Cartography in the Medieval Christian Society
6-1. An example of diagram of the universe obtained in the medieval Christian society : Fra Mauro's diagram of the 'ten heavens', ca. 1459.
6-2. An example of zonal map obtained in the medieval Christian society : An illustration in the *Commentarium in somnium Scipionis*, by A. T. Macrobius, 11th century manuscript, Bodleian Library, Oxford.
6-3. An example of map of hemisphere obtained in the medieval Christian society : An illustration in the *Liber floridus*, by Lambert of Saint-Omer, the late 12th century manuscript, Herzog August Bibliothek, Wolfenbüttel.
6-4. An example of 'wheel map' : Hereford world map, ca. 1290, diameter : 132 cm,

vellum, Hereford Cathedral. (from M. Schere, *The Story of Maps*, 1969)

6-5. An example of medieval map of small region : A portion of map of Verona district, mid-15 th century, 305×223 cm, Archivio di Stato, Venice. (from P. D. A. Harvey, *The History of Topographical Maps*, 1980)

6-6. 'Carte Pisane', the oldest extant portolano, the end of the 13 th century, 50×105 cm, vellum, Bibliothèque Nationale, Paris. (from E. Raisz, *General Cartography*, 1948)

6-7. An example of the Catalan world map : ca. 1450 version of Biblioteca Estense, Modena, Italy, diameter : 113 cm.

6-8. An example of the European world map in the late Middle Ages : Fra Mauro's map, ca. 1459, 193×196 cm, vellum on wooden boards, Biblioteca Nazionale Marciana, Venice.

7 Cartography in Islamic Society and its Diffusion

7-1. Al-Idrīsī's round map of the world, 1154, diameter : 24 cm, MS., Bodleian Library, Oxford. (from L. Bagrow, *Die Geschichte der Kartographie*, 1951)

7-2. Outline of al-Idrīsī's sectional maps of the world, 1154. (from E. Raisz, *Mapping the World*, 1956)

7-3. *Honil Kangni Yŏktae Kukto ji Do* (Map of Integrated Lands and the Capitals in Each Age), 1402, 150×163 cm, MS., Ryūkoku University Library, Kyoto.

7-4. "Yuan Chingshih Tatien Tilit'u" (A Geographical Map from the 'Compilation of Institution of the Yuan Dynasty'), in *Haikuo T'uchih*, by Wêi Yüan, 1842.

7-5. An example of Islamic map with the latitude-longitude grid : Hamd Allāh Mustawfī's map of Iran, ca. 1330, MS., British Library. (from K. Miller, *Mappae Arabicae*, V Band, 1931)

7-6. A portion of a chart marking routes of Chêng Ho's navigation, in the *Wu Pei Chih*, by Mao Yuan-i, 1621.

7-7. "Hsiyüt'u Lüeh" (Outline map of the Western Regions), in the *Shanhsi Ssŭchên T'ushuo*, 1616, one of five leaves in all, Toyo Bunko Library, Tokyo.

8 The Renaissance Cartography

8-1. Claudius Clavus' map of the northern Europe, in the Latin manuscript of Ptolemy's *Geographia*, 1427, 15.5×22 cm, Bibliothèque Nancy.

8-2. An example of "tabula moderna" of Italy : A map illustrating the 15th century manuscript of Ptolemy's *Geographia*, Biblioteca Medicea Laurenziana, Florence,

43×59.5 cm.
8-3. Map of Centrl Europe, by E. Etzlaub, ca. 1500, 36×29 cm.
8-4. Petrus Apianus' world map on the heart-shaped projection, 1530, 55×39.5 cm.
8-5. Mural maps of the Palazzo Vecchio, Florence.
8-6. Bernardus Sylvanus' map of the world, in the 1551 edition of ptolemy's *Geographia*, 43×59 cm.

9 Flemish School's Contributions
9-1. G. Mercator's map of the world on the conformal cylindrical projection (outline), 1569, 134×212 cm. (from G. R. Crone, *Maps and Their Makers*, 1968)
9-2. An example of sea chart, in Robert Dudley, *Dell'arcano del mare* : A chart of Japan, in the volume 3, part 2, 1647, 48.5×75.5 cm.
9-3. A map of Asia, in *L'Asie*, by N. Sanson d'Abbeville, 1652, 23.5×32 cm.
9-4. Title page of A. Ortelius, *Theatrum Orbis Terrarum*.
9-5. Joan Blaeu's wall map of the world, 1648, 206×298 cm, Tokyo National Museum.
9-6. A wall map shown in J. Vermeer's *Woman Reading a Letter*, ca. 1663, Rijksmuseum, Amsterdam.

10 Commercialized Globe Making
10-1. A terrestrial globe of Martin Behaim, 1492, diameter : 51 cm, MS., Germanisches Nationalmuseum, Nürnberg.
10-2. The world shown on M. Behaim's globe (outline, from J. N. L. Baker, *A History of Geographical Discovery and Exploration*, 1937).
10-3. A sphere of Mercator's terrestrial globe, 1541, diameter : 42 cm, copperplate, National Maritime Museum, Greenwich. (from D. Howse & M. Sanderson, *The Sea Chart*, 1973)
10-4. A scene of the seventeenth-century lesson in the use of navigational instruments, from W. J. Blaeu's *Light of Navigation*, 1622.
10-5. Olearius' globe that a group of shipwrecked Japanese saw at St. Petersburg in 1803 : An illustration in the *Kankai Ibun*, compiled by Ōtsuki Gentaku and Shimura Hiroyuki, 1807, Aijitsu Bunko Library, Ōsaka.
10-6. An example of pocket globe which was very fashionable in England formerly : J. Moxon's work, ca. 1700, diameter : 7 cm, Kunstgewerbemuseum, Berlin.

11 Cartographical Interchanges between the East and the West

11-1. Matteo Ricci's map of the world : *K'un-yü Wankuo Ch'üant'u* (Map of All Countries on the Earth), 1602, 170×375 cm, Miyagi Prefectural Library, Sendai.

11-2. The first European map of China : "Chinae", in A. Ortelius, *Theatrum Orbis Terrarum*, 1584, 36.7×46.8 cm.

11-3. Portraits of Matteo Ricci, J. Adam Schall von Bell and F. Verbiest who each contributed to the introduction of European cartography among the East Asian society. (from J. B. du Halde, *Description géographique......de la Chine*, 1736)

11-4. An example of 'Huai T'u' (map of China and the barbarian countries) style map of the world in the late Ming and early Ch'ing dynasties : *T'ienhsia Chiupien Fên-yeh Jênchi Luch'êng Ch'üant'u*, by Ts'ao Chün-i, 1644, 124×123.5 cm, British Library.

11-5. European style maps of China compiled by the early Ch'ing government : Outline of both K'anghsi and K'ienlung maps.

11-6. A map of China, in *Purchas His Pilgrimes*, by Samuel Purchas, Vol. 3, 1625, 29.4×36.5 cm.

12 Age of the Large-scale Map

12-1. J. B. B. d'Anville's map of the world, ca. 1780, diameter : 61 cm (each).

12-2. The first sheet of the one inch to one mile maps made by the Ordnance Survey : A portion of map of Kent, 1801.

12-3. The upper left portion of the first sheet of Jacques Cassini's map of France, 1736.

12-4. Prime meridian marked in the courtyard of the Old Royal Observatory, Greenwich.

12-5. An example of map using 'line of demarcation of the Crowns' as the prime meridian : João Teixeira's map of the world, 1630, MS., Library of Congress, Washington D. C.

Part Two: In Japan (cut: the red-seal ship used by Araki Sōtarō)

13 Cartography in Ancient Times

13-1. Line-engraved mural from tomb 48 at Kazuwa, Kurayoshi, Tottori Prefecture, ca. 6 th century, ca. 86×110 cm.

13-2. An example of ancient Japanese maps of paddy fields : A portion of map of

paddy field developed by Tōdai-ji temple in the village of Chimori, Asuha County, Echizen Province, ca. 766, 144×194 cm, hempen cloth, Shōsōin, Nara.

13-3. Outline of the *Tōdaiji Sangai Shishi no Zu* (Map of the Premises of Tōdai-ji Temple), 756, 299×222 cm, hempen cloth, Shōsōin, Nara. (from Motoharu Fujita, *Shakudo Sōkō*, 1929)

13-4. An example of 'hakuzu' (white or simple diagram) : A portation of diagram of the Jōri grid of Okuhirano Village, Yatabe County, Settsu Province, 1162, 24.5×121 cm, formerly Okuhirano Village.

13-5. Reading of 圖 (*t'u* in Chinese) in the *Nihon Shoki*, copied by Urabe Kanemigi, 1540 : Three accounts of ch. 25 (right) and ch. 29 (middle and left).

14 Origin and Transition of Gyōki-style Map of Japan

14-1. "Yochi Zu" (Land Map), 805 A. D., in the *Shūkozu*, compiled by Fujiwara Sadamoto, 1796, MS.

14-2. Map of Japan, owned by Ninna-ji temple, 1305/06, 34.5×121.5 cm, MS.

14-3. An example of 'tokkosho' (vajra in Sanskrit) : A collection of Kongōbu-ji temple, Kōyasan, 9 th century, length : 25 cm, gold-plated copper.

14-4. "Dainipponkoku Zu" (Map of Great Japan), in the 1548 codex of *Shūgaishō*, 26.3×41.3 cm, Tenri Central Library.

14-5. A map of Japan in the *Nichūreki*, early 13th century. (from the reproduction in the *Kaitei Shiseki Shūran*, 1901)

14-6. An example of 'Rokubu' map of Japan: "Nihon Kairiku Kandan Koku no Zu" (Map of Japanese Provinces with Marks of the Cold and Warmth) in the *Daijō Myōten Nōsho Rokujūrokubu Engi*, 1793, 19×30.6 cm.

14-7. *Nansembushū Dainipponkoku Shōtō Zu* (Orthodox Table and Map of Great Japan in Jambūdvīpa), owned by Tōshōdai-ji temple, Nara, ca. 1550, 168×85.4 cm, MS.

14-8. An example of the earthquake map of Japan in the 'Ōzassho' group : "Chinosoko Namazu no Zugyō" (Drawing of a Catfish under the Earth), in the *Jufuku Sanzesō Ōkagami*, 1840, 17.9×10.8 cm.

15 Cartography and Buddhism

15-1. Line-engraved picture of the Buddhist universe on the pedestal of the Great Statue of the Buddha, Tōdai-ji temple, Nara, 749, 200×350 cm, bronze.

15-2. "Tenjiku Zu" (Map of India), in the 1548 codex of *Shūgaishō*, 26.3×41.3 cm,

Tenri Central Library.
15-3. *Gotenjiku Zu* (Map of the Five Indies), 1364, 177×166.5 cm, MS., Hōryū-ji temple, Nara.
15-4. A map of Jambūdvīpa shaped like a fan (uchiwa), by Sōkaku, ca. 1709, 152×156 cm, MS., Namba Collection, Kōbe City Museum.
15-5. *Nansembushū Bankoku Shōka no Zu* (Visualized Map of All the Countries in Jambūdvīpa), by Rōkashi (Hōtan), 1710, 113.5×144 cm, woodcut, hand-coloured.
15-6. An example of popular edition of 'bankoku shōka zu' (visualized map of all the countries [in Jambūdīpa]) : Anonymous *Bankoku Shōka no Zu*, 19th century, 48×66.5 cm, woodcut, colour printing.

16 Medieval Maps of Manors, Shrines, and Temples
16-1. An example of 'shīji bōji no zu' (map of boundary marks on all sides) : A portion of the *Kōzanji Ezu* (Map of Kōzan-ji Temple), 1230, 164×165 cm, MS., Jingo-ji temple, Kyoto.
16-2. A medieval painting of a scene of construction work : *Kasuga Gongen Genki E* (Painting of Miracles of Kasuga Shrine), by Takashina Takakane, 1309, 1st scroll, Imperial Household Agency.
16-3. An example of medieval survey map of temple or shrine : *Ōei Kinmei Ezu* (Map of [Saga] Drawn under a Shogunal Orders in the Ōei Era), 1426, 291×241.5 cm, MS., Tenryū-ji temple, Kyoto.
16-4. An illustration of 'ki ku jun jō' (compass, square, water level, and ink pad with a cord), from the *Kinmō Zui* (Pictorial Encyclopedia for Enlightenment), by Nakamura Tekisai, 1666, woodcut.
16-5. A portion of the *Bufukuji Mikumari no Zu* (Map of Watersheds in the Bufuku-ji Temple Area), ca. 1582, 76.5×136 cm, MS., Negoro-dera temple, Wakayama.

17 *Namban*-style Map of the World
17-1. *Bankoku Sōzu* (Map of All the Countries), paired with an illustration showing people of the world, 1645, 132×58 cm (each), woodcut, hand-coloured, Shimonoseki City Chōfu Museum.
17-2. An example of the *Namban* map of the world on an oval projection : Yamamoto family version, early 17th century, 136×270 cm, MS.
17-3. An example of the *Namban* map of the world on the Mercator projection :

Bankoku Ezu (Map of All the Countries) owned by the Imperial Household Agency, Tokyo, early 17th century, 177×483 cm, MS.
17-4. An example of the *Namban* map of the world on an equirectangular projection, type B : Tokyo National Museum version, ca. 1624, 156×316 cm, MS.
17-5. An example of the *Namban* map of the world on an equirectangular projection, type C : Shimonogō Kyōsaikai Library version, ca. 1653, 105×262 cm, MS.

18 Appearance of New Style Map of Japan
18-1. An example of the Jōtokuji-type map of Japan : Kobayashi family version, ca. 1595, MS., a folding screen paired with the *Namban* map of the world, 158×348 cm.
18-2. Jōtokuji-type map of Japan including many place-names : *Nansembushū Dainipponkoku Shōtō Zu* (Orthodox Table and Map of Great Japan in Jambūdvīpa), owned by Kawamori family, ca. 1627, MS., a folding screen paired with the *Namban* map of the Old World, 113×267 cm (map : 69.5×163 cm).
18-3. Kyūshū shown on Kawamori map of Japan (fig.18-2).
18-4. An air view of the Danjo Islands, Nagasaki Prefecture.
18-5. An Italian manuscript map of Japan, owned by the Tenri Central Library, Nara, latest 16th century, 46.5×72.4 cm.
18-6. *Nansembushū Dainippon Shōtō Zu* (Orthodox Map of Great Japan in Jambūdvīpa), owned by the Namban Bunkakan Museum, mid-17 th century, MS., a folding screen paired with the *Namban* map of the world, 104×226 cm (map).

19 'Karuta' (Portolano) and Survey Methods
19-1. An example of 'Nan-yō Karuta' (Chart of southern seas of Japan) : Sueyoshi family's possession, early 17th century., 50.6×76.3 cm, vellum.
19-2. "Bankokunozukawa Shōzu" (Sketch from a Chart of Various Countries, Drawn on Vellum), in the *Sōken Kishō*, by Inaba Tsūryū, 1781, woodcut.
19-3. A Japanese portolano of Southeast and East Asia with folding boards attached : Shimizu family's possession, ca. 1677, 65.5×87 cm, MS., paper.
19-4. An example of early Japanese portolano of Japan : Tokyo National Meseum's possession, ca. 1671, 68.5×90 cm, vellum.
19-5. An example of Japanese portolano of Japan using the points of the compass divided into the twelve *chih* : Nabeshima Hōkōkai Library's possession, ca.

1788, 59×81 cm, MS., paper.

19-6. "Nisshaku Zu" (Illustration of an Astrolabe), in the *Bundo Yojutsu*, by Matsumiya Toshitsugu, 1728, MS., National Archives, Tokyo.

20 The Coming of the Terrestrial Globes and the Influence

20-1. A doll with a terrestrial globe, possible to spin both, 17th century, the whole height : 22 cm, diameter of the globe : ca. 3.8 cm, Kayahara family, Tsu.

20-2. A former sketch of an imported terrestrial globe owned by the Edo Shogunate : "Bansei Chikyūgi" (Terrestrial Globe Made in the West), in the *Kansei Rekisho*, 1839, MS., National Archives, Tokyo.

20-3. A portion of the *Oranda Shintei Chikyū Zu* (World Map Based on a Dutch Source), ca. 1737, 25.5×247 cm, MS., scroll, Osaka Prefectural Nakanoshima Library.

20-4. Shibukawa Harumi's terrestrial globe, 1697, diameter : 33 cm, MS., National Museum of Science, Tokyo.

20-5. *Daiyochi-kyūgi* (Large Globe of the Earth), by Numajiri Bokusen, 1855, maximum diameter : 23.5 cm, woodcut, hand-coloured.

20-6. Sōkaku's terrestrial globe, ca. 1702, diameter : 20 cm, MS., Kushuon-in temple, Hirakata.

20-7. Enzū's *Shukushōgi Zu* (Sketch of an Instrument of the Buddhist Image of the Flat Earth), 1814, 130×60 cm (whole sheet), woodcut, hand-coloured.

21 Cartographical Projects by the Edo Shogunate

21-1. An example of county map prepared under the Toyotomi regime : A portion of map of Seba county, Echigo Province, 1596/97, 243×693 cm, MS., Uesugi family, Yonezawa.

21-2. An example of the Shōhō Provincial map : A portion of the *Ryūkyū Yayama-jima Ezu* (Map of the Yaeyama Islands, Ryūkyū), 1649, 340×625 cm, MS., Historiographical Institute, University of Tokyo.

21-3. Shōhō map of Japan compiled by the Edo Shogunate : the *Kōkoku Michinori Zu* (Map of the Distances of Japan), ca. 1670, the east : 162×83.4 cm, the west : 129×178 cm, MS., Ōsaka Prefectural Nakanoshima Library.

21-4. An example of the Shōhō castle plan : *Buzennokuni Kokura Shiroezu* (Castle Plan of Kokura, Buzen Province), mid-17th century, 185×240 cm, MS., National Archives, Tokyo.

21-5. A portion of the *Kisoji Nakasendō Tōkaidō Ezu* (Map of the Kisoji/Nakasendō and the Tōkaidō Roads), 1668, 120×1920 cm, folding book, MS., National Diet Library, Tokyo.

22 Spread of Matteo Ricci's World Maps

22-1. An example of the early Japanese copy of the *K'unyü Wankuo Ch'üantu* (Map of All the Countries on the Earth), by Matteo Ricci : A portion of Namba Collection version, Kōbe City Museum, late 17th century.

22-2. "Sansen Yochi Zenzu" (Map of Mountains and Rivers on the Earth), in the *Morokoshi Kinmō Zui*, by Hirazumi Sen-an, 1719, woodcut.

22-3. "Sankai Yochi Zenzu" (Map of the Lands and Seas of the Earth), in the *Ron-ō Benshō*, by Matsushita Kenrin, 1665, woodcut.

22-4. *Yochi Zu* (Map of the Earth), by Harame Sadakiyo, 1720, 91.5×154 cm, woodcut, Kobe City Museum.

22-5. *Chikyū Bankoku Sankai Yochi Zenzusetsu* (Map of All the Countries, Land, and Seas of the Earth, with an Account), by Nagakubo Sekisui, ca. 1795, 103.5×155 cm, woodcut, hand-coloured.

22-6. An example of popular edition of the world map derived from Ricci's work during the late Edo era : *Sekai Bankoku Nippon yori Kaijō Risū Ōjō Jimbutsu Zu* (Map of All the Coutries in the World with Capitals, Portraits of the Peoples, and Distances from Japan), ca. 1854, 34×46 cm, woodcut, colour printing.

22-7. *Sekai Bankoku Chikyūzu* (Map of All the Countries in the World on the Globe), by Inagaki Kōrō, 1708, 128×43 cm, woodcut, hand-coloured, Kobe City Museum.

23 Popularization of Cartographical Publication

23-1. An example of fictional map : "Bankaku no Zenzu" (Map of Many Guests), in the *Akan Sanzai Zue*, by Akatsuki no Kanenari, 1822, woodcut.

23-2. Outline of the situation having joined together some separate maps incleded in the *Nihon Bunkei Zu* (Separate Maps of Japan), published by Yoshida Tarōbē, 1666., two books, 18.6×13.5 cm, woodcut, hand-coloured, Kobe City Museum.

23-3. An example of large Ryūsen's map of Japan : *Nihon Kaisan Chōriku Zu* (Map of the Seas and Lands of Japan), 1691, 82 × 171 cm, woodcut, hand-coloured.

23-4. An example of Jikōan's map of Japan : *Kaisei Dainihon Zenzu* (Revised Map of Great Japan), by Mabuchi Jikōan, ca. 1703, 76.4×121 cm, woodcut, hand-colour-

ed.

23-5. A portion of the *Tōzai Kairiku no Zu* (Map of the East-West Sea and Land Routes), published by Nishida Katsubē, 1672, 33.7×1530 cm, woodcut, hand-coloured.

23-6. A portion of the *Tōkaidō Bungen Ezu* (Scaled Route Map of the Tōkaidō Road), by Ochikochi Dōin (Fujii Hanchi), 1690, 26.7×3610 cm, five folding books, woodcut, hand-coloured, Tokyo National Museum.

23-7. *Tōkaidō Michiyuki no Zu* (Itinerary Map of the Tōkaidō Road), ca. 1654, 130.7×57.7 cm, woodcut, hand-coloured, Nakao Shōsendō, Ōsaka.

23-8. An example of portable itinerary map : A portion of the *Daizōho Nihon Dōchū Kōtei Ki* (Widely Enlarged Itinerary of Japan), published by Torikai Ichibē, 1744, 16.5×505 cm, folding book, woodcut.

23-9. An example of itinerary map for pilgrimage : [*Saigoku Junrei Dōchū Ezu*] (Itinerary Map for Pilgrimage in the Western Provinces), published by Ōsakaya Chōzaburō, Kii Province, 1759, 57.8×66 cm, woodcut, hand-coloured.

23-10. An example of map plate : Imari plate depicting a map of Japan with an octopus-like arabesque pattern, Tempō era (1830-43), 26×30 cm, Shin-ichirō Watanabe collection formerly.

23-11. An example of 'inrō' (portable medicine case) depicting a map of Japan : Kōbe City Museum's possesion, mid-18th century, 8.4×8.6×2.0 cm, gold lacquer.

23-12. An example of the popular "Bankokusōzu"-type map : "Sekai Bankoku Sōzu" (Map of All the Coumtries in the World), in the *Daifuku Setsuyōshū Ōkura Hōkan*, published by Umemura Ichibē, Kyoto, 1761, woodcut, National Diet Library, Tokyo.

24 The Rise of Practical Thought

24-1. *Nihon Bun-ya Zu* (Astronomical Map of Japan), by Mori Kōan, 1754, 102.5×95 cm, MS., National Archives, Tokyo.

24-2. *Kaisei Nihon Yochi Rotei Zenzu* (Revised Route Map of Japan), by Nagakubo Sekisui, 1779, 84×136 cm, woodcut, hand-coloured, University of British Columbia Library, Vancouver.

24-3. *Chikyū Zu* (Map of the Terrestrial Globe), by Shiba Kōkan, ca. 1795, 55×86 cm, copperplate, hand-coloured.

24-4. *Shintei Bankoku Zenzu* (Newly Revised Map of All the Countries), by Takaha-

shi Kageyasu et al., 1816, 114×198 cm, copperplate, hand-coloured.
24-5. *Yochi Kōkaizu* (Chart of the World), tr. by Takeda Kango, 1858, 86.5×133 cm (map only), woodcut, hand-coloured.

25 Interest in the Northern Frontier and the Coastlines
25-1. A map of Ezo, from the 1785-86 expedition commissioned by the Shogunate, by Yamaguchi Tetsugorō et al., 1786, 96.5×101 cm, MS., Muroga family, Kyoto.
25-2. A portion of the *Edo yori Tōkai Ezochi ni itaru Shinro no Zu* (Chart of a Course from Edo to Ezochi via the Eastern Sea), by Hotta Izutada, 1799, 116×270 cm, MS., Tsuwano Local Museum.
25-3. "Kita Ezochi" (Northern Ezo), in the *Hokui Bunkai Yowa* (Miscellaneous Records of the Northern Ezo Region), by Mamiya Rinzō, 1811, 72.8×29.6 cm, MS., Notional Archives, Tokyo.
25-4. A portion of a sheet from the *Dainippon Enkai Yochi Zenzu* (Maps of the Coastlines of Great Japan), with a medium scale, 1821, 241×132 cm, MS., Tokyo National Museum.
25-5. *Chizu Sessei Benran* (Index to the Distribution of Map Sheets), 1821, 107×121 cm, MS., National Archives, Tokyo.
25-6. *Awa no Kuni no Zu tsuketari Awa Chimei Kō* (Map of Awa Province with an Exposition of Place-names of Awa Province Attached), by Hata Ahakimaro, 1789, 123×115 cm, MS., sealed partly, Namba family, Nishinomiya.
25-7. An example of inshore chart of the depth of water during the late Edo era : A portion of the *Kanōetsu Sanshū Kaihensuji Muradate tō Bungen Ezu* (Scaled Coastal Chart of the Kaga, Noto, and Etchū Provinces), ca. 1852, scroll, 28.5×1350 cm, MS., National Diet Library, Tokyo.
25-8. Sakhalin shown on a chart of Sakhalin and the Kurile Islands, in the *Atlas k puteshestviyu vokrug sveta kapitana Kruzenshtern*, 1813, 59.2×76.6 cm.

26 Europeanization of the Large-scale Map
26-1. *Kanagawa-minato no Zu* (Chart of Kanagawa Harbour), by Fukuoka Kingo et al., ca. 1860, 60×93 cm, woodcut.
26-2. *Rikuchū no Kuni Kamaishi-minato no Zu* (Chart of Kamaishi Harbour, Rikuchū Province), by Yanagi Narayoshi et al., 1872, 29×36 cm, copperplate.
26-3. A portion of No. 5 sheet (Central Area of Tokyo) of the *Gosembun no Ichi Tōkyō Zu* (Plan of Tokyo on a Scale of 1 : 5000), by the Surveying Bureau, the

Army Branch, the General Staff Office, Japan, engraved in 1886, copperplate.

26-4. A portion of No. 6 sheet of the *Tōkyō Jissoku Zenzu* (Surveyed Plan of Tokyo), by the Geographical Bureau, the Ministry of Home Affairs, Japan, 1886, copperplate, 1 : 5000.

26-5. A portion of the *Gosembun no Ichi Tōkyō Zu Kigō Ryakuhyō* (A Simble Table of Symbols Used on Plans of Tokyo on a Scale of 1 : 5000), by the Surveying Bureau, the Army Branch, the General Staff Office, Japan, engraved in 1886, 28.7×19.3 cm, copperplate.

Front jacket illustration: J. Vermeer's *Atelier*, ca. 1667, Kunsthistorisches Museum, Vienna.

Back jacket illustration: The tomb of the emperor Nintoku, mid-5th century, Sakai, Osaka Prefecture, Japan.

掲載図版一覧

地図とは—まずここから—

0-1. 手持ち絵葉書の中から：ロンドン地下鉄路線図　1983年入手
0-2. 手持ち絵葉書の中から：ルードベック『サモランド一名ラポニア新図説』所載バルト海図　1701年刊　スウェーデン、ウプサーラ大学図書館発行絵葉書（部分）
0-3. 手持ち絵葉書の中から：イギリス軍需廠測量部創設200年記念　1991年（部分）
0-4. 手持ち絵葉書の中から：『天橋立図』　雪舟　文亀2年（1502）頃　90×178 cm　京都国立博物館

世界の部（扉絵：メルカトル肖像）

1　地図の発生

1-1. マーシャル島民の椰子ひご海図　125×105 cm　ハンブルク民族学博物館
1-2. 近藤守重『辺要分界図考』所載チュプカ諸島之図　文化元年（1804）　手書　内閣文庫
1-3. メキシコ原住民の地図（部分）　1583年　大英博物館
1-4. マイコプ出土銀製壺の線刻地図　紀元前3000年頃　エルミタージュ美術館
1-5. 北イタリア青銅器時代の石刻村落図　紀元前1500年頃　230×416 cm
1-6. バビロニア、ニップール平面図（粘土板）　紀元前13世紀頃　最長約23 cm　ドイツ、イェーナ、フリードリッヒ・シラー大学
1-7. トリーノ・パピルスのエジプト金山の図　紀元前1320年頃　トリーノ・古代エジプト博物館

2　世界像の図形化

2-1. バビロニアの世界図（粘土板）　紀元前500年頃　12×8 cm　大英博物館
2-2. バラモン瞻部洲図（模写）　16-17世紀頃　81×64 cm（原本）
2-3. チベットの須弥山世界図（現代の模写）　149×115 cm
2-4. ジャイナ教の瞻部洲図　布　16世紀
2-5. 仏教の須弥山世界図：南宋、志磐『仏祖統紀』所載四洲九山八海図

2-6. 明代の南瞻部洲図：仁潮『法界安立図』所載図　万暦35年（1607）刊

3　地球説の誕生

3-1. エラトステネスの世界図（フォルビガーによる推定、1842年）
3-2. プトレマイオスの世界図（15世紀写本、概略）
3-3. フィレンツェ大聖堂鐘楼のプトレマイオス像（浮彫）　14世紀前半
3-4. ローマ時代の測量器具グローマ（復原）　ミラノ科学技術博物館
3-5. ポイティンゲル図（部分、概略）　オーストリア国立図書館

4　アジアの地図文化―東アジア―

4-1. 馬王堆出土長沙侯国南部地図（復原図、部分）
4-2.『禹跡図』　阜昌7年（1136）刻石　79×77.5 cm　西安碑林（陝西省博物館）
4-3.『華夷図』　阜昌7年（1136）刻石　77×78.5 cm　西安碑林（陝西省博物館）
4-4. シナ古代の測量器具：水平、照版、度竿　北宋、曽公亮等『武経総要』所載図　慶暦3年（1043）（明刊本による）
4-5. 経緯線と方格とを併用する清代地図の一例：『皇朝一統輿地全図』の一葉　李兆洛原図、六厳縮模　道光22年（1842）刊　22.5×30.8 cm
4-6.『天下大摠一覧之図』　18世紀初期　手書　128×156 cm　韓国国立中央図書館
4-7. 山脈を描示する朝鮮製地図の一例：『混一歴代国都疆理地図』の朝鮮　16世紀中期　守屋孝蔵旧蔵
4-8. 申叔舟『海東諸国紀』所載九州図　1471年成立　1512年頃刊

5　アジアの地図文化―南、東南アジア―

5-1. ムガール時代の地図の一例：インド西北地方図（部分）　17世紀後半　手書　ニューデリー、国立文書館
5-2. 伝統的様式のカシミール図　18世紀初期　手書　綿布　280×223 cm　ジャイプル、王宮博物館
5-3. ロドリゲス世界海図集の東南アジア東部海域　1513年頃　手書　パリ、国立図書館
5-4. タイ写本『三界』所収アジア海図　1776年頃　51.8×138 cm　ベルリン、インド藝術博物館
5-5. ビルマ人によるビルマ図　1795年　ハミルトゥン翻訳図
5-6.『洪徳版図』所載安南全図　1490年　手書　（財）東洋文庫
5-7. ジャワの土着地図：スンダ地方図（右端約5分の1）　16世紀後期　手書　綿布　91×223 cm　西ジャワ州ガルット県シエラ村

6 中世キリスト教圏の地図文化

6-1. 中世キリスト教社会における宇宙構造図解の一例：フラ・マウロ図の十重天図 1459年頃
6-2. 中世キリスト教社会における帯圏図の一例：マクロビウス『‘スキピオの夢’注釈』所載図 11世紀写本 オックスフォード、ボードリアン図書館
6-3. 中世キリスト教社会における半球図の一例：ランベルト『華麗の書』所載図 12世紀末期写本 ドイツ、ウォルフェンビュッテル、ヘルツォッホ・アウグスト図書館
6-4. 「車輪地図」の一例：ヘーリファド世界図（概略） 1290年頃 直径132 cm 犢皮紙 イギリス、ヘーリファド市、大聖堂
6-5. 中世小地域図の一例：イタリア、ヴェローナ地方図（部分） 15世紀中期 305×223 cm ヴェネチア、国立文書館
6-6. 現存最古のポルトラーノ：ピーザ図（模写） 13世紀末期 50×105 cm 獣皮紙 パリ、国立図書館
6-7. カタロニア世界図の一例：イタリア、エステ家図書館所蔵図 1450年頃 直径113 cm
6-8. 中世末期の西洋製世界図の一例：フラ・マウロ図 1459年頃 193×196 cm 板付きの犢皮紙 ヴェネチア、国立サン・マルコ図書館

7 イスラーム地図学の成果と波及

7-1. アル・イドゥリーシーの円形世界図 1154年 直径24 cm 手書 オックスフォード、ボードリアン図書館
7-2. アル・イドゥリーシーの世界分域図（接合した場合の概略） 1154年
7-3. 『混一疆理歴代国都之図』 1402年 150×163 cm 龍谷大学図書館
7-4. 元経世大典地里図（清、魏源『海国図志』所載）
7-5. イスラーム経緯線地図の一例：ハムダッラー・ムスタウフィーのイラン図 1330年頃 手書 英国図書館
7-6. 鄭和航海図（明、茅元儀『武備志』巻240所載） （部分）
7-7. 『陝西四鎮図説』所載西域図略（全5葉のうちの1葉） 万暦44年（1616）刊 （財）東洋文庫

8 ルネサンス地図学

8-1. クラヴスの北欧図（プトレマイオス『地理学』1427年写本所収） 15.5×22 cm フランス、ナンシー図書館
8-2. イタリア「現代図」の一例：フィレンツェ、ラウレンチアーナ図書館所蔵プトレマ

イオス『地理学』15 世紀写本所収図　43×59.5 cm　羊皮紙
8-3. エツラウプの中央ヨーロッパ図　1500 年頃刊　36×29 cm　木版筆彩
8-4. 心臓形図法によるアピアヌスの世界図　1530 年刊　55×39.5 cm　木版
8-5. フィレンツェ、ベッキオ宮の壁画地図　1580 年代　1981 年著者撮影
8-6. シルヴァヌスの世界図（1511 年刊プトレマイオス『地理学』所収）　43×59 cm　木版 2 色刷

9　フランドル学派の貢献

9-1. メルカトルの正角円筒図法世界図（概略）　1569 年刊　134×212 cm　銅版
9-2. ダッドゥリ『海の神秘』における海図の一例：第 3 巻第 2 分冊所載日本図　1647 年刊　48.5×75.5 cm　銅版
9-3. サンソン『アジア』所載アジア図　1652 年刊　23.5×32 cm　銅版
9-4. オルテリウス『世界の舞台』の表題紙
9-5. ヨアン・ブラウの大型世界図　1648 年刊　206×298 cm　銅版　東京国立博物館
9-6. 西洋の壁掛地図：フェルメール『手紙を読む女』 1663 年頃　アムステルダム、国立美術館

10　商業化した地球儀製作

10-1. ベハイムの地球儀　1492 年　直径 51 cm　手書　ニュルンベルク、ゲルマン民族博物館
10-2. ベハイム地球儀の世界像（概略、ベイカーによる）
10-3. メルカトル地球儀の球面　1541 年　直径 42 cm　銅版　グリーニッジ、国立海事博物館
10-4. 17 世紀の航海用儀器使用実習の光景（ブラウ『航海の灯火』＜1622 年刊＞より）
10-5. 漂流民津太夫らがペテルブルクで見たオレアリウス原作の地球儀：『環海異聞』所載図　文化 4 年（1807）　手書　大阪、愛日文庫
10-6. イギリスで流行した懐中地球儀の一例：マクスンの作品　1700 年頃　直径 7 cm　ベルリン、美術工藝博物館

11　東西地図文化の交流

11-1. マテオ・リッチの世界図：『坤輿万国全図』　万暦 30 年（1602）刊　軸装 6 幅　170×375 cm　宮城県図書館
11-2. 西洋最初の単独シナ図：オルテリウス『世界の舞台』1584 年版所収図　36.7×46.8 cm（図郭）

11-3. 西洋地図学の東漸に貢献したイエズス会士：左からマテオ・リッチ、アダム・シャール、フェルビースト（デュ・アルド『シナ帝国全誌』1736 年版より）
11-4. 明末清初における「華夷図」方式の世界図の一例：『天下九辺分野人跡路程全図』曹君義　崇禎 17 年（1644）刊　124×123.5 cm　英国図書館
11-5. 清初における官撰洋式国土全図 2 種：康熙図と乾隆図　（概略）
11-6.『パーチャスの巡礼者たち』（第 3 巻）所載シナ図（皇明一統方輿備覧）　1625 年刊　29.4×36.5 cm（図郭）

12　大縮尺図の時代

12-1. ダンヴィルの世界図　1780 年頃刊　直径各 61 cm
12-2. イギリス測量部最初の 1 インチ 1 マイル図：ケント図（部分）　1801 年刊
12-3. カッシーニ、フランス地図第 1 号図幅（部分）　1736 年刊
12-4. グリーニッジ天文台構内の本初子午線標識　1987 年著者撮影
12-5. トルデシーリャス領土分割線を本初子午線とする地図の一例：ヨアン・テイシェイラの世界図（周囲割愛）　1630 年　手書　ワシントン、国会図書館

日本の部（扉絵：荒木宗太郎使用の南方渡海朱印船）

13　古代における地図

13-1. 倉吉市上神 48 号古墳の線刻壁画（拓本の模写）　6 世紀頃　約 86×110 cm
13-2. 古代田図の一例：東大寺越前国足羽郡道守村開田地図（部分）　天平神護 2 年（766）頃　144×194 cm　麻布　正倉院宝物
13-3. 東大寺山堺四至図（概略）　天平勝宝 8 年（756）　299×222 cm　麻布　正倉院宝物　（藤田元春『尺度綜考』＜1929 年＞より）
13-4.「白図」の一例：摂津国八部郡奥平野村条里図（部分）　応保 2 年（1162）　24.5×121 cm　奥平野村旧蔵　（神戸市役所編『神戸市史』＜1924 年刊、1972 年覆刻＞より）
13-5. 卜部兼右書写『日本書紀』（天文 9 年＜1540＞）における「図」の読み方：右より巻 25（大化 2 年 8 月の詔）、巻 29（天武天皇 10 年 8 月の条）、同巻（天武天皇 13 年閏 4 月の条）

14　行基図の源流と末流

14-1. 藤原貞幹『集古図』所収輿地図（延暦 24 年＜805＞）　寛政 8 年（1796）　手書

14-2. 仁和寺所蔵日本図　嘉元 3 年 12 月（1305 ／ 06）　34.5×121.5 cm

14-3. 独鈷杵の一例：高野山、金剛峯寺所蔵品　9 世紀　長さ 25 cm　金銅

14-4.『拾芥抄』所載大日本国図　（天文 17 年＜1548＞書写本）　26.3×41.3 cm　天理図書館

14-5.『二中歴』所載日本図　13 世紀初期成立　（『改定史籍集覧』所収本による）

14-6.「六部」日本図の一例：『大乗妙典納所六十六部縁起』所載日本海陸寒暖国之図　寛政 5 年（1793）刊　19×30.6 cm

14-7. 唐招提寺所蔵『南瞻部洲大日本国正統図』　1550 年頃　168×85.4 cm　手書

14-8.「大雑書」所載地震日本図の一例：『寿福三世相大鏡』所載地底鯰之図形　天保 11 年（1840）刊　17.9×10.8 cm

15　仏教と地図

15-1. 東大寺大仏蓮弁の毛彫　天平勝宝元年（749）　200×350 cm　青銅

15-2.『拾芥抄』所載天竺図（天文 17 年＜1548＞書写本）　26.3×41.3 cm　天理図書館

15-3.『五天竺図』　貞治 3 年（1364）　177×166.5 cm　法隆寺

15-4. うちわ型南瞻部洲図　［宗覚］　宝永 6 年（1709）頃　152×156 cm　手書　神戸市立博物館南波コレクション

15-5.『南瞻部洲万国掌菓之図』　浪華子（鳳潭）　宝永 7 年（1710）刊　113.5×144 cm　木版筆彩

15-6. 通俗版「万国掌菓図」の一例：『万国掌菓之図』　無刊記　江戸時代後期　48×66.5 cm　木版色刷

16　中世の荘園図・寺社図

16-1. 四至牓示図の一例：『高山寺絵図』（部分）　寛喜 2 年（1230）　164×165 cm　神護寺

16-2. 中世の建築工事現場：『春日権現験記絵』第 1 巻第 3 段　延慶 2 年（1309）　高階隆兼画　巻物　宮内庁

16-3. 中世実測寺社図の一例：『応永鈞命絵図』　応永 33 年（1426）　291×241.5 cm　天竜寺

16-4. 規・矩・準・縄の図解：中村惕斎『訓蒙図彙』　寛文 6 年（1666）刊

16-5.『豊福寺㽵図』（部分）　天正 10 年（1582）頃　76.5×136 cm　根来寺

17　南蛮系世界図

17-1.『万国総図』（世界民族図譜と一対）　正保 2 年（1645）刊　各 132×58 cm　木版

筆彩　下関市立長府博物館
17-2. 南蛮系世界図卵形図法系の一例：山本家所蔵図　17 世紀初期　136×270 cm
17-3. 南蛮系世界図メルカトル図法系の一例：宮内庁所蔵『万国絵図』 17 世紀初期　二十八都市図と一双　177×483 cm
17-4. 南蛮系世界図方眼図法系乙種の一例：東京国立博物館所蔵図　寛永元年（1624）頃『南瞻部洲大日本国正統図』と一双　156×316 cm
17-5. 南蛮系世界図方眼図法系丙種の一例：下郷共済会文庫所蔵図　承応年間（1653 年頃）　日本図と一双　105×262 cm

18　新型日本図の登場
18-1. 浄得寺型日本図の一例：小林家所蔵品　文禄 4 年（1595）頃　世界図と一双　158×348 cm
18-2. 地名の豊富な浄得寺型日本図：河盛家所蔵『南瞻部州大日本国正統図』　寛永 4 年（1627）頃　‘旧世界’図と一双　113×267 cm（地図部分：69.5×163 cm）
18-3. 河盛家所蔵日本図（図 18-2）の九州
18-4. 上空から見た男女群島（長崎県教育委員会『男女群島特別調査報告』<1968 年>より）
18-5. 天理図書館所蔵イタリア古写日本図　16 世紀末期　46.5×72.4 cm
18-6. 南蛮文化館所蔵『南瞻部州大日本正統図』 江戸時代初期　世界図と一双　104×226 cm（地図部分）

19　「カルタ」と洋式測量術
19-1. 南洋カルタの一例：末吉家所蔵図　17 世紀初期　50.6×76.3 cm　犢皮紙
19-2. 稲葉通竜『装剣奇賞』所載万国図革省図　天明元年（1781）刊
19-3. ‘屏風板’付きの南洋カルタ：清水家所蔵品　延宝 5 年（1677）頃　65.5×87 cm　手書
19-4. 初期日本カルタの一例：東京国立博物館所蔵品　寛文 11 年（1671）頃　68.5×90 cm　犢皮紙
19-5. 十二支方位日本カルタの一例：鍋島報效会所蔵品　天明末期（1788 年頃）　59×81 cm　手書
19-6. 松宮俊仍『分度余術』所載日尺図　享保 13 年（1728）　手書　内閣文庫

20　地球儀の舶来とその波紋
20-1. 地球儀付きからくり人形　江戸時代初期　全高 22 cm　地球儀直径約 3.8 cm　茅

原家
20-2．江戸幕府所蔵の舶来地球儀：『寛政暦書』所載蛮製地球儀　天保10年（1839）手書　内閣文庫
20-3．『和蘭新定地球図』（部分）　元文2年（1737）頃　25.5×247 cm　巻物　手書　大阪府立中之島図書館
20-4．渋川春海作地球儀：国立科学博物館所蔵品　元禄10年（1697）　直径33 cm　手書
20-5．『大輿地球儀』　沼尻墨僊作　安政2年（1855）　極直径23.5 cm　木版筆彩
20-6．宗覚作地球儀　元禄15年（1702）頃　直径20 cm　手書　久修園院
20-7．『縮象儀図』　円通　文化11年（1814）刊　130×60 cm（図説共）

21　江戸幕府の地図調製事業

21-1．豊臣政権下の郡図の一例：越後国瀬波郡絵図（部分）　慶長元年または同2年（1596／97）　243×693 cm　上杉家
21-2．正保「国絵図」の一例：『琉球八（重）山嶋絵図』（部分）　慶安2年（1649）340×625 cm　東京大学史料編纂所
21-3．江戸幕府撰正保日本総図：『皇圀道度図』　寛文10年（1670）頃　東日本：162×83.4 cm、西日本：129×178 cm　手書　大阪府立中之島図書館
21-4．正保「城絵図」の一例：『豊前国小倉城絵図』　慶安・承応（1648-54年）頃185×240 cm　手書　内閣文庫
21-5．『木曽路・中山道・東海道絵図』（部分）　寛文8年（1668）　120×1920 cm　折本　手書　国立国会図書館

22　マテオ・リッチ世界図の流布

22-1．マテオ・リッチ『坤輿万国全図』の本邦模写本の一例：神戸市立博物館南波コレクション本（部分）　17世紀後期
22-2．平住専庵『唐土訓蒙図彙』所載山川輿地全図　享保4年（1719）刊
22-3．松下見林『論奥弁証』所載山海輿地全図　寛文5年（1665）刊
22-4．『輿地図』　原目貞清　享保5年（1720）刊　91.5×154 cm　神戸市立博物館
22-5．『地球万国山海輿地全図説』　長久保赤水　寛政7年（1795）頃　103.5×155 cm　木版筆彩　（図の上部の記事は割愛）
22-6．幕末通俗リッチ系世界図の一例：『世界万国日本ヨリ海上里数王城人物図』　嘉永7年（1854）頃　34×46 cm　木版色刷
22-7．『世界万国地球図』　稲垣光朗　宝永5年（1708）刊　128×43 cm　神戸市立博物

館池長コレクション

23　地図の大衆化

23-1. ‘戯作’地図の一例：暁鐘成『無飽三財図会』所載万客之全図　文政 5 年（1822）刊
23-2.『日本分形図』（所載図の接合）　寛文 6 年（1666）刊　吉田太郎兵衛版　2 冊（地図・記事各 1）　18.6×13.5 cm　神戸市立博物館
23-3. 大型流宣図の一例：『日本海山潮陸図』　元禄 4 年（1691）刊　82×171 cm（図郭）
23-4. 自嘉庵図の一例：『改正大日本全図』　元禄末（1703）頃刊　76.4×121 cm
23-5.『東西海陸之図』（部分）　寛文 12 年（1672）刊　西田勝兵衛版　33.7×1530 cm　木版筆彩　三井文庫
23-6.『東海道分間絵図』（部分）　遠近道印（藤井半智）　元禄 3 年（1690）刊　26.7×3610 cm　折本（全 5 巻）　木版筆彩　東京国立博物館
23-7.『東海道路行之図』　承応 3 年（1654）頃刊　130.7×57.7 cm　木版筆彩　中尾松泉堂
23-8. 携帯用道中図の一例：『大増補日本道中行程記』（部分）　寛保 4 年（1744）刊　鳥飼市兵衛版　16.5×505 cm　折本
23-9. 巡礼道中図の一例：［西国巡礼道中絵図］　宝暦 9 年（1759）刊　紀州、大坂屋長三郎版　57.8×66 cm　木版筆彩
23-10. 地図皿の一例：伊万里焼蛸唐草日本図皿　天保年間（1830-43）　26×30 cm　渡辺紳一郎旧蔵
23-11. 日本図印籠の一例：神戸市立博物館所蔵品　江戸時代中期　8.4×8.6×2.0 cm　蒔絵
23-12. 通俗万国総図系世界図の一例：『大福節用集大蔵宝鑑』所載図　宝暦 11 年（1761）刊　国立国会図書館

24　実証的精神の台頭

24-1.『日本分野図』　森幸安　宝暦 4 年（1754）　102.5×95 cm　手書　内閣文庫
24-2.『改正日本輿地路程全図』　長久保赤水　安永 8 年（1779）刊　84×136 cm　木版筆彩　ヴァンクーヴァー、ブリティッシュ・コロンビア大学図書館
24-3.『地球図』　司馬江漢　寛政 7 年（1795）頃刊　55×86 cm　銅版筆彩　茅原家
24-4.『新訂万国全図』　高橋景保ほか　文化 13 年（1816）刊　114×198 cm　銅版筆彩
24-5.『輿地航海図』　武田簡吾訳　安政 5 年（1858）刊　86.5×133 cm（地図部分）　木版筆彩　（序・例言は割愛）

25　北辺および海岸線への関心

25-1. 天明蝦夷地調査隊作製地図　山口鉄五郎等 4 名　天明 6 年（1786）　96.5×101 cm　手書　室賀家　（上部 4 分の 1 を割愛）

25-2.『従江都至東海蝦夷地針路之図』（部分）　堀田泉尹（仁助）　寛政 11 年（1799）　116×270 cm　手書　津和野町郷土館

25-3. 間宮林蔵『北夷分界余話』所載北蝦夷地（図）　文化 8 年（1811）　72.8×29.6 cm　手書　内閣文庫

25-4.『大日本沿海輿地全図』の中図の 1 枚（部分）　文政 4 年（1821）　241×132 cm　手書　東京国立博物館

25-5.『地図接成便覧』　文政 4 年（1821）　107×121 cm　手書　内閣文庫

25-6.『安房国図付安房地名考』　秦檍丸　寛政元年（1789）　123×115 cm　手書（一部捺印）　南波家

25-7. 幕末沖合水深図の一例：『加能越三州海辺筋村建等分間絵図』（部分）　嘉永 5 年（1852）頃　巻物　28.5×1350 cm　手書　国立国会図書館

25-8.『クルーゼンシュテルン世界周航図録』所収サハリン、クリル列島図のサハリン　1813 年刊　59.2×76.6 cm

26　大縮尺図の洋式化

26-1.『神奈川港図』　福岡金吾等 3 名　万延元年（1860）頃刊　60×93 cm　木版

26-2.『陸中国釜石港之図』　柳楢悦等 7 名　明治 5 年（1872）刊　29×36 cm　銅版

26-3. 参謀本部陸軍部測量局『五千分一東京図』　第 5 号（部分）　明治 19 年（1886）製版　銅版

26-4. 内務省地理局『東京実測全図』　第 6 幀（部分）　明治 19 年（1886）刊　銅版　5000 分の 1

26-5. 参謀本部陸軍部測量局『五千分一東京図記号略表』（部分）　明治 19 年（1886）製版　28.7×19.3 cm　銅版

カバー表：フェルメール『アトリエ』　1667 年頃

カバー裏：仁徳天皇陵　5 世紀中期　堺市

詳細を知りたい方へ－研究文献案内－

世界の部

〈通史〉

L. Bagrow, *History of Cartography*, rev. and enl. by R. A. Skelton（バクロフ著、スケルトゥン補訂『地図学史』）第 2 版　Chicago: Precedent Publishing, 1985

最も標準的な通史。

The History of Cartography, ed. by J. B. Harley and D. Woodward（ハーリ、ウドゥワドゥ共編『地図学史』）第 1 巻－第 2 巻第 2 分冊　The University of Chicago Press, 1987-94

全 6 巻 8 冊の予定で刊行継続中。通史というよりは論文集。研究文献を知るのに便利。既刊 3 冊の内容はヨーロッパ（中世末以前）、イスラーム・南アジア、東・東南アジアである。

織田武雄『地図の歴史』講談社　1973 年

日本と世界を合せての日本語で書かれた唯一の通史。翌年同社の「現代新書」に収められ、世界篇・日本篇の 2 冊となる。

〈西洋古代〉

O. A. W. Dilke, *Greek and Roman Maps*,（ディルク『ギリシア、ローマの地図』）、London: Thames and Hudson, 1985

エジプト、バビロニアの地図にも触れている。

〈西洋中世〉

P. D. A. Harvey, *Medieval Maps*（ハーヴィ『中世の地図』）、The British Library, 1991

図版を主にした解説書。

〈中世イスラーム圏〉

A. T. Karamustafa et al., “Islamic Cartography”, in *The History of Cartography*, ed. by J. B. Harley and D. Woodward, Vol. 2, Book 1, 1992, pp. 1-292, pls. 1-24

上記のハーリ、ウドゥワドゥ共編『地図学史』第 2 巻第 1 分冊所収。カラムスタファ

ほか8氏が最新の研究成果を紹介している。

〈西洋近世〉

R. V. Tooley, *Maps and Map-Makers*（トゥーリ『地図と地図作家』）第6版、London: B. T. Batsford, 1978

記述は古代からはじまるが、近世ヨーロッパ諸国における地図学の書誌的事項に重点が置かれている。

J. W. Konvitz, *Cartography in France, 1660-1848*（コンヴィツ『フランスの地図学 1660年－1848年』）、The University of Chicago Press, 1987

図版はそれほど多くない。

E. Dekker & P. van der Krogt, *Globes from the Western World*（デッカー、ファン・デル・クローフト共著『西洋の球儀』）、London: Zwemmer, 1993

西洋製天地両球儀の通史。図版も豊富。

〈アジア〉

J. Needham, *Science and Civilisation in China*, Vol. 3, Cambridge: University Press, 1959, The Science of the Earth（ジョゼフ・ニーダム『中国の科学と文明』第6巻地の科学、海野一隆ほか訳　思索社　1976年、新装版1991年）

数学・天文学をも含む原著第3巻の地理学・地図学・地質学など大地に関する部門のみを収めるのが邦訳第6巻であり、西洋との比較に視点を置くところに原著の特色がある。

盧良志編『中国地図学史』北京：測絵出版社　1984年

人民共和国成立後の出土地図などを知るのに良い。図版は概して不鮮明。

全相運『韓国科学技術史』東京：高麗書林　1978年

第5章地理学と地図（299-360頁）に古代から19世紀に至る地図学史が述べられている。

J. E. Schwartzberg, "Cartography in Southeast Asia", in *The History of Cartography*, ed. by J. B. Harley and D. Woodward, Vol. 2, Book 2, 1994, pp. 687-842, pls.35-40

上記のハーリ、ウドゥワドゥ共編『地図学史』第2巻第2分冊に、シュワルツバーグ執筆の東南アジア諸国における伝統的地図学の概観が収められている。恐らく最初の東南アジア地図学史である。

T. Winichakul, *Siam Mapped*：*A History of the Geo-Body of a Nation*（ウィニチャクル『地図上のシャム－ある国家の地体の歴史－』）Honolulu: University of Hawaii Press, 1994

西洋近代地図学摂取後の状況を含んでいるが、伝統的な地図についてもかなり筆をさいている。図版は多くない。

S. Gole, *Indian Maps and Plans : From Earliest Times to the Advent of European Surveys*（ゴール『インドの地図－最初期からヨーロッパ人測量の出現まで－』）New Delhi: Manohar Publications, 1989

伝統的手法に基づく各種の地図を対象として、部門別と作品ごとの解説を掲げる。原色複製を含めて図版は豊富。

〈東西交流〉

海野一隆「バーロス『アジア十巻書』所引のシナ刊コスモグラフィアなるものについて」『東洋学報』66巻　1985年　87-107頁（『東西地図文化交渉史研究』に所収）

1552年以前に地図を収載する漢籍が、それを翻訳するためのシナ人奴隷と共にポルトガルにもたらされていたことを述べる。

海野一隆「ヨーロッパにおける広輿図－シナ地図学西漸の初期状況－」『研究集録』（大阪大学教養部）26-27輯　1978-79年　3-28、41-86頁。

西洋地図学史におけるシナ製地図の影響を明らかにしている。

海野一隆「明・清におけるマテオ・リッチ系世界図－主として新史料の検討－」『新発現中国科学史資料の研究』論考篇（山田慶児編）京都大学人文科学研究所　1985年　507-580頁（『東西地図文化交渉史研究』に所収）

書籍所載の各種リッチ系世界図の原図について検討を加え、リッチが利用した西洋製地図についても考察している。

海野一隆「世界地図の中のアジア－西方からの視線－」『月刊しにか』6巻2号　1995年　8-21頁（『ちずのこしかた』に所収）

概略ではあるが、砂漠記号をはじめ、古代以来の西洋製地図を通してアジアとの交渉を考えている。

日本の部

〈通史〉

K. Unno, “Cartography in Japan”, in *The History of Cartography*, ed. by J. B. Harley and D. Woodward, Vol. 2, Book 2, 1994, pp. 346-477, pls. 22-29

本書の著者海野による古代から江戸時代末期に至るまでの通史。上記のハーリ、ウドゥワドゥ共編『地図学史』第2巻第2分冊に所収。

織田武雄『地図の歴史』日本篇（講談社現代新書）1974年

本項世界の部通史に既掲。

〈古代・中世〉

竹内理三編『荘園絵図研究』東京堂出版　1982 年

各論はともかく、総論の部によって古代・中世の荘園図についての展望が得られる。

室賀信夫・海野一隆「日本に行われた仏教系世界図について」『地理学史研究』1 集 1957 年　67-141 頁

仏教世界観に基づく「五天竺図」の出現から、西洋系地理知識との接触による変容までを扱っている。

〈近世〉

海野一隆「南蛮系世界図の系統分類」『論集　日本の洋学』(有坂隆道・浅井允晶共編) I　清文堂出版　1993 年　9 -80 頁（『東西地図文化交渉史研究』に所収）

わが国における初期の西洋系世界図を系統別にし、その特色および系統相互の関係について述べている。

岡本良知『十六世紀における日本地図の発達』八木書店　1973 年

キリシタン時代に登場した新型日本図と来日ポルトガル人イナッシオ・モレイラとの関係を追い続ける。

海野一隆「正保刊『万国総図』の成立と流布」『日本洋学史の研究』(有坂隆道編) X 創元社　1991 年　9 -75 頁（『東西地図文化交渉史研究』に所収）

わが国最初の刊行西洋系世界図『万国総図』の特殊な刊行目的および模倣版の出現事情などを明らかにしている。

川村博忠『国絵図』吉川弘文館　1990 年

江戸幕府による国土基本図および日本総図の調製事業を総括する。

栗田元次「近世刊版の日本総図」『名古屋大学文学部研究論集』Ⅷ　1954 年　1-10 頁

江戸時代を 3 期に分け、各期ごとの作品を網羅的に列挙する。図版はない。

栗田元次「江戸時代刊行の国郡図」『歴史地理』84 巻 2 号　1953 年　69-84 頁

5 期に分類して、様式等の変遷を明らかにするが、図版を伴わない。

栗田元次「日本に於ける古刊都市図」『名古屋大学文学部研究論集』II　1952 年　1-13 頁

刊行点数の多かった江戸・京都・大坂については時代区分を設け、その他の都市についてはそれぞれの特色を指摘しながら作品を網羅する。図版なし。

芦田伊人「地図と交通文化」『交通文化』3 － 5 号　1938 年　282-290、358-364、445-454 頁

刊写の別にとらわれず、東海道道中図を 3 類型に分け、それぞれの成立事情について

述べる。別刷図版あれどわずか。

開国百年記念文化事業会編『鎖国時代日本人の海外知識』　乾元社　1953 年（覆刻版 1978 年）　世界地理の部（鮎沢信太郎執筆）3-367 頁

解説付きの世界図目録であるばかりでなく、部門ごとに略史が添えられていて、それらを通読すれば、江戸時代世界図史への展望が得られる。

高倉新一郎、柴田定吉「北日本地図作製史」『北方文化研究報告』（北海道帝国大学）２、３、６、７輯　1939-52 年（覆刻版 1987 年）1-48、1-75、1-80、97-166 頁

樺太（２輯）、千島（３輯）、北海道（６、７輯）を対象とする地図の初期の段階から江戸時代末期に至るまでの変遷を丹念に追っている。図版は多いもののやや不鮮明。

保柳睦美編著『伊能忠敬の科学的業績－日本地図作製の近代化への道－』訂正版　古今書院　1980 年

他の２氏の論考をも含めて論文集形式となっているが、関連資料も活字転写されており、伊能図の成立過程や国際的地位について詳細を知ることができる。

著者略歴

海野一隆（うんの・かずたか）

大正10年（1921）生れ

京都大学文学部史学科（地理学専攻）卒

大阪大学名誉教授

専門分野：東洋地理学史

著訳書：『東西地図文化交渉史研究』『東洋地理学史研究、大陸篇』（以上、清文堂）、『地図に見る日本－倭国・ジパング・大日本－』（大修館書店）、『ちずのしわ』（雄松堂出版）、『ちずのこしかた』（小学館スクウェア）、『日本古地図大成』『同世界図鑑』（共編著、講談社）、『ニーダム中国の科学と文明』第6巻地の科学（共訳、思索社）ほか

地図の文化史－世界と日本－　新装版

2004年2月25日　初版第1刷発行

著　者　海野一隆

発行者　八坂立人

印　刷　壮光舎印刷(株)

製　本　ナショナル製本協同組合

発行所　(株)八坂書房

〒101-0064　東京都千代田区猿楽町1-4-11

TEL.03-3293-7975　FAX.03-3293-7977

郵便振替口座　00150-8-33915

ISBN　4-89694-837-8